正しいものを正しくつくる

プロダクトをつくるとはどういうことなのか、
あるいはアジャイルのその先について

市谷聡啓

イントロダクション

正しいものを正しく作れているか？

少し昔話から始めよう。

ある時、あるところに、「アジャイル開発」に憧れを抱いていた男がいた。その男にとって、アジャイル開発とは本の中にしかない世界だった。長らく勉強を重ね、いよいよその実践ができる境遇を手に入れた。初めてのアジャイル開発。男は興奮と期待がふくらむのを感じながら、これまで本やコミュニティで学んできたことを実行した。最初は、作るべきプロダクトがどういうかたちであるべきなのかチームも関係者もわからないため、試行錯誤が続いた。やがて作るものの方向性も定まり、開発メンバーはしっかりアウトプットを出していくようになった。進行は順調になったと思われた。そうして1ヶ月が過ぎたところ、関係者から思いがけない言葉が口にされた。

「このアプリ、本当にちゃんと完成するのですよね…？」

関係者とチームとの認識には、大きな隔たりがあった。チームはこれから先のプロジェクトの残り時間の中で、何を作るべきかあたりをつけながら可能なかぎりで作っていくつもりでいた。だが、わかってきた構想をすべてかたちにするのは不可能であり、ここから開発する範囲を絞っていくものと当然のように考えていた。関係者も同じ思いだろうと考えていたが、そうではなかったのだ。彼らは、2ヶ月後のプロジェクト終了時にはイメージしているものがすべて完成すると信じていた。イメージしているものとはもちろん最初の構想段階にはなく、かたちにする過程で見出せたことだ。プロダクトをどこまで作り込むのかのすりあわせは難航した。そしてそれは、プロジェクトを終えるときであっても合うことはなかった——

こうして男は初めてのアジャイル開発で強烈な洗礼を浴びた。それからのち、数々のプロジェクト、プロダクトづくりを重ね、やがてアジャイルに作るとはどういうことなのかを身をもって学び取っていった。

そしてまたある時、男は違和感を覚えるプロダクトづくりに出会った。作るべきモノの構想を関係者と作り上げたものの、どうもそのそもそもの必要性が感じられない。まだ、作るのは早いのではないか。そんなアラートが頭の中で鳴り響いていた。プロダクトオーナーもイメージは言語化できてはいたものの、本当にこのイメージで想定ユーザーに使ってもらえるのか、役に立ててもらえるのか、全く自信に欠けていた。一方で関係者は、予算が取れているからと、とにかく前に進もうとする。男の違和感は抑えきれないくらい大きくなっていた。その違和感の正体は何なのか。向き合い続け、そして男は気づいた。何を作るべきなのかの構想を全員で練ってきたが、その内容には何の根拠もないことに。このプロダクトがユーザーに使われる理由は、何ひとつ見出せていなかった——

この「男」とは、私自身のことだ。本書は、これまで私が経験してきたアジャイル開発での苦闘、その過程で直面した数々のハードルを乗り越えるなかで培われた知見をベースに書かれている。

本書で扱うテーマは大きく3つある。1つは、「アジャイルに作る」ことで直面する「不確実性」への適応について。**「アジャイルに作る」とは、作ることを通じて学びを得る活動にほかならない。**得られた学びをプロダクトづくりの中でどのようにして受け止めるのか。受け止め損なうと、様々な背景や思惑を抱いて集まってきている関係者、チームの期待に応えられず、プロダクトづくりは破綻する。最初の昔話がその例だ。

もう1つは、**プロダクトとして「何を作るべきか」をどのようにして見定めるのかについて。**「何を作るべきか」の構想は、プロダクトオーナーが主導的な役割が果たすだろう。だが、そうした想定こそが、無意識に役割にもとづく「壁」を作り出してしまう。結果として、誰にも見向きされないプロダクトを抱えて途方に暮れることになる。2つ目の昔話がこれにあたる。プロダクトを作っていく状況に問題が潜んでいるのを誰一人認識できていなかったことを物語っている。

　そして3つ目として、こうした問題を乗り越えた先にある境地について。私たちのプロダクトづくりはどこへ向かうのか。その歩みが止まることはない。

　これらのテーマを、6章を費やして語り明かすことにする。思えば、昔話にある頃の私は感性で動くことが多かった。「アジャイルに作る」の守破離の「守」の上で、その範疇をはるかに越えて迫りくる有象無象のリアルな課題について感性で乗り越えていた。それを少しずつでも言語化できてきたのは、コミュニティとの関わりがあったからだ。コミュニティの場で、誰かに何かを伝えるためには、当然言語化できなければならない。そうした自分の言語化から自分自身が学び直し、実践を重ねてきた。本書は、その言語化のひとつの集大成と言える。


　こうした実践と学びに向き合う中で、私は「正しいものを正しく作る」という言葉に辿り着いた。プロダクトづくりのひとつの理想を表現した言葉と言える。技術を、プロセスを、コミュニケーションのあり方を、いくら正しくあろうとしても、間違ったもの（誰にも必要とされないもの）を作っているかぎり到達できない境地だ。では、何が正しくて、何が間違っているのか？

　現在のプロダクトづくりは、この問いかけにはっきりと答えるのが難しくなっている。私たちが取り組むプロダクトは、これまでにない新たな体験の提供や仕組み化に挑戦するものが増えてきている。そのような領域では、人に必要とされるプロダクトとはどうあるべきなのかという正解を誰も持ち合わせていない。そして、正解に必ず辿り着くような方法論もあるわけではない。確かに言えることの方が少ない、不確実性の高いプロダクトづくりに臨んでいると言える。そんな中で、何を頼りに進んでいけるだろうか？

そこで先の言葉、「正しいものを正しく作る」が拠り所になってくる。「絶対的な正しさがあるので、それを見つけ出そう」ということではもちろんない。この言葉に価値が生まれるのは、問いにしたときだ。

「正しいものを正しく作れているか？」

正解がない世界では、自分たちがやっていること、向かっている方向が、誤っていないか問い続けるしかない。状況を漸次的に進めることから学びを得て、それに適応し、また漸進する。これが、不確実性の高いプロダクトづくりで求められることだ。

この本には、これまで不確実性への適応に挑み、そこから私が学び取ってきたことをまとめている。特にこの5年は、本書で示す「仮説検証型アジャイル開発」の実践と応用の期間にあたり、スタートアップやベンチャーの新しいサービスづくり、大手企業での新規事業づくり、近年では霞が関のプロジェクトでの仮説検証とアジャイル開発の適用を行ってきた。こうした実践の中での学びの着地点のひとつとして、本書を提示したい。

構成について説明しておきたい。第1章では「なぜプロダクトづくりがうまくいかないのか」という入り口を設けている。第2章では、最初の入り口をくぐり抜けるために「プロダクトをアジャイルに作る」ことについて解説する。第2章だけでは1つ目の昔話を乗り越えることができない。第3章で「不確実性への適応」をするための具体的な戦い方を示す。ここは本書の前半における山場にあたる。後半の第4章は、次に直面する問題を提示する「アジャイル開発は2度失敗する」だ。2つ目の昔話で何が起きていたのか、解像度を上げて明らかにする。第5章で「仮説検証型アジャイル開発」の全容を示すことになり、「何を作るべきか？」の問いにどのように向き合い答えていくかの術を手にすることになる。そして、最後の第6章。ここで最後のテーマ「私たちのプロダクトづくりはどこに向かうのか」にたど

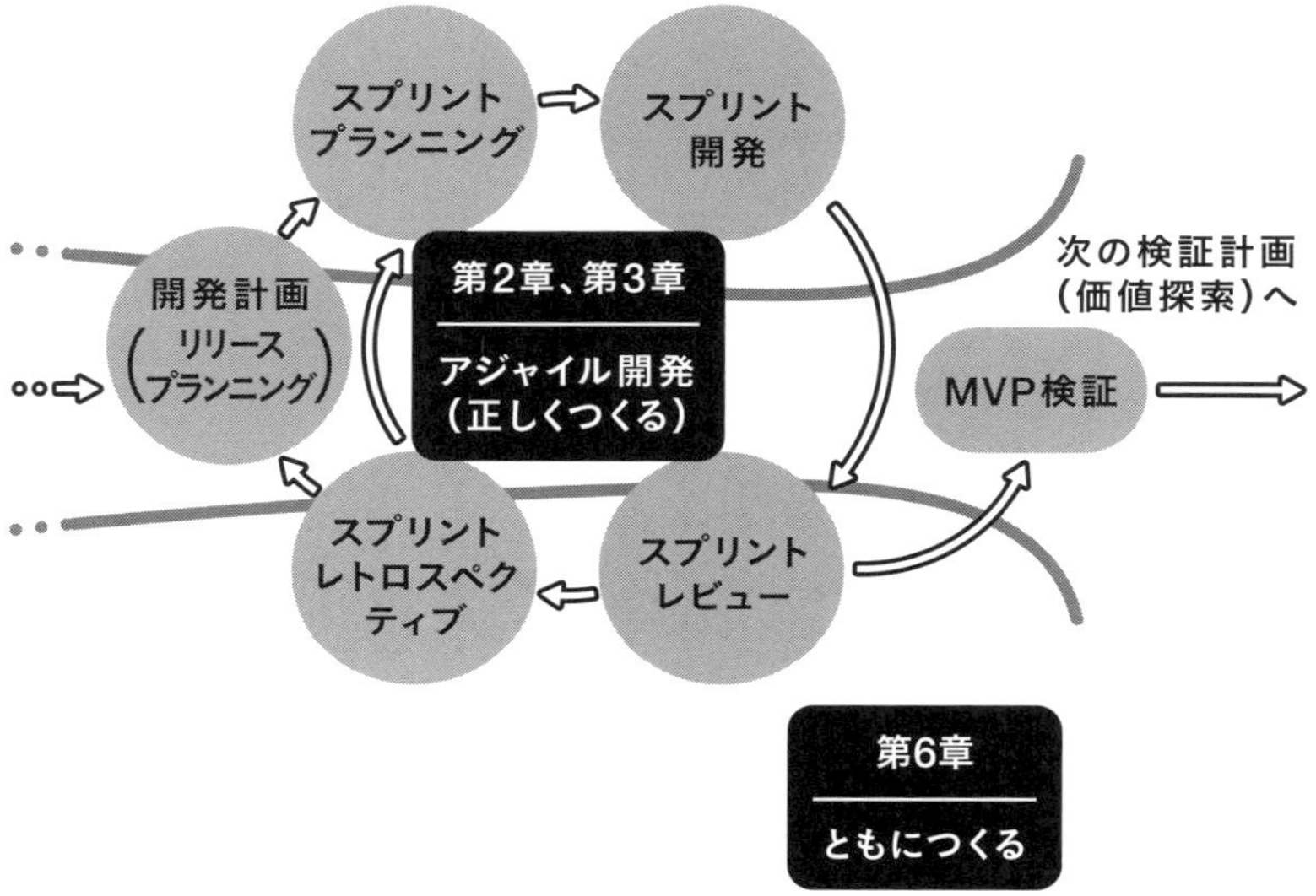

り着き、「ともに作る」というあり方を提案する。

この構成に戸惑う読者もいるかもしれない。仮説検証型アジャイル開発という考え方を体系的に整理して伝えるのであれば、4章→5章→2章→3章という流れで構成した方が適している。そうしていないのは、私自身が理解し、実践し、その都度壁にぶちあたり、乗り越えた流れを再現するのをとったためだ。どのような立派な話にも、昔話で示したような手痛い失敗がその下支えになっている。結論ありきできれいに型を示されたとしても、「そんなものか」という受け止め方になってしまうだろう。なぜそこにたどり着いたのかを、私の軌跡（ジャーニー）を追体験するように読み進めてもらうことで体感してもらいたいと考えた。

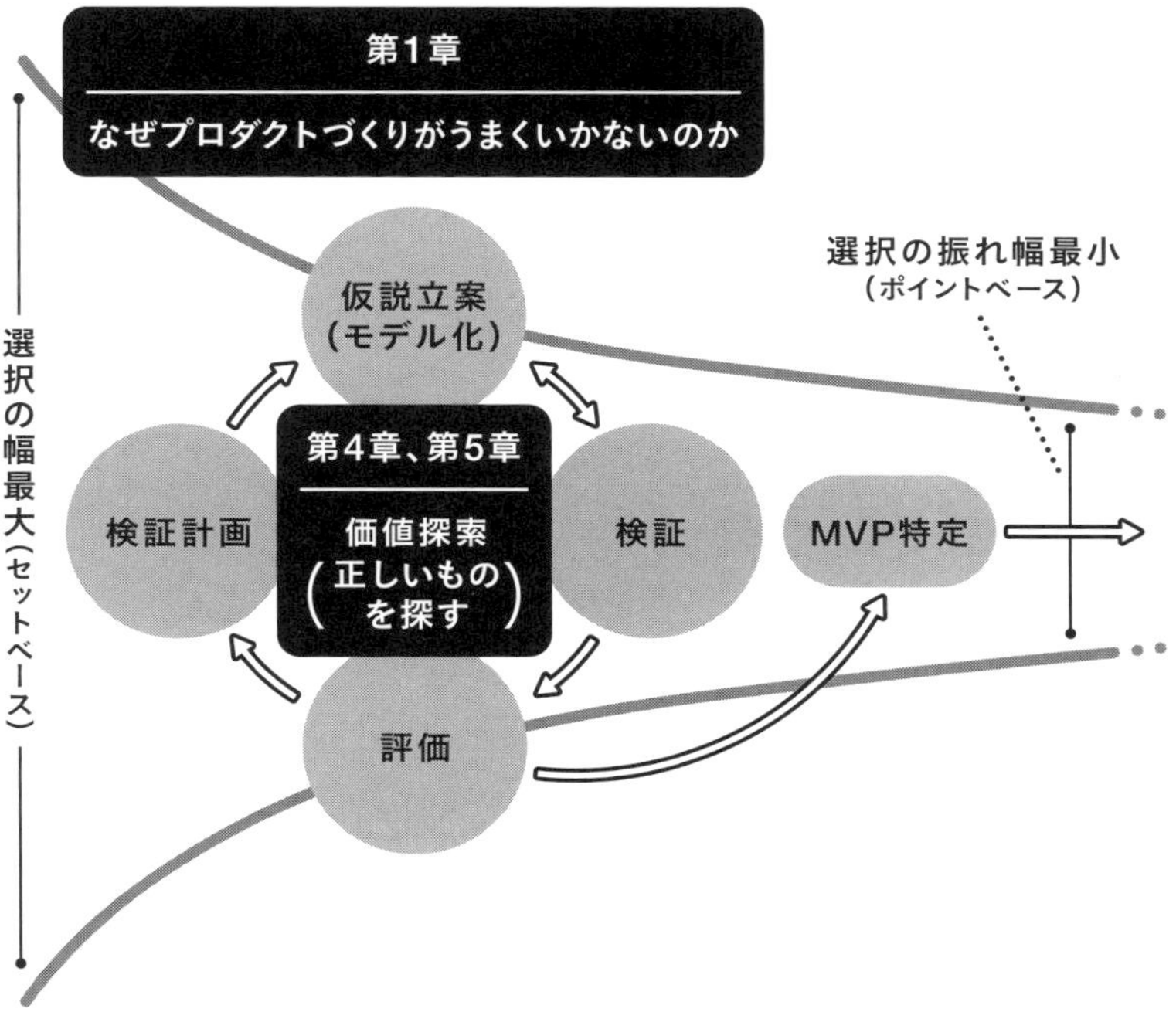

とはいえ、読み進める中で現在地がどこにあるかわかるよう、先に本書の全体像を示しておこう(上図)。

また、本書は本文と脚注の2段構成になっている。基本的に本文を頭から読み通していき、本文中に番号が現れたら脚注の内容を参考に読み進めてもらいたい。

この本は、プロダクトづくりに関与するすべての人たちに向けて書いている。まずはプロダクトチームをリードする立場の人、あるいはその位置にこれから立とうとしている人。そういった皆さんには是非全章を読み進めてもらいたい。また、プロダクトチームを外から支援する組織マネージャー、プロダクトマネージャーの方々には、現場やチームのあり方を理解するための本となるだろう。

次に、プロダクトオーナーの皆さんに向けて。プロダクトオーナーは本書の主人公の一人と言える。特に第4章は、プロダクトオーナーが抱える課題をその他の役割の人たちとの間で共有できるようになるために書いた。プロダクトオーナーは孤独になりがちだ。なぜそうなるのかを明らかにしている。開発チームとのコミュニケーションのために、第2〜3章にも目を通してほしい。

さらに、チームを構成するプログラマー、デザイナーに向けて書いている。作り手の皆さんには、チームでプロダクトを作るとはどういうことなのかを考える機会になれば幸いだ。プロダクトの中身を決めていくのは、リーダーやプロダクトオーナーだけというわけではない。プロダクトの命運は、作り手の指先にある。お互いがどんな仕事の進め方をすればより可能性が広がるのかを想像し、チームで言語化してもらいたい。

なお、「スクラム」を俯瞰する第2章を書いているのは、まだアジャイル開発についての知識や経験が浅い人に向けての入場口とするためだ。とはいえ単にスクラムガイドをなぞるのではなく、私自身の解釈を加えている。「いまさらスクラムなんて。知っているさ」という人にもご一読いただきたい。スクラムは、読み手側の状態が進んでいると、向き合うたびに発見がある。スクラムガイドにも必ず目を通してほしい。さらにアジャイル開発についての学びを広げたい方は巻末の参考文献を参考にしてほしい。私がアジャイルについて語れたことはまだまだ一部だ。ここから、広大な学びが待っていることだろう。

一方、独自の理論や信じる方法論を既に持っていて、その理論でもって突き進んでいこうという人に向けては書いていない。問いに対する答え方は唯一なわけではない。本書の中で書かれていることをそのとおりに実施すべきだと言うつもりは全くない。むしろ、多様な論が立ち、実践されることでプロダクトづくりの領域はより進んでいくはずだ。そう、本書の根底には、「多様性」という重要な概念が存在している。第1章で示すとおり、プロダクトの中身やその開発に関わる人の多様性が広がったため、プロダクトづくりがどうなるかわからないという不確実性を引き寄せた。しかし最後に示すとおり、その不確実性に立ち向かうための手がかりもまた多様性にある。どういうことなのか、一章ずつ段階的に明らかにしていく。

さあ、プロダクトづくりを巡るジャーニーを始めることにしよう。

目次

本書のサポートページ → https://beyondagile.info/

第1章

なぜプロダクトづくりがうまくいかないのか
——わかっていないものをわかっていないままにつくる

本章では、一向にうまくいかないプロダクトづくりの「うまくいかなさ」を照らし出す。なぜ、うまくいかないのか。問題は何なのか。そこには不確実性が大きく関わっている。プロダクトづくりの不確実性は何によってもたらされるのか。これまでのプロダクトづくりを振り返りながら整理していく。

1-1 なぜ、プロダクトづくりに苦戦し続けるのか？

記憶を思い起こしてみよう。自分がこれまで手がけた仕事、プロダクトを作ることについて。その開発は、思うようにうまくいっただろうか。それとも、想定していなかった残念な結果になっただろうか。どちらとも言えない、例えば、予定していた期間を踏み抜きつつも何とか最低限必要と思われているスコープは実現した、というような結果も少なくないのではないか。あるいは、リリースはしたもののしばらくは休まず不具合の解消に努めないといけない、そんな具合もあるだろうか。

不思議に思わないだろうか。5年、いや10年前までさかのぼってみても、今ここのプロダクトづくりが楽勝になった感じはしない。どのプロジェクトを省みても、相応の苦労をしている。なぜなんだろうか？

技術もプロセスも進歩している

プロダクトを作る技術は確実に進化している。10年前に比べると、一人でできることは増えた。ひとつのプロダクトバックログアイテム(1)を倒すのに、サーバサイドからフロントエンドまで一人で担うことも今では珍しくない。プロダクトのコードを書くのみならず、テスト環境の構築からデプロイ(2)の仕組みまで準備することもある。少ないコードで多くの

(1) プロダクトのフィーチャー・機能・要求・要望・修正をすべて一覧にしたものを「プロダクトバックログ」と呼び、プロダクトバックログアイテムはその一覧の一つひとつの項目にあたる。第2章で詳述する。

(2) プロダクトを実行環境に配備して、利用可能な状況にすること。

ことを表現できるようにもなった。扱いが難しすぎる技術は自然と淘汰されていき、日々を重ねるにつれ洗練されていった技術だけが私たちの手元に残っている。

また、プロダクトの作り方、そのプロセスも、この数年で進んでいると言える。長らく救世主のごとく期待されてきた「アジャイル開発」(3)は、スクラム(4)を中心として様々な現場で取り組まれている。肌感でしかないが、アーリーアダプター(早期採用者)のフェーズは終わり、マジョリティ(多数派)へと移行していると感じるのは私だけではないだろう。それはつまり、スクラムを始めるにあたっての大小様々な障壁に数多くの現場がぶつかっている状況にあるとも言えるが、その分アジャイル開発に関する知見に触れる機会も増えている。入門書から中級レベルのものまで、手に入る書籍の幅も広がっており、さらに10年前は考えられなかった「アジャイル開発のコーチ」という役割さえ存在するようになった。彼らはアジャイル開発の専門的な知識をチームに伝え、学びを導き、広げてくれている。

チームもコミュニケーションも進歩している

チームのあり方も変わった。以前は、役割の定義を細分化して、ボールの受け渡しをいかに効率よくやるかが問われていたが、今やスクラムを推し進めているチームであれば、スプリント(5)ごとにそれぞれの担う役割を変えながら状況に適応するようになっている。「前のスプリントではサーバサイドのコードを書いていたが、このスプリントではインフラ環境を整えるタスクを取る」「フロントエンドの開発がだいぶ落ち着いてきたので、次のスプリントでは重たくなってきた自動テストの構成を見直す」といったように、自分ができることがあれば自ら手をあげて引き受ける。細かな役割での固定は不要だ。

(3) 適応的にソフトウェア開発を行うためのやり方とあり方についての総称。第2章で詳述する。

(4) 反復的かつ漸進的なプロダクトづくりを行うためのプロセスフレームワーク。アジャイル開発のひとつの実体。第2章で詳述する。

(5) 1か月以下のタイムボックスのこと。利用可能でリリース判断可能なプロダクトを作るための期間。「タイムボックス」含め、第2章で詳述する。

関係者との距離感やコミュニケーションのとり方も変わった。以前は、発注者(あるいは事業会社であれば事業の企画担当者)がいて、プロジェクトマネージャーがコミュニケーションの入り口を務め、プロジェクトマネージャーの後はチームリーダーが引き受け、チームリーダーの向こうにはシステムエンジニアがいて、そしてその向こうにはパートナーの開発会社メンバーがいて…という構造が珍しくなかった。というか、たいていはそうしたかたちで多かれ少なかれ伝言ゲームをやるのが普通だった。今では、プロダクトに責任を持つ人(つまりプロダクトオーナー[6])と、開発チームのメンバーが日々直接的なコミュニケーションを取りながら開発を進めている。「なんでお客様と開発メンバーが直接コミュニケーションしているんだ?!」と非難に近い物言いを受けていた頃に比べると、大きく様変わりした。もうそんな時代があったことさえ知らない、スクラムが当たり前のアジャイルネイティブな世代だっている。彼ら彼女らからは、「なぜアジャイルに開発しないの?」とごく自然な問いかけが寄せられる。

また、技術にせよプロセスにせよ、それらを学び得るためのデベロッパーコミュニティが果たす役割はますます大きくなっている。組織の中での実践経験が不足していたとしても、組織の外にその知見を求めれば手に入れることができる状況に今はある。

つまり、道具も段取りも、コミュニケーションも、学ぶ環境さえも、着実に進んでいると言えるのだ。ソフトウェア開発の世界に飛び込んだばかりの昔の自分の感覚をもはやうまく思い起こすことはできないが、おそらくあの頃の自分が今の状況を眺めたら衝撃を受けるに違いない。「なんて自由で楽しい現場なんだろう」と。それくらい劇的に進歩して

(6) 開発チームから生み出されるプロダクトの価値の最大化に責任を持つ役割。第2章、第4章で詳述する。

いる。

正解のない中で作る

ところがだ。一方で、プロダクトを作るということに伴う苦労、費やす時間やコスト、荒ぶる感情は、劇的に少なくなっているわけではない。一人ひとりが生み出せるアウトプットが増えているにもかかわらず、だ。いったい何が起きているのだろうか。

現在の私たちが手がけるプロダクトづくりは、**誰かの頭の中に正解イメージがあってそれをうまく取り出してコードにしていくという開発ではない**、ということだ。(7) 誰の頭の中にも正解がない。プロダクトオーナーの頭の中にもない。ユーザーの頭の中にも直接的な正解があるわけではない。今まで解決できなかった問題、まだ誰も味わったことがない新しい体験、そういったものに対してプロダクトとして何があれば正解なのかなんて、誰にもわかるはずがない。

つまり、いま私たちが作ろうとしているプロダクトとは、**「どうあるべきか本当のところ誰にもわからないが、なんとかして形に仕立てていく」**、そういう開発になる。作るべきプロダクトの機能性やユーザーインターフェースは、どちらも「こうあると良いだろう」という仮説にもとづいたイメージにしかできない。いや、実際のところ仮説が何も立っていない場合もあるだろう。何となく以前作ったプロダクトにイメージが似ているから同じような機能をリストしておこう、インターフェースも他のよく似たアプリから拝借してこよう、といった具合に。

どうあると良いのかはっきりしないまま作っていくので、プロダクトオーナーと開発

(7) 例えば十数年前ももちろん完成イメージのつかない開発はあった。複雑な業務要件を前提とした基幹業務システム（企業内の必要不可欠な主要業務を処理するためのシステム群）などは昔も今も変わりなく存在し、作り手としてイメージがつきにくいことはある。そうした実現すべき業務要件の複雑さに向き合うのとは異なる難しさが、今のプロダクトづくりには存在する。

チームの間、また開発チーム内のメンバーの間でも、プロダクトの完成のイメージはずれていく。だから、スプリントを終えるたびに結構な手直しが入る。スプリントごとの手直しであればまだよいが、場合によってはずいぶん先のスプリントになってわかることもある。全体の完成度が高まってくるにつれてようやくプロダクトのイメージが見えてきた結果、「コレジャナイ」感、あるいは、かなり調整を入れないとリリースできない、という判断が下されることになる。

わからないものを作る難しさ

私たちのやれることが増え、プロダクトづくりが進歩するとともに、作る対象は曖昧になってきている。十数年前の、何らかの業務要件を実現する開発は、**「決められていることを実現する難しさ」**に向き合うものだったと言えるが、一方私たちが現在向き合っているプロダクトづくりとは、**「決められないこと、あるいはわかっていないことを実現する難しさ」**に向き合うものだ。

またそもそも、プロダクトはそれを利用する誰かがいることを前提として作られる。誰にも利用されるつもりのないプロダクトは存在しない。誰かに利用されて初めて価値が生まれる。だから、使われなかったらプロダクトの存在意義はなく、私たちはプロダクトづくりとして失敗したと感じる。利用されなかった理由はおそらく多岐にわたるだろう。ユーザーは機能を使いこなせなかったのかもしれない。インターフェースが理解できなかったのかもしれない。いや、プロダクトの担う課題解決がそのユーザーには当てはまらなかったのかもしれない。(8) 課題の仮説は当てはまってはいるが、ユーザーにとってそのプ

(8) 別の誰かかもしれない、しかしそれは誰なんだ、とわからなさは続いていく。

ロダクトを使って解決したいと思うほど優先度の高い問題ではなかったのかもしれない。そもそも、実はユーザーの手にまだ渡っていないのかもしれない…。ここにもプロダクトづくりの難しさがある。何が間違っていたのかを特定するには、考えられる理由（変数）が多すぎるのだ。

なぜ、プロダクトづくりに苦戦し続けるのか。その答えは、**誰も正解を持っていないものを、それでも形にする**ことが求められるところにある。では、このような確からしいことがわかっていない、**不確実性の高いプロダクトづくりに、私たちはどうやって取り組むとよいのだろうか**。これが、本書で扱っていくテーマだ。まずはプロダクトづくりに不確実性をもたらす要因について見ていくことにしよう。

1-2 ― 多様性がプロダクトの不確実性を高める

プロダクトづくりには、「このように作れば必ず目的を果たせる。ゴールに到達する」という銀の弾丸[9]はない。確実なやり方などはなく、プロダクトづくりは不確実性の高い状況下で進めていくのが常だ。

(9) どのような状況下でも万能的に有効であるとされるソリューションのことを指して「銀の弾丸」と呼ぶ。

プロダクトづくりに関わる不確実性には、多様性が大きな影響を与えている。何の多様性かというと、**プロダクト自体と、それを作る人たちについての多様性**だ。

プロダクト自体の多様性

作る対象の領域は多種多様だ。この10年を取ってみても、その時々で作るものは大きく変わってきている。基幹業務システムを盛んに作っていた頃に、たかだか10年後にはデジタル的な通貨（トークン）を用いたサービスを考えているなんて想像できるはずもなかった。それでいて、もちろん企業向けのシステム開発も依然として必要なことには変わりない。インターフェースの進化に伴って、全体を再構築したり、部分的に構築し直すことが求められている。

作る対象が異なれば、プロダクトが必要な目的も異なり、結果として作り方も異なる。いわゆる、**「SoR (Systems of Record)」**と**「SoE (Systems of Engagement)」**[10]という言葉で分類がなされるように、業務を支えるシステム領域と、ユーザーとの接点を作り関係性を高めるためのシステムでは、求められることに違いがある（図1）。

SoR

SoRで求められるのは、動作についての**信頼性**だ。その企業の基幹にあたる業務を支えるものとなれば、誤動作は許容されない。データの処理に誤りがあれば、それに伴って

(10) SoRとは、業務に伴うデータの記録を担うシステムのことで、基幹業務システムが該当する。SoEとは、企業と顧客の接点であり、そのつながりを強化することを担うシステムのこと。ジェフリー・ムーアが提唱した。

動く人間の活動、意思決定も間違うことになる。企業のビジネス活動、ひいては顧客の信頼に傷をつけることにもつながる。プロダクトが保管しているはずのデータが実は欠落していて、業務の履歴をトレースできないことが後でわかるということも、取り返しのつかない問題になる。

　したがってSoRでは、プロダクトが「期待どおり正しく動作していること」を担保するために開発は堅くなる。動作についての曖昧さを残したままにすると、作り込む際に誤謬が混入しかねない。だから、作り込みの前にどうあるべきかを明確にする必要がある。具体的に「明確にする」とは、期待動作を言語化して仕様書に記述し、関係者全員でその内容に合意することだ。仕様書として記述を残していくことで、合意時の意思決定がうやむやにならないようにする。

　そうすると、自ずとプロダクトコードを書く前の活動が大きくなる。いわゆる「要件定義(11)」という活動だ。プロダクトでフォローする業務領域の広さや業務の複雑さによって、要件定義に必要な期間は変わる。1〜2ヶ月程度で終わることもあれば、3ヶ月、半年、あるいは年単位で必要になる場合もある。

　業務要件を実現するためには複数の機能が必要であり、「期待どおり正しく動作していること」の整合性を、機能やデータの間で担保しなければならない。この整合性に瑕疵がないよう、また必要な動作のヌケモレがないよう、机上で検討した結果が仕様書であり、プロダクトが「期待どおり正しく動作している」かを検査するための項目がテストケースだ(12)。だから、仕様書とテストケースは対になるようにする。仕様書に記載はあるがテスト項目はない、という状態では、期待どおり正しく動作しているかの検証にはならないからだ。

図1

SoR	SoE
● 事実を記録する	● 顧客との絆を築く、深める
● 利用主体は、社員	● 利用主体は、顧客
● 安定性、信頼性	● 迅速なリリース、顧客の体験
● 基幹業務システム	● スマホアプリ、Webサービス
● 社内・公開限定的	● 開放的
● サービスレベルの保証	● サービスレベルを決めにくい
● 業務検証	● 仮説検証

(11) 「1-3　不確実性とのこれまでの戦い方」で後述する。

(12) システムの動作を検証するためのテスト内容をまとめたもの。システムに与える入力や条件、その結果として期待する出力を記載する。

こうした開発のやり方の中で、「こんな機能があれば便利だと思ったので勝手に追加しておきました」というのは起き得ない。仕様とプロダクトとテスト、これらが一致していることが前提で、この前提を守り抜くために労力を費やす。もちろん、プロダクトの信頼性を担保するためだ。そのためにトレードオフされるものもある。プロダクトづくりの全体的なスピード感だ。もうひとつの領域であるＳｏＥでは、まさにＳｏＲがトレードオフしているもの、つまり作り始めてからユーザーの手に渡る期間をできるかぎり短くすることが求められる。

ＳｏＥ

ＳｏＥは、企業にとって顧客との**関係性**（エンゲージメント）を育むために存在する。顧客と出会うため、出会った顧客とのつながりを維持するため、あるいはつながりをもっと強固なものにするために必要とされる。

例えばＥＣサイトは身近なＳｏＥと言える。企業と顧客との接点にあたり、それぞれの顧客のために売り物を提案（リコメンド）するＥＣサイトでは、顧客は購買履歴のデータを企業側に残していくことで、より自分にあった提案を期待することができる。自分のことをよくわかっているサービスであれば、当然使い続けたくなるだろう。顧客が使えば使うほど理解が深まり、提案の正確性が高まっていくというのが理想となる。

また、ＳｏＥは不特定多数の人間を対象とすることが多く、したがって「正しい動作」というのを定義しにくい。関わりとしてどうあるべきかを決めきれなかったり、そもそも単一のあるべき論で捉えきることができなかったりする。「顧客」や「ユーザー」という言葉は便利だが、代名詞でしかなく、その中身は多様だ。置かれている状況も考え方も異なる。人の数だけどうあるべきかが違いかねない。そのような状況下でプロダクトを作ることになる。したがってそこで求められるのは、仕様書に記述された内容をきっちり実装しています、ということではない。「こうあると良いのではないか」という仮説を動作可能にし、実際に人に使ってもらうことだ。前提として正解がないため、試すしかない。

ゆえに、仕様書を正確に書く、認識に違いがないか記述のレビューを何度も行う、といったことに労力を費やしても、顧客に必要とされるプロダクトに近づけるわけではない。そうした行為に時間を費やすよりも、いかに早く仮説を形にして、人が試せる状況を作れるかが求められる。明らかに、SoRとではプロダクトづくりに求められる考え方ややり方が異なってくる。

SoEでは、何を作るべきなのか、誰かが正解を持っているわけではない。もちろん、顧客が自分の必要なことを明確に教えてくれるわけでもない。顧客自身、どうあるべきかわかっていないからだ。顧客から表出される言葉や行動から、あるべきを模索しなければならない。作って、使ってもらう。そこから次に進むための足がかりを得て、また作る。このようなサイクルを繰り返し続ける作り方になる。

プロダクトを作る技術の多様化

このように、作るプロダクトの領域によって求められることは異なる。それゆえに、実現するための技術の多様さも広がる。フロントエンドの技術は依然としてWebベースがあり、スマホ向けのネイティブアプリ開発があり、さらに外側はネイティブで内側はWe bというハイブリットの開発がある。Webベースでも、SPA(13)が隆盛を迎えたことで、バックエンドに求められる技術も変わってきている。オールインワンで開発に必要な技術が統合されたモノリシックなフレームワークから、APIベースへ。そのAPIの提供も、どの言語で書くか、サーバレスな環境を選択するかなど、多種多様だ。

新しい技術の登場は淀みなく続き、プロダクトに求められる要件から最適な技術選択を行う必要がある。技術選択の多様化は、プロダクトに可能性を与える一方で、開発を難しくもする。当然のことだが、採用する技術への習熟が作り手には求められる。そのこと自体が、またプロダクトづくりの不確実性を高めることになる。

作り手側の多様性

プロダクトづくりの不確実性を高めるもう1つの要因は、作り手側での多様性だ。1つのプロダクトを作るには、それぞれの専門性を前提としたいくつかの役割が必要になる。プロダクトづくりを、要件定義、設計、実装、テストといったフェーズに大きく分けて、そのフェーズを専任する役割を定義し、フェーズ間で開発に必要な情報やプロダクト自体を受け渡しながら進めるということが減った分、1つのチームの中で異なる役割が同時に存在するようになり、常に双方向のコミュニケーションが求められるようになっている。

アジャイル開発のプロセスフレームワークであるスクラムでは、「プロダクトオーナー」「スクラムマスター」(14)「開発チーム」という役割の定義があり、さらに現実的には開発チー

(13) Single Page Application：Webアプリケーションを単一のページのみから構成する方式のこと。

(14) スクラムの促進と支援に責任を持つ役割。第2章で詳述する。

ム内にも役割が存在する。

開発チーム内の役割

まず、プロダクトづくりにコードを書くことで貢献する「プログラマー」がいる。そして、プロダクトが備えるべき情報の整理からユーザーインターフェースの設計まで担う「デザイナー」がいる。実際には、デザイナーはさらにいくつかの役割に分かれることが多い。トーン&マナーの検討から、プロダクトのビジュアルデザインを担う役割としてのデザイナーもいれば、ユーザーインターフェースの設計をHTML/CSSというコードで表現する部分を担うデザイナー(15)もいる。デザイナーという言葉に何から何まで含めるのかは、それこそ多様な文脈があり、一様の共通認識を作るのは難しい。デザイナーという役割に対する期待のすれ違い(16)を生む要因になっている。

また、開発チームの中には、プロダクトコードではなく、プロダクトを動かすためのインフラを中心的に扱う役割を置く場合もある。ただしインフラを専任する担当を置くことは10年前に比べると少なくなった。サーバ環境のクラウドサービス化や、構成定義や管理のコード化(17)が進み、インフラの担当とプロダクトコードの担当という棲み分けの必要性が低くなったからだ。

同じように、「テスター」という専任の役割をチームの中に置くのは少なくなったかもしれない。プログラマーがテストコードを書いたり、プロダクトオーナーが受け入れテスト(18)を実施したりと、観点に応じてチームの中で分担していることが多いだろう。組織の規模が大きくなれば、QA(19)を担当する組織やチームを結成し、品質保証の観点でのテストを

(15)「コーダー」と呼ばれることが多い。

(16)「ここまでやってくれると思っていました」「いえ、それは私の役割ではありません」など。

(17) Infrastructure as Codeと呼ばれる。

(18) 第3章で詳述する。

(19) Quality Assurance：品質保証のこと。

開発チームの外に置くこともある。

プロダクトづくりに必要な役割はまだある。プロジェクトとして実施しているのであれば、「プロジェクトマネージャー」という役割が存在する。彼らはチームが直面するプロジェクトの進行上の課題を事前に検知し、いかにチームの手が止まらないようにするかに細心の注意を払う。

多様性はチーム内に溝をもたらす

このように多様な役割があり、それぞれ特有のコミットメントを抱えているため、やるべき仕事は役割によって異なってくる。やるべきことが異なれば、そのやり方もそれぞれになる。それぞれの仕事について理解するのは、役割を超えると専門外となり、当然難しくなる。また、仕事についての共通理解は、技術者なのか非技術者なのかによってもさらに困難が増す。何しろお互いの仕事をやったことがないので、「何が難しいのか」「なぜそれほどの時間がかかるのか」が想像し難い。

こうして生まれる相互理解の溝が、プロダクトづくりでのコミュニケーションを阻み、それによって問題に発展することはよくあることだ。例えば、自分ではない誰かが正解を持っているので、自分自身は言われたようにコードを書けばよいという前提。この前提を頑なに通そうとすると、プロダクトオーナーは「ここまで詳しく伝えなければならないのか」と作り手に不信感を抱いてしまう。

または、デザイナーという役割はここまで仕事をするものだという勝手な思い込みから置く分担の前提。デザイナーとプログラマーの間で分担内容に関する思わぬ間隙が生じ、どちらかに想定していなかった負担がもたらさせる。

こうして、役割という境界を挟んでそれぞれが置いてしまう強固な前提が、結果的にプロダクトづくりを破綻へと近づける。(20)

経験による多様性

また、そもそも役割の多様さとは別に、関わる人の状態によっても、どのようにプロダクトづくりを進めていくかに大きな影響を与える。

開発に対する個々人の考え方やこだわりは異なるものであり、それらの形成は、これまでどのようなプロダクトづくりをしてきたかという経験に依るところが大きい。当然人によってそれまでの経験は異なる。その異なる経験がやり方の違いにつながる。単純に、できること／できないことの間で差は生じるものだし、これまでの成功／失敗体験によって個々人の仕事のポリシーが異なり、やり方の差として現れる。

こうした経験によるやり方の差は、行動によって初めて表出することがあり、唐突な衝突になりもする。ポリシーによる仕事の進め方の違いは、どちらが正しいのか一方的には判断できず、解決まで時間がかかったり、逆に「これまでこうしてきた」という前例によるバイアスが働いて一方的に決着されてしまうこともある。いずれもうんざりさせる感情を引き起こし、遺恨を残してしまう。

働き方による多様性

さらに近年では働き方も多様になってきている。ひとところに集まって仕事をする同席

(20) 一方で、現在では状況はさらに進み、役割による境界がより曖昧になってきている面がある。フロントエンドの開発を担うエンジニアの登場は、デザイナーとの境目を曖昧にし、さらに一人のエンジニアがフロントエンド、バックエンド、インフラといった領域を分け隔てなく担わなければならない局面も出てきている。こうなると、一人で担うコミットメントが多様になり、またそれがプロダクトづくりの不確実性を高めることにつながる。

前提の開発から、リモートワークを考慮した開発へ。チームの主なワークスペースとは別のところから[21]チームの開発環境にアクセスし、仕事をするスタイルも増えつつある。ただでさえ役割や人によってチームのワークを統合するのが難しい状況に加えて、場所や働く時間すらも異なることでよりいっそう多様性が高まり、開発は困難になる。[22]

こうした方向性は、仕事の複業化が進むことで拍車がかかる。「複業化」とは、従来の「仕事は本業一本」というスタイルからかけ離れたもので、本業とは別に副業に取り組み、なおかつ複数の仕事に携わり、もはや何が本業で何が副業なのか見分けがつかない状態のことを指す。こうなると、いよいよ時間の使い方が個々人によってばらばらとなり、チームの定期ミーティングを開くことさえままならないこともある。[23]

多様性による不確実性の高まりは避けられない

このようにして、プロダクトの領域（SoE、SoR）にもとづく多様さ、そして作り手の役割、経験、働き方など、開発に関わる人々の多様性が、プロダクトづくりの不確実性を高めていく（**図2**）。この状況に対し、これまで主流だった開発のアプローチは、「不確実性をできるかぎりなくして確実性を高める」というものだった。例えば、役割やロケーションの境目で仕事を完全に分け隔てることができるならば、プロダクトづくりも難しくならないのではないか？　そう考えるのは当然だろう。そうした分断した開発がこれまで主流だった時期もある。何を作るべきかを決めるフェーズとプログラマーを分断し、重厚

(21) 例えば自宅、カフェ、あるいはコワーキングスペースなど。

(22) 同席開発での理想からリモートワークのあり方を捉えようとしても、うまくいかないことが多いだろう。例えば、同席であれば多少粗い情報のやり取りでもリアルなコミュニケーションによる補完のコストが高くない。そばまで歩いていって少し話しかけたら済む。リモートワークではそうはいかないため、こまめにミーティングを設定して乗り切ろうとするが、そうなると作業効率はなかなか上がらない。

(23) 明らかに私たちはプロダクトづくりを自分たちの手によって難しくしていると言えるが、だからといって同席の開発と比べてリモートワークは劣るため止めた方がよいという判断ができるかというと、そう簡単な話でもない。開発のやり方ではなく「働き方」という観点からリモートワークに取り組む組

な仕様書を置く。なおかつ効率性の観点からコミュニケーションは一方通行を前提と置く。プログラマーはサイズの大きい情報を一度に受け止めて読み解き、何を作るかを理解しコードを書く。しかし、そうした開発のあり方が作る対象によってはもう通じないというのは先に述べたとおりだ。

「プロダクトとしてどうあるべきか？」という正解を誰もが決められない状況下で確実性を上げようとしても、そもそもムダであったり見せかけの合意形成になってしまう。また、強引に正解を決めたとしても、作る意味のない機能を作り込んでしまうリスクを高めるプロダクトづくりになりかねない。いずれのやり方も、誰のためにもなりはしない。

1-3 ― 不確実性とのこれまでの戦い方

ここでいったん時間を遡り、これまで作り手はどのようにして不確実性に対応し、それを押さえ込もうとしてきたのかを振り返ることにしよう。具体的には、確実性を高めるための活動「要件定義」というものについてだ。

織は増えているのが現実だ。地方に戻った腕の立つプログラマーが、都内のプロジェクトにリモートでなら参加することができる。その逆も可能になる。

図2

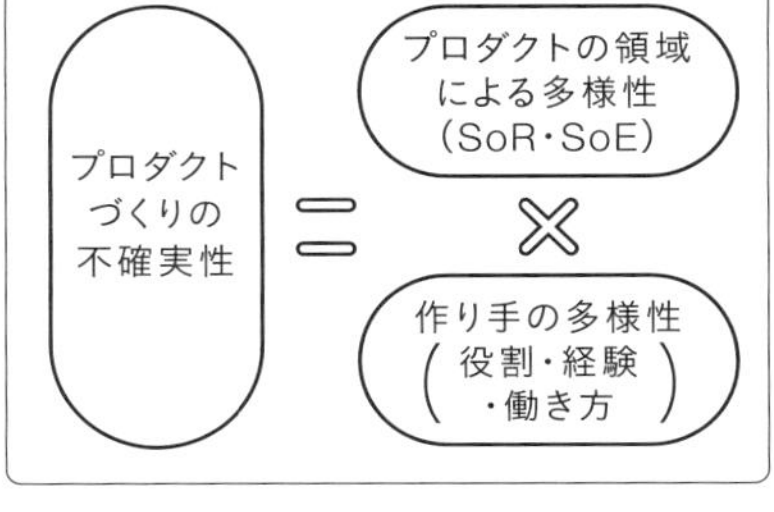

「要件定義」とは何か

「要件定義」という言葉に抱く思いはおそらく人それぞれ両極端だろう。欠かせない重要な活動であるという見方もあれば、自分たちのプロダクトづくりには必要ないという考えの人もいるだろう。要否は後で考えればよいので、いったん普段の評価を脇に置き、これまでの要件定義と改めて向き合ってみよう。

要件定義とは、「何を作ればよいのか」をはっきりと確実にさせるために行うものだ。要件、つまり欠くことのできない必要な条件を明確にする。ここで言う「明確にする」とは、文書で記述しただけの状態のことではない。表現した条件を関係者の間で合意するところまでを含む(24)。

表現の中心は、たいてい要件を一覧化したものになっているだろう。ただし、一覧だけでは十分に表現しきれないため、様々な角度から条件を見えるようにするのが通常だ。このやり方や表現の方法による流派というか方法論は、数多く存在する。要件を抽象化したモデルで扱うものや、システムの画面をベースにまとめていく考え方、業務フローを中心に据えるものなど様々だ(25)。自分たちが作ろうとしているプロダクトに合わせて手段を選ぶことになる。システムの動作に高い信頼性が求められる領域では事前の要件定義は重厚に、一方ユーザーの利用から有用かどうかを判断し調整していく方針のプロダクトでは要件の記述化は最小限に、と使い分けられる。

ただ、どのような要件定義であれ、「要件」という言葉は人によって込めている意味が

(24) 合意がなければ、いくら記述だけを積み重ねても意味はない。

(25) 物事の関係を使って要件定義を駆動するRDRA(リレーションシップ駆動要件分析)という方法論もある。参考文献参照。

異なる場合があるため注意して扱う必要がある。具体的には、**要求**なのか、**要件**なのか、**仕様**なのかをはっきりさせなければならない。

要求／要件／仕様

「要求」とは、「こうしたい、こうありたい」という希望のことだ。ユーザーの業務や活動として実現したいことを表現している。例えば、「インターネット上で取引できるようにしたい」とか、「オフィスの外から見積もりデータを見たい」といったことが挙げられる。これから作るプロダクトで、どのような要求をどこまで扱いたいのか把握するところから始めなければ、いつまでも雲を掴みにいくような感覚しか芽生えないだろう。こうしたいという希望が尽きることはないからだ。

「こうしたい」という要求を実現するための条件が、「要件」にあたる。要求をもとに「何を実現しなければならないか」を決めたものだ。例えば、「インターネット上で取引できるようにしたい」という要求も、具体的には「クレジットカードで決済できること」とか、「後日請求書にもとづいた支払いができること」など、満たすべき条件が何であるか決める必要がある。要求から要件を定義するところで認識が合ってなかったり合意が曖昧だったりすると、「作っているものが間違っていた」という判断となり、その後で必要なフォローが大きくなりかねない。

そして、要件を満たすための詳細な条件として「仕様」を決めていく。「クレジットカードで決済できること」という要件で満たすべき仕様はいくつも考えられる。例えば、まずもって決済できるカードなのかの検査が必要だ。(26) 使えるカード会社の種類には制限はある

(26) 「有効期限は切れていないか？」など。

のか、決済のキャンセルはいつまで許容されるのか、キャンセル料の扱いはどうなるのか、こういった条件を一つひとつ理解し、必要なものを実装する必要がある。仕様はプロダクトが備えるべき動作条件であり、プロダクトは仕様以外の動きを取ることはできない。

このように、要求、要件、仕様で意味するところは異なる。この区別が人によって違うため、「要件定義」と口にしたときに、それは希望を明確にすることなのか、プロダクトで実現すべき条件を定めることなのか、仕様を決めることなのか、異なる可能性がある。(27) まだ要件を決めようと始めたのに、実際には要求が何なのかを考え始めているとしたら、まだ業務やユーザー活動のあるべき姿を模索している段階と言える。こうなると、何を作るべきかの議論はブレることが予想され、まだかなりの時間を要することになる。後で控えているものづくりの時間を逼迫させることにもつながりかねない。だから、何が決まっていて(少なくとも要求は認識できている、など)、そしてこれから何を決めるのかについて関係者の間で認識を揃えることは、プロダクトづくりで最初にやるべき大事なことのひとつだ。

要件定義は誰がやるべきか

この要件定義を、システムを発注する顧客側が行うのか、発注者と受注者の両者で行うのかは、時の流れの中で揺れ動いてきた。ＳｏＲであれば、「業務としてどうありたいのか」という前提から要求を洗い出し、要件を整える必要があった。そのため、業務に精通した顧客がリードするのが自然だった。あるいは、要求の定義は業務担当部署が行い、踏まえて要件の定義を情報システム部門が引き受ける、という構図も存在した。(28) しかし、技

(27) ここで書いた内容だって私の認識でしかない。

(28) そして、仕様の策定を情報システム部とベンダーで行う。

術の選択肢が広がり、変化をキャッチアップするのが難しい状況に至って、要件定義を顧客だけで行うのは難しくなり、ベンダー側が要件定義に関わる、もっと言うとリードする立場を取るようになった。同一業界内の複数の顧客とそのシステムを引き受けているベンダーの場合、比較論で業務を語ることができるため、さらに重宝がられた。

ゆえに、開発側には技術だけではなく業務知識の理解が求められ、場合によってその重要性が反転することさえあった。技術に触れること、コードを書くことよりも、要件定義ができるかどうかが重視されたのだ(29)。

これまでの3つの作戦

さて、私たちがこれまでどのように不確実性を押さえ込もうとしてきたのかの話に進もう。具体的には3つのやり方があった(図3)。

要件定義によって確実性を上げる

1つ目は、要件定義によって確実性を上げるという作戦だ。ここまで書いてきたように、要求にもとづいて要件を明確にするというアプローチは実に真っ当と言えるだろう。

しかし、これが有効なのは、プロダクトとしてどうなればよいかという条件を事前に決められる領域においてだけだ。逆に言うと、SoRであっても「正しい条件」を決められないのであれば、要件を文書として記述、合意するというやり方だけでは立ち行かない。

(29) 確かに、要件定義の重要性は高い場合が多い。しかし、ものづくりに軸足があったはずの開発側が、技術以上に豊富な業務知識を売りにするあり方に疑問を持つ作り手が現れ、その数が増えていくことになったのは当然とも言えた。日本でアジャイル開発が現場側から受け入れられ、根強く進展してきたのは、こうした偏った開発のあり方に対するアンチテーゼが原動力のひとつになったと言ってよいだろう。

図3

不確実性を押さえ込むためのこれまでの戦い方

- 作戦1 要件定義によって確実性を上げる
- 作戦2 合意を重視する
- 作戦3 合意形成を遵守する

例えばＢＰＲ(30)のような、そもそも業務のあるべき姿から再定義しようというミッションのもとだと、要件に先立つべき要求がまだ安定していないということになる。そうした状況下で現状業務をトレースするような要件定義を前提にして開発を行っても意味はない。

また、自分たちが何を求めているのか、開発プロジェクトに何を期待しているのか、顧客自身が判然としていない状態にあることも多い。そこに気づかずプロジェクトを進めていくうちに、実は何が正解なのかを決めるところから始める必要が生じる。そういう期待を持っていたことに、顧客自身が後になって気づくことになる。もちろん、プロジェクトは大きく混乱する。また、ＳｏＥのようなプロダクトづくりでは、従来の要件定義を行ったとしても要件を明確に決めることができず、作業自体の意義をあまり感じられないだろう。おそらく顧客は言うだろう。「要件は自分たちにはわからない」と。もっともだ。

合意を重視する

次は、合意を重視する作戦だ。要件として正しいかどうかはわからないが、要件定義を行ったということは事実なので、その結果を関係者で合意したものと見なす。要件定義の成果物や議事録でもって合意の証左とする。そういうやり方だ。

作り手にとって避けたいのは、作る時間を削られることだ。現実的ではないスケジュールで開発を強いられるほど負担の大きいものはない。だから、合意したものとすることで、開発を進めることができる。作る側からすると望ましいことだ。

しかしこれは、何かの事実にもとづいた合意形成ができているというわけではない。システムが実際に形になり始めたところでようやく様々なことがわかることになる。不足し

(30) ビジネスプロセス・リエンジニアリング。現状の業務フローを見直し、最適化のための再設計を行うこと。

ていた要件や、その不足を満たすために追加変更するべき仕様の存在が明らかになったり、といったことだ。ここで、合意を盾にしてとことんせめぎ合うのか、本質的に必要なことから目をそむけることができず決定事項を崩すのか、いずれにしてもプロジェクトの混乱度合いは高まる。前者の場合は、落としどころとしてプロジェクトや契約の中止をするか、要件定義の結果を貫き通すということが考えられるが、いずれにしても関係性は最悪な状況となり、望ましい結果は待っていないだろう。

合意形成を遵守する

ならば、合意形成はいかなる理由でも変えられないという前提を、事前に作り手、顧客、関係者の間で置いてしまおうというのが最後の作戦になる。これを契約の内容でもって定める。要件定義で決めたこと、合意は、その後の過程で決して変えない。仕様を決める際も、設計の段階でも、もちろん実装に入ってからも。鉄の掟のように守り抜いて、システムを動作するところまで辿り着かせる。

しかし、作るべき内容を詳細化していく過程で新たな発見(本当はどんな機能が必要なのかに気づく)があったとしても変更できないとしたら、フラストレーションは溜まるし、このまま進めて意味があるのかという疑問と常に向きあうことになる。またこれは、作り手の方の不都合も孕む。要件で決めていたことを後で実現しようとしたときに、あるいは実際にコードを書いたときに、技術的に難しいということに気づくことは往々にして起きる。そのような場合、要件を変更できないという制約がブーメランのように作り手に帰ってくる。ましてや要件定義に技術を担うメンバーが参画せず、実現方法を確かめずに決めてし

まっていたりすると、後で作り手が酷い目に遭うことになる。(31)

別の作戦として――アジャイル開発

このように、確実性を上げるために要件定義をやったところで、合意形成をしたところで、要件の変更は必ず起きる。ならば、その行為に果たして意味があるのかと立ち返るのは自然なことだろう。事前に要件を決めきろうとするアプローチ自体の限界が見えた、またユーザーに価値があるモノなのかを試しながら作ることが求められる領域（SoE）が増えてきた現代に至っては、別の作戦が必要になるのだ。

確実性を上げるアプローチが通じない、不確実性が荒ぶるプロダクトづくりで求められるのは、**「誰も正解がわからないのであたりを付けながら、間違う前提を念頭に置きつつ、関係者の間で合意形成しながら進める」**というやり方だ。いわゆる「アジャイル開発」への期待が、作り手だけではなく、顧客やその関係者など作り手ではない人たちにも広がっていったのは、こうした背景があったからだ。しかし、そんな曲芸のような開発が本当に可能なのだろうか？

(31) 作る側が業務知識を偏重するあり方が問題なのは、要件定義と開発を分断する方向に行きがちだからだ。実現困難な無茶な要件を合意してしまい、何が何でもその実現を強いられる。仮にこのような作戦でプロジェクトを進めたところで、実用に耐えられないモノができ、その後関わる人総出でシステムの多大な調整をし続けなければならないという展開が想像できる。要件レベルから考え直して作り変えていくという、ラフな変更にシステムがついていけず、やがてツギハギだらけになっていく。そうしたプロダクトの寿命は決して長くはならない。

1-4 ―アジャイル開発への期待と失望

不確実性の高いプロダクトづくりへの取り組み方として、「アジャイル開発」への期待が高まるに至った。このアジャイル開発を表現する言葉には、**「インクリメンタル」**と**「イテレーティブ」**というものがある。インクリメンタル、つまり「少しずつ」かたちづくっていく。それをイテレーティブ、つまり「反復的な活動によって」という表現だ。

アジャイル開発とは何か――早く少しだけ形を作る

アジャイル開発が何なのかをごく簡単な言葉でまとめると、**「早く（ただし少しだけ）形を作る」**活動だと言える。反復期間（イテレーションまたはスプリント）ごとに、自分たちが何を作ればよいのかを整理し、チームと関係者で合意する。そして、一定の反復期間（1週間あるいは2週間程度）後に成果を確認しあう。その結果、プロダクトとして調整すべきところを認識し、次の反復期間で取り掛かるべきことを順序づける。このように、反復期間ごとにプランニング、開発、成果のレビューを繰り返し行っていく活動だ。これは、プロダクトを少しずつかたちづくるという開発のプロセスであり、反復ごとに限られた小さな範囲の合意を繰り返し行っていくという合意形成のプロセスでもある。

また、関係者の間で成果物を確認するだけではなく、プロダクトが利用できるまとまった範囲の形になれば、その時点で、想定している現実のユーザー候補に試してもらうこともできる。試用後に寄せられるフィードバックを元に、また次の方向性を決められる。チームと関係者で利用状況を想像しながらレビューするより、実際のユーザーに試してもらう方が利用価値に直接的につながるフィードバックが得られるはず、という考え方だ。

つまりアジャイル開発とは、ユーザーにプロダクトを「価値があるモノなのか」「必要な機能は何なのか」「どういう形であれば使えるのか」試してもらいながら開発を進められる、というものだ。わざわざ試行錯誤を前提とした進め方をするのは、自分たちの作っているプロダクトが間違っている可能性があり、その修整を織り込むためにほかならない。まさに、「誰も正解がわからないのであたりを付けながら、間違う前提を念頭に置きつつ、関係者の間で合意形成しながら進める」方法だと言える。

この方法への期待表現をショートカットすると、「アジャイル開発ならば、ユーザーやクライアントが必要とするプロダクトを作ることができる」という言い方になる。「必要とされる、意味のあるモノを手にできるようにしよう」というのは、ユーザーやクライアント、作り手との間に共通する理念だ。プロダクトを利用する人からすればもちろん、自分の業務、日常、人生にとって利便性を高めるモノ、有効なモノを得たい。だからこそ、作ることや利用することにコストを払う。その想いは、作り手も同じだ。効果の薄い要件定義に多大な時間を投入して、作るための活動期間が逼迫してしまったり、さらには結果としてほとんど利用されないモノを作るのに自分たちの時間を費やすことになるのは、作り手として無念でしかない。**アジャイル開発は、プロダクトを必要とする人と、作り手の間で利害と想いが一致するやり方であり、あり方**なのだ。

アジャイル開発(スクラム)の特徴

さて、こうして私たちは不確実性に対処するためにアジャイル開発という共通の理念を手に入れられたわけだが、いざ実際に遂行していくにあたっては様々な課題に直面することになる。

アジャイル開発のひとつのフレームワークとして、「スクラム」がある。そのガイドブックである「スクラムガイド[32]」には、「軽量、理解が容易、習得は非常に困難」という表現で説明されている。

「軽量」というのは、アジャイルな開発のやり方で共通する表現のひとつだ。この表現がアジャイルについてまわるのは、ここまで見てきたとおり、重厚な要件定義を先頭に置いて、重くなりがちな従来の開発プロセスへのアンチテーゼ的なやり方が求められるようになったという歴史的背景にもとづく。

「理解が容易」というのは、スクラムの特徴をはっきりと提示していると言える。スクラムガイドは実に20ページにも満たない分量だ。1時間もあれば目を通すことができるだろう。

しかし、理解が容易だからといって、実践するのも容易というわけではない。3つ目に掲げられている「習得は非常に困難」という表現が、スクラムで開発に取り組もうとする人を無情にも突き放すことになる。

(32) スクラムを開発したケン・シュウェイバーとジェフ・サザーランドによって書かれたスクラムの原典。

スクラム実践の困難さ

現実の開発では、スクラムガイドの内容を越えて、眼の前の開発をどうしていくか決める必要がある。例えば、プロダクトバックログはどのくらいの粒度でどんな内容を整理すればよいのか、そしてそれをどういう手段で管理していくとよいのかなど、スクラムガイドを読んだだけでは判断しづらいことが数多くある。そのため、自分たちで試したり経験者の知見を取り入れたりして、経験を積み重ねなければならない。

アジャイルな開発のあり方に踏み出そうとしたときに直面する最大の問題は、圧倒的な実践知不足である。要は、どうすればよいかわからないことだらけになるのだ。(33) 実践にあたってはその経験が問われるとなると、大胆な活動はしづらい。アジャイルな開発で提示されているプラクティス（習慣）を部分的に取り入れたり、プロセスに巻き込む関係者も絞ったりと、自ずと漸次的な進め方になる。

このような進め方は、実はスクラムガイドの冒頭でいち早く提示されている。すなわち、スクラムは**経験主義**(34)を基本にしているという点だ。実際の経験によって、プロダクトに関する知識だけではなく、プロセスについての知識を獲得していくことを、プロダクトづくりの計画に織り込む必要があるのだ。

アジャイル開発でも起きる混乱

前節で、要件定義にまつわる確実性を上げるための3つの（不完全な）作戦を挙げたが、

(33) アジャイルに大きな期待を寄せながら、その結果に裏切られるような思いに駆られてしまった経験はあるだろうか？　それは、あなたのチームだけがダメなわけではない。多くの現場で直面することだ。ＸＰ（エクストリームプログラミング）の入門書、いわゆる白本（『ＸＰエクストリーム・プログラミング入門　ソフトウェア開発の究極の手法』）が翻訳されたのが２０００年。それ以降、日本の現場でもアジャイル開発への取り組みは続いてきたが、それは累々とした失敗の歴史だったと言ってよいだろう。長らくアジャイルのコミュニティに関わってきて、そこから垣間見える風景は、私自身の経験も含め苦戦の日々だった。

(34)「経験主義」とは、実際の経験と既に獲得している知識にもとづく判断によって新たな知識が得られる、という考え方。

そうではない選択としてアジャイルなやり方に取り組んでいるにもかかわらず、似たような状況になってしまうことがある。往々にして起きるのは、「作るべきものの決め方の混乱」「合意形成についての認識違い」「変更が不可能になることへの関係者の不満」という3つの状況だ。

作るべきものの決め方の混乱

アジャイルなやり方をとり、イテレーティブに進めようとしても、そもそも反復開発を行うためには要求なり要件なりプロダクトとして何が必要なのか何かしらの情報が必要なことには変わりはない。スクラムにおいては、プロダクトバックログを軸に反復活動を行う。

プロダクトバックログは、機能や要求、修正などプロダクトとして必要なことをリストにしたものだ。スクラムガイドでは、このリストが機能の一覧なのか、要求の一覧なのか、要件の一覧なのか、どれかひとつには特定していない。いずれにしても、このプロダクトバックログを生み出すためにこれまでの経験を持ち出して解決しようとするならば、今までと変わらない重たい要件定義とそれに伴う設計を、開発を始める前にやり切ろうとしてしまうだろう。(35) ただ、結果としてこれまでの開発とそう変わらないため、不完全な作戦で挙げた問題（要求は誰にもわからないし、決められない）に直面することになる。(36)

合意形成についての認識違い

プロダクトバックログをどのくらいの詳細さで決めておくべきか判然としないため、要

(35) ある意味で、仕方がない。他に経験がないのだから。

(36) アジャイル開発に取り組もうとして、現実的には従来の要件定義と最後のテストの間に挟まれた期間でのみ反復開発を行い、結局変更への適応性が弱い開発を選択していた現場は少なくないだろう。こうした形態を「ウォータースクラムフォール」と呼ぶことがある。ウォーターフォールの工程のうち実装段階のみスクラム的に反復開発を行っているという表現だ。

件レベル(37)の情報が不明確なままで作り始めてしまうこともある。この場合、プロダクトバックログの内容はまだ要求レベル(38)で、作るべきモノの内容には幅が存在することになる。つまり、できあがってくるモノが、依頼する側の認識とずれる可能性が多分にあるということだ(39)。

ただし、形にしたことで、何が必要なのかわかってくるということは当然あるし、そこを狙いとして、ゆるい内容のプロダクトバックログで開発する作戦もある。フィードバックありきでプロダクトを育てていくような考え方だ。こうした進め方は現実としてとられているが、関係者の間で進め方の理解については合わせておく必要がある。「作ってみて、それから考えて、また作る」という試行錯誤の度合いが大きいため、アウトプットのボリューム自体は増えない可能性が高い。そのことが関係者の期待と一致しているかどうか。一定の期間を経た後、関係者から「で、いつプロダクトはできあがるのか?(もうできていておかしくないのでは?)」という声が飛び出したときに、冷水を浴びせられたような気分になるだろう。

また、そもそも「形にしてから考える」という作戦が、眼の前のプロダクトバックログを進めるにあたって本当に妥当な選択肢なのかを当然検討しなくてはならない。コードを書いて動くソフトウェアを作り、検証するというのは、コスト的には高くつく行為だ。もし1～2時間のコミュニケーションで作るモノの認識を合わせ整理できるならば、「一度間違ったモノを作ってから必要なモノを理解する」より、予算的にも時間的にもはるかに少なくて済む。つまり、プロダクトとして何を作るべきかの理解の度合いにもとづいて、作戦を選ぶべきなのだ。

(37) プロダクトで実現しなければいけない条件のこと。

(38) ユーザーとして希望すること。

(39) プロダクトのレビューの場で挙がる関係者からの声は、「コレジャナイ」だ。

変更が不可能になることへの関係者の不満

最後のケースは、開発チームが計画上フィードバックを受け入れる余地がないという状況だ。何のために反復的な開発を行っているかというと、早く(少しだけ)形にすることであり、プロダクトとして何が必要なのかをチームと関係者が早く理解できるようになるためだ。せっかくその学びが得られたとしても、次の反復期間の開発対象に入れられない、その次も入れられそうにない、というかフィードバックを受け入れる余地がないプランニングになっているとしたら、そもそも反復開発をとる必要があるのか?ということになる。

プロダクトを変えられないのであれば、「要件定義での合意を変えられないものとする開発」と大差はないだろう。いまいちだとわかっていても、ひとまずローンチせざるを得ないという状況でその次に考えられる展開は、先に述べたとおりだ。関係者の失望はチームへの不信を生み、そうした関係性のもとで多くの変更を強いられる開発に苦戦することになるだろう。

期待から失望へ

このようにして、作り手と関係者、両者のアジャイル開発への期待は、やがて失望へと変わる。実践知が不足していることで現場が混乱し、成果が上がらない。その有様を見て、業を煮やした経営サイドかマネージャーがチームにNOを突きつける。肝いりで始めたアジャイル開発のプロジェクトは破綻し、以前のやり方に戻ることになるだろう。ただ戻るだけではない。その後しばらくはやり方を変えようとする動きへの制限が強化されることも考えられる。組織の中で一度下された評価はその後なかなか変わらないものだ。そうなると、1つのプロジェクト、1つのチームでの失敗ではなく、組織の方向性に影響を与えることになるとも言える。

以上、本章ではプロダクトづくりに伴う不確実性を示してきた。この不確実性には、アジャイルをもってしても太刀打ちできないのだろうか。けれども私たち作り手は、ユーザーにとって意味のあるプロダクトを届けなければならない。足踏みしている場合ではない。次章では、アジャイル開発とは本来どういうあり方であるべきなのか、改めて見ていこう。

まとめ

○なぜ、プロダクトづくりに苦戦し続けるのか。それは、プロダクト自体と、それを作る側の多様性が不確実性をもたらすからだ。

○その不確実性に対するこれまでの戦い方はどうだったか。作戦1：要件定義によって確実性を上げる。作戦2：合意を重視する。作戦3：合意形成を遵守する。しかしうまくいかない。

○不確実性に向き合うための別のアプローチ＝アジャイル開発（早く少しだけ形を作る）への期待が生まれた。

○しかしアジャイル開発でも混乱が生じる。作るべきものの決め方の混乱、合意形成についての認識違い、変更が不可能になることへの関係者の不満。

○ではアジャイル開発でも不確実性に対処できないのか？　アジャイル開発とはどういうあり方なのかを次章で解説する。

第2章

プロダクトをアジャイルにつくる
——早く少しだけ形にする

アジャイル開発への期待と失望、それに伴う混乱を、どのようにすれば乗り越えられるのだろうか。そこに向き合うために、まず本章でアジャイルの成り立ちを振り返る。そのうえで、日本の現場に最もなじみのあるスクラムをベースに、アジャイル開発についての理解を整える。なぜ、何のために、アジャイルに作るのか、その意義を自ら言語化できるようにしておこう。

2-1 アジャイル開発とは何か

前章で示したように、アジャイルな開発への取り組みが失望に変わってしまうことは珍しくない。アジャイルなやり方を採用さえすれば、プロダクトづくりの不確実性に適応できるようになるというわけではないのだ。では、これをどう乗り越えるのか。本章と次章で示していくつもりだ。

まずは、「アジャイル開発」という言葉の成り立ち、意味、実体についての認識を合わせておきたい。アジャイル開発とは、いくつかの方法論を束ねるための目印であり、実体としては個別の方法論が存在する。「アジャイル」という言葉が生み出されたのは2001年のことだが、個別の開発手法自体はさらにその前になるほど古くからある。どのような手法であれ、自分たちの現場に合ったかたちでの実践が求められることになるが、現場とあまりにも距離があるようでは適用も現実的ではない。したがって、本章では現代の日本の開発現場でなじみのあるもの、具体的には「スクラム」についてとりあげ、本書をこの先読み進めるための共通の語彙を得ることにしよう。

アジャイルの成り立ち

スクラムの概要を得ていく前に、そもそもアジャイル開発とは何なのかについて改めて示していく。「要件定義」同様、「アジャイル」という言葉の解釈は人によって異なる場合が多い。本書を通じて私が語ることも、私個人の解釈ということになる。ことアジャイルについては多種多様となりやすいところがある。それは、その成り立ちに起因している。

　そもそもアジャイルという言葉は後から作られたものである。先にあったのは、個別の開発手法、流儀だ。ケント・ベックのＸＰ[1](eXtream Programming)、ジム・ハイスミスの適応型ソフトウェア開発(ＡＳＤ)[2]、ジェフ・サザーランドとケン・シュウェイバーのスクラム、アリー・バン・ベネカムのDSDM (Dynamic Systems Development Method)[3]、ＦＤＤ (Feature Driven Development)[4]など、先人たちによって培われた手法がさまざまある。こうした先駆者たち17人が、２００１年ユタ州に集まり会議を開いた。そこで、それぞれの考え方ややり方について、共通点は何か、また相違点についてもどこまで同意できるかを確認しあった。その結果、変化に対応すtることの必要性、また、より重視する４つの価値、そしてその価値を具現化するための12の原則について同意し、お互いが同意した方向性に「アジャイル」という言葉が選択されたのだ(図1)。

　先にアジャイルソフトウェア開発というものがあって、その派生した手法が生まれたという流れでもなければ、ＸＰやスクラムと並んでアジャイル開発なる手法が存在するわけでもない。アジャイルは、共通性を表現するための言葉なのだ。ゆえに、「アジャイル開発」と一口に言っても、その実体はＸＰかもしれないし、スクラムかもしれない。成り立ちからして実体に幅があるのだから、アジャイルの解釈が人によって異なってしまうのは当然と言える。

(1) ケント・ベックらによって提唱された開発のやり方とあり方。やり方として19のプラクティス、あり方として5つの価値が提示されている。

(2) ビジネスと変化とその速度に対応するべく、特に適応を中心とした考え方。開発のサイクルをPlan-Do-Checkではなく、思索 - コラボレーション - 学習と置くことを提唱する。

(3) ビジネス視点を含めて整理された開発手法。実現可能性調査、ビジネス調査、機能モデルイテレーション、設計と構築イテレーション、実装と5つのステージによる連携を提示している。

(4) フィーチャー(機能)を中心においた反復開発。全体モデルを作成する、フィーチャーのリストを作成する、フィーチャー別に計画する、フィーチャー別に設計する、フィーチャー別にビルドするの5つの活動からなる。

不同意の同意

先駆者の一人であるアリスター・コーバーンの記した書籍『アジャイルソフトウェア開発』(5)によると、先駆者たちが同意したことは4つで、先に挙げた3つ（変化への対応、4つの価値、12の原則）の同意以外に**「不同意の同意」**というものがあったという。つまり、プロダクトづくりを行うための詳細なやり方についてはそれぞれで違っていて同意のしようがなく、むしろ同意できないことを同意したのだ。詳細なやり方まで同意しようとすると、やり方を統一しようという動きになり、それがかえって新しいプラクティス（習慣）の発見を阻むことになってしまう。やり方の統一というのは、理想的に見えて、その実《じつ》多様性を失い進化を止めてしまうことになりかねない。アジャイルには最初から多様性が期待されていたということは忘れないでおきたい。

4つの価値

では、同意に至った共通性とは何だったのか。具体的な内容は、「アジャイルマニフェスト」(6)という文書にまとめられている。

私たちは、ソフトウェア開発の実践
あるいは実践を手助けをする活動を通じて、
よりよい開発方法を見つけだそうとしている。
この活動を通して、私たちは以下の価値に至った。

図1

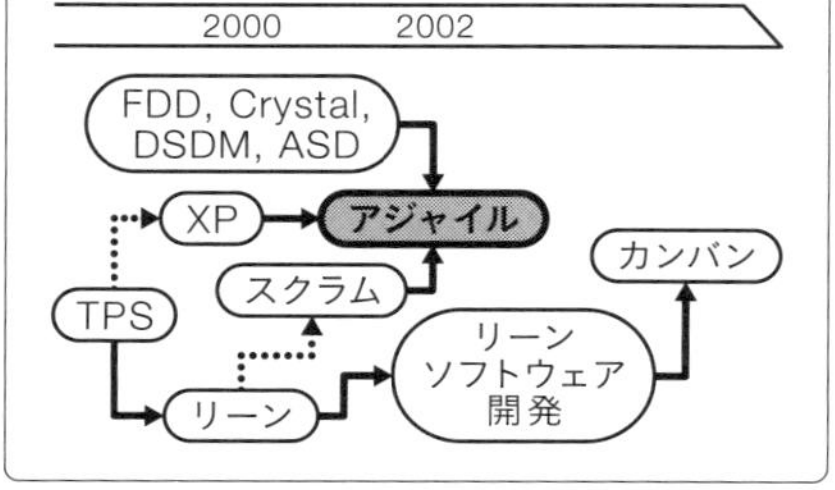

平鍋健児「アジャイル開発の現在・過去・未来～今を知り、源流を訪ね、先を見据える～」より引用、改変。
https://www.slideshare.net/hiranabe/now-past-and-future-of-agile-development-and-xp

(5)『アジャイルソフトウェア開発』ピアソン・エデュケーション、2002年

プロセスやツールよりも個人と対話を、
包括的なドキュメントよりも動くソフトウェアを、
契約交渉よりも顧客との協調を、
計画に従うことよりも変化への対応を、

価値とする。すなわち、左記のことがらに価値があることを認めながらも、私たちは右記のことがらにより価値をおく。

以上が、同意した4つの価値について表現していることだ。

1つ目「プロセスやツールよりも個人と対話を」は、決められたプロセスと合っているかどうか、ツールの使い方として合っているかどうかといった人の活動を規程するよりも、人と人との対話を重視するということ。プロセスやツールに適した振る舞いさえとっていれば問題が起きないわけでも問題が解決できるわけでもない。何が問題なのか、どうやって問題を解決するのかは、対話の中から発見することができるという、人と人との相互作用、相互理解に価値を置いている。

2つ目「包括的なドキュメントよりも動くソフトウェアを」は、網羅的なドキュメントを作ることよりも、動作するソフトウェアが作られることを重視するということ。ドキュメントは、コミュニケーションの補完・促進や、人と人との間の共通理解を進めるために、または事実の記録のために作る。ドキュメントは必要に応じて作るべきではあるが、それ自体は目的とはならない。プロダクトづくりの進捗を測り、状況を判断するための対象は、

(6) アジャイル開発手法の理念を宣言したもの。https://agilemanifesto.org/iso/ja/manifesto.html

あくまで動くソフトウェアだ。これは、ドキュメントだけでは正しい判断や意思決定はできないということも含んでいる。

3つ目「契約交渉よりも顧客との協調を」は、プロダクトの作り手と依頼者の間の関係性について。契約という言葉があるので、1つの組織内での話ではなく、外部との受発注を前提としたイメージを持つかもしれない。だが、1つの組織の中で作ることをオーダーする部署と、それを引き受ける部署がいる場合でも同じことだ。何か問題が起きたり、あるいは持っていきたい方向性があったときに、駆け引きで一方の優位性の確保に走るのはやめて、相手と協調し合う選択をとろうという考え方だ。交渉に時間と精神を費やすよりも、協力して問題にあたったり、調和して意思決定を行った方が圧倒的に速い。それに、一時の交渉によって自分たちの思うようになったとしても、それがずっと続くことはないのだから、駆け引きは割に合わない。

最後の4つ目「計画に従うことよりも変化への対応を」は、事前に決めた計画に現実を合わせるのではなく、現実に起きていることを踏まえた対応を取っていこうというもの。たいていの計画は不確定要素を含んでおり、その通りになることはほとんどない。ゆえに、問題となるのは計画どおりにならないことではなく、計画と乖離していく現実を計画に無理矢理合わせようとすることだ。計画づくりをするのに十分な情報がまだなく、理解も足りていなかったとしたら、状況が進むなかでわかったことをもとに計画を変えていくべきはずだろう。**「変化」とはつまり、目の当たりにして理解した事実のこと**だ。「作ってみて、何が必要なのかわかってきた」「作ってみて、何が難しいのかわかってきた」、こうした事実を無視してまで計画の遂行を優先することはあるべきではない。何か不都合が起きているのであれば、その時こそ関係者と協調し、対話すべきだ。

いずれの観点も、比較対象のこと（プロセス・ツール、ドキュメント、契約、計画）を不要あるいは重要ではないと言っているわけではない。その先のこと（対話、動くソフトウェア、協調、変化への対応）にアジャイルは価値を見出すということだ。(7)

4つの価値の背後にある12の原則

次に、4つの価値の背後にある12の原則について見ていこう。

〈プロセス〉

- 顧客満足を最優先し、価値のあるソフトウェアを早く継続的に提供します。
- 要求の変更はたとえ開発の後期であっても歓迎します。変化を味方につけることによって、お客様の競争力を引き上げます。
- 動くソフトウェアを、2～3週間から2～3ヶ月というできるだけ短い時間間隔でリリースします。

〈働き方〉

- ビジネス側の人と開発者は、プロジェクトを通して日々一緒に働かなければなりません。
- 意欲に満ちた人々を集めてプロジェクトを構成します。環境と支援を与え仕事が無事

(7) こんなことは当たり前で、わざわざ声明することなのかと感じる現場も、まだ全くできていない現場も、両方あることだろう。肌感でしかないが、おそらくこの声明に特別な感覚を持つ人は減ってきているだろう。数年前に比べたら、日本の現場もアジャイルに向かっていると きっと言える。逆に、いまだにこの声明の価値観を通すのに難しさを感じるような現場は、逆境にあると言えるだろう。

終わるまで彼らを信頼します。

- 情報を伝えるもっとも効率的で効果的な方法はフェイス・トゥ・フェイスで話をすることです。

〈持続可能性〉

- 動くソフトウェアこそが進捗の最も重要な尺度です。
- アジャイル・プロセスは持続可能な開発を促進します。一定のペースを継続的に維持できるようにしなければなりません。

〈設計〉

- 技術的卓越性と優れた設計に対する不断の注意が機敏さを高めます。
- シンプルさ（ムダなく作れる量を最大限にすること）が本質です。
- 最良のアーキテクチャ・要求・設計は、自己組織的なチームから生み出されます。

〈カイゼン〉

- チームがもっと効率を高めることができるかを定期的に振り返り、それにもとづいて自分たちのやり方を最適に調整します。

アジャイルの成り立ちと、その持つ意味については以上のとおりだ。(8) チームが、こうした原則に適応した仕事のやり方、あり方になっているとしたら、そのチームは「アジャイ

(8)〈〉で示した分類は著者によるもの。一つひとつの文章は、現在に合わないと感じるものもあるだろう。「情報を伝えるもっとも効率的で効果的な方法はフェイス・トゥ・フェイスで話をすることです」は、リモートワークが中心の現場では実際のところフェイス・トゥ・フェイスがコミュニケーションのメインにはなっていないだろう。この文書はあくまで原則である。語られていることは本質であるものの、自分たちの現実を踏まえてあり方を選択しなければならない。原則を問いに読み替えて自分たちなりに答えていこう。「顧客満足を最優先し、価値のあるソフトウェアを早く継続的に提供していますか？」

ル」と言える。[9]

では、次からは具体的にこの原則をどう実践するのか、その中身について数節にわたって見ていこう。対象は、日本の現場で導入・取り組みが進んでいる「スクラム」だ。

2-2 ― スクラムとは何か

スクラムには、「スクラムガイド」と呼ばれる公式ガイドが存在し、簡潔にそのルールがまとめられている。[10] スクラムは、経験主義にもとづくプロセスのフレームワークである。プロセスそのものではなく、様々なプロセスやプラクティスを取り入れることができるフレームワーク、という位置づけになる。「この通りに適用していればよいという決定的なプロセスとして扱うべきではない（そもそもそのような方法論などない）」と表明しているとも言える。

経験主義としてのスクラム

経験主義を基本においているということは、実際の経験を重視するということだ。演繹的な推論よりも、経験と既に得られている知識での判断を優先する。スクラムでは、やっ

(9) 具体的にとっているやり方は、チームによって異なってくるだろう。冒頭で述べたように、アジャイルとはもともと個別の方法論の共通性を表すためにつけられた言葉だ。したがって、開発の方法について詳細なレベルでは現場によって差があって当然である。

(10) https://scrumguides.org/docs/scrumguide/v2017/2017-Scrum-Guide-Japanese.pdf
こうしたガイドの存在が、日本の開発現場にスクラムを導入する敷居を下げる一因となってきたと言える。スクラムガイドは必ず目を通すようにしてほしい。著者も正確さに立ち返る際、スクラムガイドを常に読み直している。読み直すたびに「こう書いてあったか」と発見がある。これは読み手側の理解や状態が変わっていくからだ。

てみてわかったことから、次にやるべきことや試すべきことを自分たちの活動に組み込んでいく考え方が後押しされる。

このあたりが、スクラムを「フレームワーク」と定義している所以と言える。いわゆる「標準プロセス」のようなものだと、自分たちが新たに獲得した知識がいかにあろうとも標準を優先しなければならず、活動への制限が強くなってしまうことがありえる。ミッションを成し遂げることより手段に則るために苦労するのは本質的ではない。

また、他の現場やチームで発見されたプラクティスを見て聞いて、そのまま適用するというのも経験主義には反する。自分たち自身でまずは試してみてから、どこまで取り入れるかを判断する、あるいは適用できるようにアレンジする。「外部からただ取ってきた知識を適用しようとしてもうまくはいかない」「実践に支えられた知識を頼りとする」というのが、スクラムの考え方だ。

3つのコンセプト

スクラムの経験主義を支えるコンセプトが3つある。**「透明性」「検査」「適応」**だ(図2)。

透明性とは、状況の「見える化」のために必要な振る舞いや約束がチームの中で共有されており、同じ理解を持てる、ということだ。例えば、チームの中で使っている用語の理解に違いがあったり、作業の「完成」の意味がチームメンバーによって異なってしまっていたりすると、いかにチームで経験を重ねたところで有意義な学びにはなりにくいだろう。

次に、チームは作成物や状況の進み具合を頻繁に検査することで問題を把握できるようにする。そして、検査によって自分たちのプロセスに問題があるとわかれば、そのための

図2

スクラムの経験主義を支えるコンセプト
- 透明性
- 検査
- 適応

コンセプトを推し進めるための価値基準
- 確約
- 集中
- 尊敬
- 勇気
- 公開

調整を行い、チームとして適応する。このように、透明性がどの程度確保できているか、検査が実施されているか、また適応できているかどうかが、スクラムでの活動が適切に行われているかの判断材料になる。

5つの価値基準

この、透明性、検査、適応を推し進めるために、スクラムでは5つの価値基準を持つことを提案している。**「確約」「勇気」「集中」「公開」「尊敬」**だ。ミッションの達成にそれぞれが努めると約束すること。問題を見逃さずにチームとして向き合う勇気を持つこと。スプリントの活動に全員で集中すること。自身が抱えている課題をオープンにし、お互いを尊敬する気持ちを持つこと。こうした価値観が、チームの中や外への信頼を育むことになる(11)。

そしてこの他に、スクラムのフレームワークには、3つのロール（役割）で構成されたスクラムチーム、4つのスクラムイベント、3つの成果物の定義がある。

(11) スクラムの5つの価値観については、昨今の現場であまりとりあげられることがないように感じる（XPの5つの価値の方が有名ではないだろうか）。後述するスクラムのイベントをただこなしていけば透明性、検査、適応が進むというわけではなく、チームとしてこれらの価値基準を意識的に扱わなければならない。スクラムイベントの1つである「スプリントレトロスペクティブ」は、価値基準についてのお互いのフィードバックを行う良い機会だ。どういう行動が良かったのか、あるいは好ましくなかったのか、その理由の根拠にこれらの価値基準が使える。チームの価値基準が強化されるように、レトロスペクティブとフィードバックを活用しよう。

2-3 ―― スクラムチーム

まず、チームについて。スクラムチームは、３つのロール「プロダクトオーナー」「開発チーム」「スクラムマスター」で構成される。そしてこのスクラムチームを表現する言葉として、**「自己組織化」と「職能横断」**がある。

自己組織化と職能横断

自己組織化とは、ミッション実現に向かうための選択を自分たちで決定し、行動できる度合いのことを言う。「度合い」とあえて書いたのは、自己組織化という状態に至るのは非常に難しく、段階があると考えられるためだ。最善の選択肢をとるためには、必要な情報を自分たちで収集し、目的にあった視座を獲得し、意思決定することが求められる。当然だが、乱暴で雑な判断をし続けていてもゴールは遠いままだ。チームのスタートラインにも依るが、経験豊かなスクラムマスターの支援がなければ、自己組織化に至るまで相当な時間を要するだろう。

もうひとつ、職能横断とは、チームの外側に頼らず仕事を成し遂げられる編成になっていることを指す。作成物が「完成」した状態にするために、必ず外部の役割による作業が必要となるようでは職能横断型とは言えない。スクラムとしては、スクラムチームが「完成」したプロダクトを提供できることと定義している。これは、プロダクトに対するフィードバックを速くし、かつその効果を最大化するためだ。チームの手を離れた後に完成まで数手順必要になるようでは、フィードバックが得られるまで時間がかかる。チームから完成までの距離が遠くなると、プロダクトとして何を実現するべきなのかという理解とその実現への遅れにつながる。

スクラムチームは、この2つを前提とすることを押さえておきたい。

プロダクトオーナー

さて、スクラムチームにある各役割を見ていこう。まず「プロダクトオーナー」。スクラムチームのプロダクトオーナーとは、プロダクトの価値を高めることに責任を持つ役割だ。プロダクトが利用者にとって有用で、意味のあるものとなるためには何が必要なのかを考え、そしてどうやって届けて使ってもらうのかまでを想像する。プロダクトの価値とは、プロダクトに埋まっているわけではない。プロダクトを使って、利用者側に生まれるものが価値である。利用者の何らかの生活状況、あるいは業務を変えたり利便性を高める内容かもしれないし、感情に作用して満足感を得られるものかもしれない。いずれにしても、使われなければ、価値というものが現実の世界で現れることはない。

プロダクトオーナーは、プロダクトとして何を作るべきかを「プロダクトバックログ」というリストで表現する。その内容を明確にすることに最も責任を持つ役割であり、リスト自体が途絶えてしまわないようメンテナンスに注意を払う役割でもある。プロダクトがスクラムを通じて形となり蓄積され、いわば育っていくように、プロダクトがある限りプロダクトバックログも存在し続ける。

このあたりの感覚は、いわゆる従来の「機能の一覧」とは異なることを意味する。従来の開発では、機能一覧とはやがて開発しつくされてなくなるものだ。開発対象がなくならなければ、仕事として終わらない。しかしプロダクトバックログは違う。プロダクトが利用されていれば、そのフィードバックが常に存在する。あるいは、チームで次に何を備えるべきかの実験を行おうとすれば、必要なプロダクトバックログアイテムが自ずと積まれていくことになる。**プロダクトバックログが途絶えている、死んでいるということは、プロダクトについての思索、施策、試作が止まっているということ**だ。

このような、プロダクトがどうあるべきかをマネージするためのプロダクトバックログの整備を主導するプロダクトオーナーは、プロダクトづくりにとって非常に重要な存在だ。プロダクトが一気に完成することはない。反復期間(12)を重ねることで、少しずつ形になっていく。どういう順序でかたちづくるかは、プロダクトバックログを並び替え、作る順番を定めることで決める。これもプロダクトオーナーの重要な責任のひとつだ(13)。

開発チーム

「開発チーム」は、スプリントごとにリリース判断が可能なプロダクトを完成させること

(12) スクラムでは「スプリント」と呼ぶ。

(13) プロダクトオーナーに求められる役割は多岐にわたる。第4章で詳述する。

に責任を持つ役割だ。プロダクトを作ることができるのは開発チームだけであり、そのために必要な体制と権限が与えられていることが前提となる。

プロダクトバックログの内容を理解し、それらをリリース判断可能なプロダクトにかたちづくっていく方法を自分たち自身で見出さなければならない。ゆえに、アジャイルの12原則のうち、特に設計に関する3つの原則について、チームとしてのあり方を追究していかなければならない。

●技術的卓越性と優れた設計に対する不断の注意が機敏さを高めます。

ビジネスの進展に寄り添い続けるプロダクトであるためには、変更を容易にする設計が求められる。こうした作りのプロダクトでなければ、ビジネスから求められる速い変化に適応することができず、ボトルネックになってしまう。プロダクトの変更容易性を支えるのは、次々と生まれる技術の目利きと最適な選択、そして十分に使いこなせるための日々の素振りである。また、自分たちが生み出すプロダクトが変更容易となっているか、常に設計に注意を払い、原則から外れていないか向き直り続けることが求められる。

●シンプルさ(ムダなく作れる量を最大限にすること)が本質です。

複雑に作り込んでしまったプロダクトは、少しずつ機能を追加しにくくなっていく。複雑さを回避したり、抑え込むためのコードで手当てする量が増えていく。結果、小さな変更でも時間がかかるようになる。利用者にとって必要な機能を届けるためには、プロダクトの構造をシンプルに保つ必要がある。具体的には、機能を実現するためのコードに一度にたくさんの概念や役割、振る舞いを詰め込もうとしないこと。シンプルさとは、自分自身が思い込むものではなく、誰が見てもそうと判断できる状態のことだ。また、イージー（簡単さ）とも違う。イージーに作れるからといって、できるプロダクトがシンプルになるとは限らない。

●最良のアーキテクチャ・要求・設計は、自己組織的なチームから生み出されます。

自己組織的なチームであれば、プロダクトの目的が何かを理解し、その実現のために選ぶべき要求とは何か自分たち自身で考えられるはずだ。そして、決して自分たちの好みだけで技術採用に終始することはなく、実現したいことを最良の状態で生み出すためのアーキテクチャ選択、設計を行うだろう。

第1章で述べたように、開発チームにはプロダクトづくりに必要な役割が揃っており、個々のメンバーに専門領域があったとしても、全員でプロダクトづくりの責任を持つ。開発チームを構成する人数は3～9名ほどが目安と考えられている。人数が少なくても多すぎてもチーム内のコミュニケーションに偏りができてしまうため、スクラムの効果が薄くなったり出せなかったりする。

スクラムマスター

「スクラムマスター」は、理想的なスクラムの実施を促し、その支援に責任を持つ役割だ。ゆえに、スクラムの理論やプラクティス、ルールについての実践知を備えていることが前提になる。スクラムに取り組むにあたって、スクラムの経験を持つメンバーがいなければ、その進行に苦労することになるだろう。

経験豊かなスクラムマスターが存在することが望ましいが、まだ現実はそうでないことの方が多いだろう。組織としてスクラムに初めて取り組むとなれば、チームの中には経験者がまだいない可能性が高い。その場合、チームの外(組織の中の別のチーム)から招聘してくるか、組織の外も含めて依頼することになるだろう。スクラムマスター自体を育てたいという意図を組み込むならば、その経験者はスクラムマスターではなく、チーム全体へのコーチという役回りを担うことになる。

こうしたフォーメーションはスクラムガイドで規定されているところではないが、スクラムの始め方として現実的な選択肢のうちのひとつだ。スクラムの研修やワークショップを実施して学ぶというのも、始める入り口としての知識を得るやり方ではあるが、経験主義のアプローチとしては弱い。経験主義に則り、プロセス自体をチームが実践の場からの学びを重ねていくためには、経験者の支援というのは重要となることが想像できるだろう。

具体的な活動として、スクラムマスターは透明性、検査、適応を高めるための支援をプロダクトオーナーや開発チームに対して行う。透明性を高めるために、チームで何らかの合意を決める必要があればそれを促す。[14] プロダクトバックログの管理方法も、チームが何をすべきかの理解を高めることに寄与するため、スクラムマスターが自身の経験にもとづいた提案をチームにする。スクラムのイベントが開催され、それが効果的に運用されるように、スクラムマスターがファシリテートを務める局面が初期の頃は多いだろう。[15]

スクラムマスターに求められる姿勢

スクラムマスターがただその仕事を教条的にこなしているうちは、チームの活動は効果的にはならない。スクラムではどうあるべきなのかという問いを持って臨むことは大切だが、それに囚われて眼の前の現実を無視することもまた経験主義とは言えない。スクラムが決めていることをチームがうまく回せないときは、その事実を認識することが大事だ。スクラムチームができることから始めていくようにしなければ、強いストレスが蔓延し、まともなプロダクトは一向にできあがらないだろう。チームができることに取り組んでいるうちは、スクラムとは言えないかもしれない。ただそのことを問題視することよりも、チームが段階的にスクラムに近づいていくことの方がよほど尊い。

また、スクラムマスターが相手をするのはチームだけではない。スクラムを導入する組織自体も対象となることがある。スクラムチームの外側にいる関係者たちが、チームとコミュニケーションするためにはどうすればよいか。いきなりプロダクトバックログにやるべきことを関係者が積んできて、すべての優先度を高くするよう迫るようなやり方は良いコミュニケーションではない。こうしたことはスクラムガイドを読んだ人なら知っているかもしれないが、それを関係者全員に期待するのは無理がある。関係者のスクラムに対す

(14) チームの中での約束事をWorking Agreementとして言語化、合意しておくのは手だ。Working Agreementは箇条書きにして、チームの目に触れるところに置いておきたい。内容は具体的なルール(例「レビューが通過したものだけマージする」「マージはレビューアが行う」)であり、スローガン(例「きちんとレビューを通すようにしよう」)ではない。

(15) スクラムの経験がチームに不足していればなおのことだ。

る理解を高めるために、導入時のレクチャー、取り組み中の説明、状況の可視化は、スクラムマスターの重要な役割のひとつだ(16)。

さらに、開発チームに対する疑念は、チームの外からだけではなく、内側にいるプロダクトオーナーにも生じやすい。当事者たちにとっては自明なことでも、その一枚外側では理解が及びにくいものだ。例えば、目の前のスプリントでは作るのに厄介な機能に臨むので計画よりアウトプットが少なくなる、という可能性があったとしたとき、そうしたことは作り手には共通理解にしやすいが、開発チームの外にいるプロダクトオーナーには見えにくかったりする。当事者にとって自明であればあるほどあえて可視化したり共有しようとしないため、ますますわからないままになりがちだ。こうした状態をスクラムマスターが把握し、開発チームやスクラムチームに、置かれている状況に気づいてもらうように動くのは、スクラムの番人であるスクラムマスターにこそ期待されるところである。

(16) スクラムチームがいったい何をやっているのか、成果が上がっていないのではないか、という疑念はチームの外部に持たれやすい。組織にとってまだ共通理解になっていない新しい取り組みを行う場合は、常にそうした見方がありうることを念頭に置いた方がよい。共通理解の断絶が長期化すると、好ましくない事態を招くことはよくあることだ(不要な疑念に発展してしまう)。透明性の確保は、チーム内部だけではなくチームの外に向かっても行う。

2-4 ―― スクラムイベント

さて、次は4つのスクラムイベントだ。まず、スクラムイベントの前提には「スプリント」という概念がある。

スプリント

スクラムは、**「タイムボックス」**という時間の上限が固定された枠の組み合わせでできているとも言える。大きさの決まった箱があって、それを組むようなイメージだ（図3）。

いちばん外側、というか器にあたる箱がスプリントだ。この箱の時間的な長さは1ヶ月以下と定められている。実際には1〜2週間が多いだろう。このスプリントという箱の中には、「スプリントプランニング」「デイリースクラム」「スプリントレビュー」「スプリントレトロスペクティブ」という箱が入れられている。それぞれ時間的な長さが異なり、デイリースクラムはその名前のとおり日単位で存在する。スプリントを1週間と規定するならば、デイリースクラムだけ5つの箱があることになる。開発作業は、これらスクラムイベントの箱の外側で行われる。この箱を組み合わせ、格納したスプリントを連結させ続けるのがスクラムだ。[17]

最初のローンチに必要なスプリントの数を数え上げるのは、プロダクトの初期の計画の見える化として大切なことである。スプリントの数の予測は、始めたばかりはまだ希望的なものでしかないかもしれないが、スプリントを重ねるうちにチームの速度（スクラムガイドでの用語ではないが、このチームの速度を「ベロシティ」と呼ぶ）が実績として把握されるようになり、予測の正確度が上がっていく。

図3

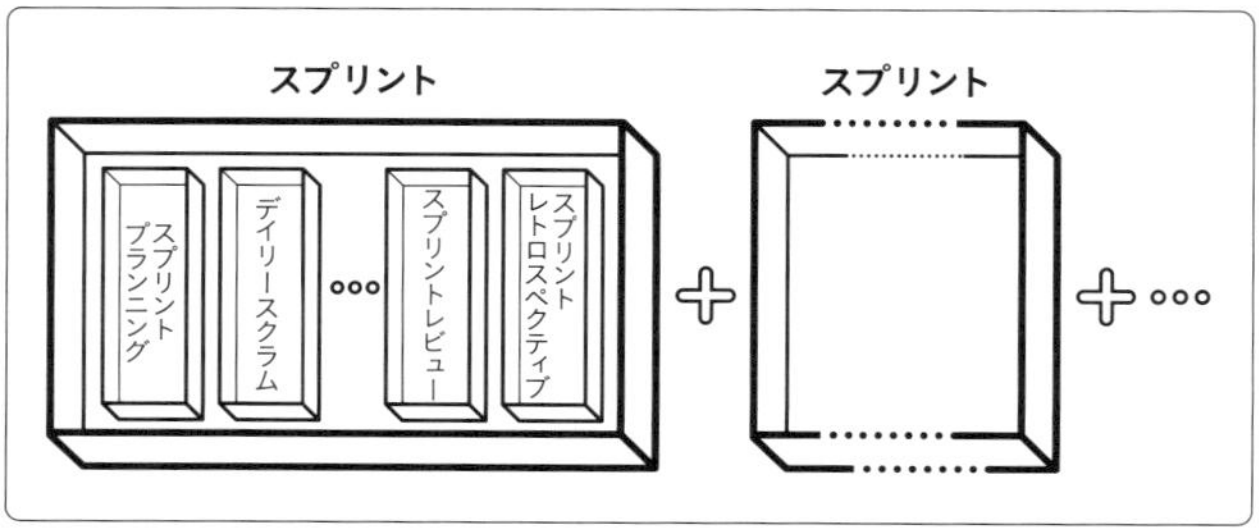

スプリントの期間

前述したように、スプリントの期間は1ヶ月以内にする。1ヶ月を越えると、スプリントを終えたときどうなっているかの予測の正確度が落ちてしまう。時間が遠くなればなるほど予測がしづらいというのは実感しやすいだろう。また、リスクも高まる。スプリントが1ヶ月ということは、プランニングもレビューも1ヶ月に1度しかないということになる。レビューのタイミングで、プロダクトをデモンストレーションすることでその動きに対する認識の相違を発見することができるのだから、これが1ヶ月に1度ということになると、極端に言うと1ヶ月間間違った認識で進み続けるということになる。誤った認識の上に機能を積み重ねれば積み重ねるほど、それを正す際の苦労は大きくなる。

(17)「箱」と表現したのは、各スクラムイベントでは時間的長さを固定して運用するためだ。ただしそれは上限であって、もちろん実体として短い時間で終わることもある（プランニングを2時間設定していたけど今回は1時間で終わってしまったね、など）。

スプリントの中止

スプリントにまつわる決まり事をもうひとつ。プロダクトオーナーは、スプリントの期間を終了する前に、スプリント中止の判断を下すことができる。このままスプリントを続けてもミッションを果たせない、ゴールに近づけないと確認あるいは予測されたら、中止の示唆をする。間違ったことをやり続けている危険性を、チームや関係者に理解してもらうよう働きかけるのをためらってはならない。

スプリントの期間を短くしておくことは、この中止の影響を小さく留められることにもつながる。1回のスプリントは1つの小さなプロジェクトのようなものだから、スプリントを中止するということはプロジェクトを中止することでもある。ただし、このプロジェクトは反復して実施されるため、1つ止めることで得られた理解を次のプロジェクト（次のスプリント）での方向性や行動の修整に効かせやすい。
とはいえ、スプリントの中止がチームに与える影響、特に心理的な影響は強く、場合によっては自分たちの行っていることを強力に否定するメッセージにもなりうる。実際に止めてしまうか否かは、チームや関係者の状況への見解も得てから判断した方がよい(18)。

スプリントプランニング

では、スプリントの中にある箱を順番に開いていこう（図4）。まず、「スプリントプランニング」という箱の中では、これから始めるスプリントで何を作るべきなのか、そしてそれをどうやって実現するのか、スクラムチーム全員で計画を立てる。先ほどスプリントとはプロジェクトのようであると述べた。ということは、目的がないプロジェクトがないように、スプリントにもそのスプリントでの目的があって然るべきだ。これを「スプリントゴール」と呼ぶ。

「このスプリントではプロダクトとして決済機能を備えるようにしたい」とか、「ユーザーの行動を計測できるようにしたい」など、チームにとって目指すこととしてわかりやすい旗印を設定する。そして、このゴールを実現するために必要なプロダクトバックログアイテムを選択する。各スプリントでの活動がゴールの達成につながり、ゴールを重ねることでより大きな目標を果たす、という構造にスクラムはなっている。

スプリントで取り掛かるプロダクトバックログアイテムを選ぶ際に重要なインプットと

(18) スプリントの中止を「示唆」と表現したのは、そのような理由からだ。

図4

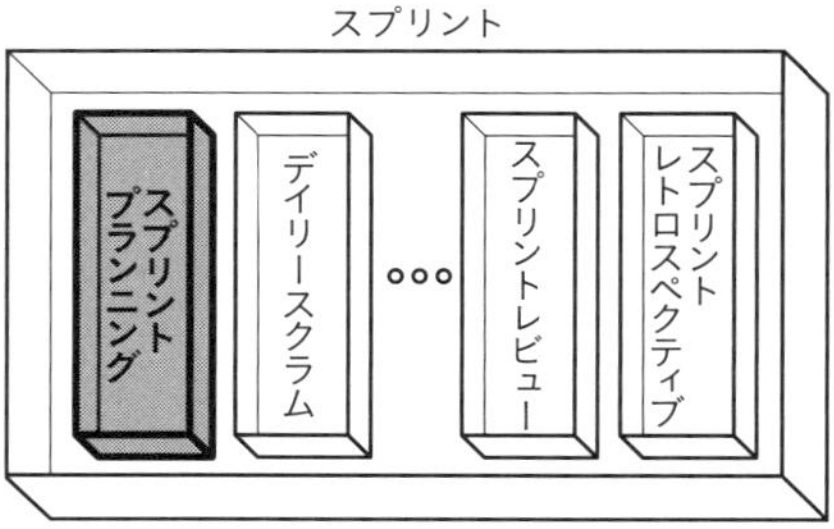

なるのが、これまでのチームの実績としてのベロシティだ。1回のスプリントあたりどの程度の規模のプロダクトバックログを開発できるのかは、スプリントを回すたびに得られる実績値を元に予測する。チームのベロシティがわからないままプロダクトバックログアイテムをただ積み上げていくだけでは、期待どおりに完成することはないだろう。「やれたらいいいな」という希望的観測にもとづくものでしかなく、プランニングとは呼べない。

チームのキャパシティから現実的なプランニングを立てることに意味がある。ましてや、初期段階に見立てたローンチまでの粗い計画にもとづいてそのままスプリントプランニングの計画としてしまうのは無謀であり、経験主義にも反する。第1スプリントはユーザー管理機能、第2スプリントは検索機能、第3スプリントは決済機能といった具合に、スプリントでやるべきことが既に決定されていて、それを計画どおり果たさなければプロジェクトとしてのゴールに辿り着けない、といった状況になっているならば、そういった固定的な計画を押し通すプロジェクトにスクラムの出番はない。

このスプリントプランニングでは、スプリントで開発するプロダクトバックログアイテムの選択と、それを実現するための計画（方針や方法、必要な作業）を立てる。これらを合わせて「スプリントバックログ」と呼ぶ。スプリントプランニングの段階で、どうやってスプリントバックログを実現するかの計画がなければ、スプリントの中での活動が混乱しかねない。

スプリントバックログは、スプリントというプロジェクトで開発すべき内容と、そのために必要な作業の一覧である。ゆえに、1つの作業の単位がスプリントを越えることはない（プロジェクトの期間を越えてしまっている）し、もっと言うと1日を越えるべきではない。

1日を越えてしまうと、1回のデイリースクラムで状況が把握できなくなるためだ。「まだ予定どおり仕掛中です」という言い方だと、どこまでが終わっていてどこがまだ残っているのか判断しづらいが、1日以下の単位であれば、常に終わっているか終わっていないかの判断ができる。作業単位が1日を越えるようであれば、この分割を行うようにする。

スプリントプランニングを終えるときは、立てた計画についてチーム全員の自信がどの程度か確認しておくようにする。スプリントを進めるなかで、想定していなかったことが起きることは開発をするうえでつきものであり、事前に対処できる問題や見えているリスクがあるならばあらかじめ把握し、チームで手を打つのか検討しておきたいところだ。こうした問題やリスクは、気づいていても言い出す機会がなかったり、何とかなるかと楽観的な見立てで包んでしまって表に出てこないことが珍しくない。問題やリスクの尻尾を掴むためには、チーム全員でファイブフィンガーを行うことを勧める。

ファイブフィンガー

「ファイブフィンガー」は、5本の指を使って自分の意見を表明するプラクティスだ。[19] 5本なら、自信をもってスプリントをやりきることができるという見立て。逆に1本なら、既にやりきれる気が全くしていないという見立て。3本は、まあまあやれるのではないかという見立て、といった具合に、本数の基準をざっと決める。そして、1から5本のいずれの見立てかチームメンバー各自で決めてもらい、一斉に挙げてもらう。揃った結果を眺めて、チームで話し合う。全員4〜5本なら、皆自信を持っていると言えるし、全員1〜2本程度なら間違いなくもう一度プランニングを見直した方がよい。本数にばらつきがあ

(19)『リーン開発の現場 カンバンによる大規模プロジェクトの運営』Henrik Kniberg、オーム社、2013年

る場合も注意が必要だ。メンバーの経験によって、問題やリスクについて見えているものが異なる場合がある。少数の意見であっても、異なる見解を出しているメンバーに耳を傾けるようにしよう。

デイリースクラム

次に、「デイリースクラム」という箱の中身を見てみよう（**図5**）。スプリントプランニングでスプリント全体の計画を検討する一方、デイリースクラムではその日一日の計画を検査する。デイリースクラムは毎日実施するため、15分程度と短いタイムボックスを基準としている。検査の頻度が高いほど1回あたりに要する時間は短く済む、という考えだ。

デイリースクラムは、最も予測する範囲が小さい計画づくりと言える。スプリントプランニング、**リリースプランニング**[20]と計画する範囲が大きくなるほど、予測している部分が大きくなる。その分、見立てがブレやすいということだ。プロダクトづくりのスタートラインで立てた必要なスプリント数など、スプリントごとの進行具合によって増えたり減ったり変動する。[21]

スプリントゴールを達成することができなさそうだという想定がデイリースクラムで確認しあえてしまったら、チームやスクラムマスターはプロダクトオーナーにその状況を伝えるべきだ。もちろん、この指針はデイリースクラムに限ったことではない。ただ、デイリースクラムを運用していれば、毎日スプリントの状態を見るチェックポイントが存在する。

(20) プロダクトづくりには、複数のレベルで計画づくりが存在する。これもスクラムの規定から外れる内容であるが、「リリースプランニング」と呼ぶべき、プロダクトをローンチするのに必要なスプリントの数を見立てる計画づくりがある。プロダクトとしては最上位に近い計画となる（事業レベルで考えるとまた別の計画づくりが存在する）。リリースプランニングでは、ベロシティを用いて必要なスプリント数を算出する。プロダクト全体の規模をベロシティで除算して求めるのだ。リリースプランニングの次が、スプリントプランニングがこれにあたる。デイリースクラムは、最小の計画づくりと言える。チームの今ココの状態を検査し、その日の計画を立てる。

ることになる。したがって、デイリースクラムが最も（あるいは遅くとも）状況判断が行われる機会となるだろう。

また、プロダクトオーナーがデイリースクラムに参加していれば、よりリアルタイムにスプリント運営についての判断ができるだろう。ただし、デイリースクラムは開発チームが責任を持って運用すべきミーティングである。プロダクトオーナーが必ずしも参加必須とはなっていないチームもあるだろう。デイリースクラムは、スプリントゴールをどのようにすれば達成できるか、開発チームが作戦を講じる場でもある。他のロールや関係者が不必要に介入し、その邪魔になるようであってはならない。

毎日実施するとはいえ、わずか15分では話せる内容も限られる。スクラムが規定するチームメンバーの上限である9人の場合、1人あたりが話せる時間は1分程度だ。何を話すかあらかじめ決めておかなければ、あっという間に15分など過ぎてしまう。

スプリント運営上の問題が検出されたり議論の時間を要する何らかのテーマが見出された場合は、デイリースクラムでは次に話す機会を約束して、いったん会合を終えるのが現実的だ。また、デイリースクラムでは以下の3つの問いを全員で答えていくのをあらかじめアジェンダとしておくのがよい。

- 開発チームがスプリントゴールを達成するために、私が昨日やったことは何か？
- 開発チームがスプリントゴールを達成するために、私が今日やることは何か？
- 私や開発チームがスプリントゴールを達成するうえで障害となる物を目撃したか？

図5

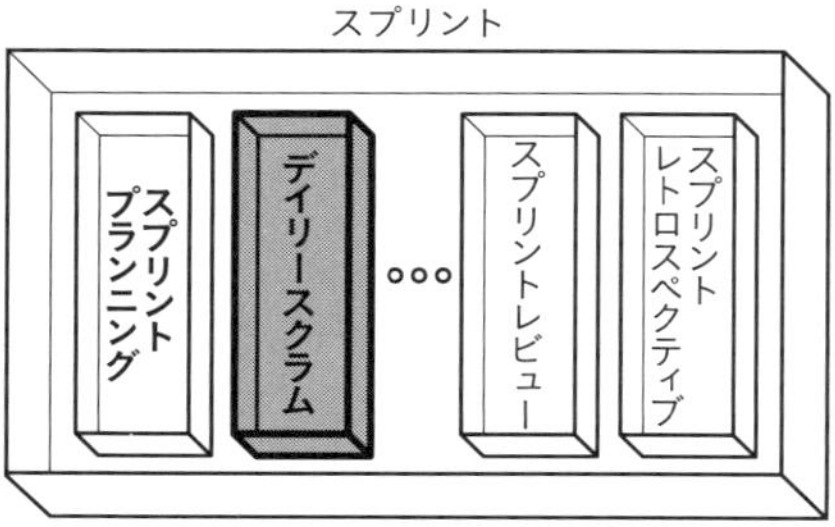

(21) 実はここから、プランニングでの予測に対してどういう方針を持ってプロダクトづくりを進めていくべきか見えてくることがひとつある。スプリント数が変動しやすいということは、まさにその変動による「着地の予測」（＝必要なスプリント数の見立て）をスプリントごとに実施していく必要があるということだ。こうした行為を省略してしまうと、プロダクトづくりがある程度進んだところで時間

これらの問いに答えることで、チームとして、検査（やったことについて認識の相違はないか）、計画づくり（これからやることもスプリントプランニング上妥当であるか。妥当ではない場合はもちろん調整する）、問題提起を行うことになる。この3つの問いは、チームメンバー一人ひとりが答える。作業を行う最小の単位個人にまでフォーカスして、状況の把握と判断を行うところにスクラムの強さがある。スプリントのプランニングとその結果をレビューする2つのフォーカスしかなかったとしたら、状況判断とその調整がスプリント単位となり、チームの小回りが効きにくくなってしまう。

が足りないという事実に唐突に直面し、その時には打てる手が限られてしまっている、ということが起きる。着地の予測は大事な行為なので、この先でも何度か触れていく。

スプリントレビュー

続いて、スプリントの成果をチームで共通認識とする箱が「スプリントレビュー」だ（図6）。スプリントを終える時に行うイベントとなる。ここでの状況理解が次のスプリントプランニングへのインプットとなる。スクラムチーム全員が参加し、かつチーム外部のステークホルダー（関係者）にも参加してもらう。スプリントレビューは有益なフィードバックを集めるための場である。

スプリントレビューは、そのスプリントで作った機能性をデモンストレーションする場となるため、プロダクトの最新の状況を把握するに適している。ゆえに、ステークホルダーが参加するイベントとして最も適している。ただし、プロダクトのお披露目を主目的に置いた儀式のような場にしてはならない。スプリントレビューは、あくまで成果をレビ

図6

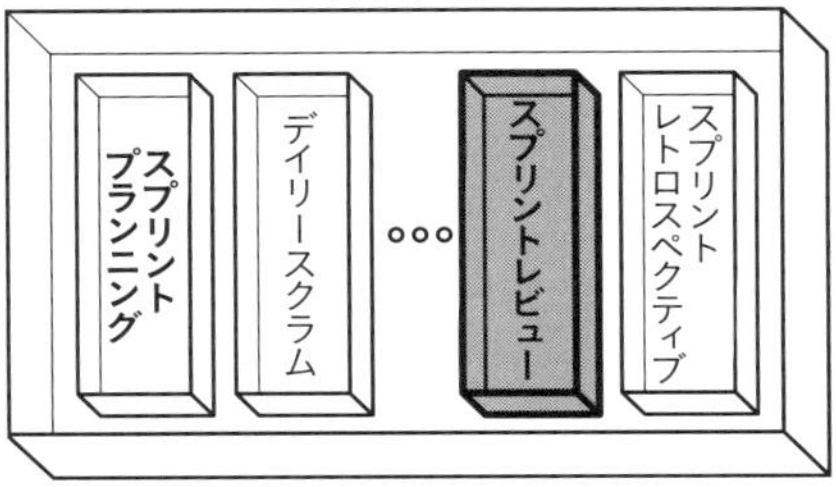

ューし、次に何をするべきかを検討し、必要に応じて舵取りの調整を行う、プロダクトづくり上最も重要と言っても良いイベントだ。例えば、プランニングだけ実施して、スプリントレビューを行わないような進め方だと、プロダクトの検査を行うタイミングはローンチ前などになり、プロダクトへのフィードバックを取り込む機会もなく、スクラムで進める意義がない。

スプリントレビューには、いわゆる「お客さん」的な観客は存在しない。参加者それぞれに果たす役割がある。スクラムマスターは、この会合自体が開催されるよう働きかけなければならないし、スプリントレビューの意義や実施すべきことについて参加者が理解できるよう説明する役回りとなる。開発チームは、プロダクトのデモを行い、参加者から出てくる疑問に答え、フィードバックを受け付ける。

また、スプリントで発生した問題とその解決策の共有も行う。たとえ技術的な問題だったとしても共有は行うべきである。その問題の性質[22]によって、次のスプリントの計画に影響を与えるからだ。

さらに、プロダクトオーナーも「お客さん」となって成果を確認するために参加するのではない。プロダクトオーナーは、完成したプロダクトバックログアイテムとそうではないプロダクトバックログアイテムについて判別しておき、その内容を説明する。その結果を踏まえて、プロダクトをローンチできる時期の予測を必要に応じて修整する。いわゆる**「着地のタイミング」**[23]をスプリントレビューごとに検査し、見立て直し、ステークホルダーやチームと共有するのは必ず行っておきたいことだ。

プロダクトのローンチは、人の「こうあってほしい」という希望にもとづいた期待が暗

(22)「また起きうるのか？」「どの程度の時間を要したのか？」「解決策に新たなリスクはないのか？」といった観点で状況を捉え、次のスプリントプランニングやリリースプランニングに影響があるかどうか判断したい。

(23)(21)を参照。

黙的に形成されやすい。こうした期待のズレはプロジェクト内のコンフリクトを容易に招く。たとえステークホルダーがスプリントレビューに出席していたとしても、状況の解釈については個々によって差が生まれるものだと考えておいた方がよい。

また、件のステークホルダー自身も観客ではない。レビューの結果を踏まえてプロダクトの価値を高めるために、次に何をするべきかの議論にステークホルダーにも参加してもらい、協力関係を醸成する。

こうした議論の結果を、次のスプリントプランニングのインプットとするのだ。つまり、スプリントレビューのアウトプットとは、レビューを経て変更が加えられたプロダクトバックログということになる。

スプリントレトロスペクティブ

スプリントという箱の末尾に格納されている箱は、スプリントレトロスペクティブだ（図7）。スプリントレトロスペクティブは、スプリントとスプリントの間に実施される。スプリントレビューはプロダクトの検査である一方、スプリントレトロスペクティブはスクラムチームとその活動の検査にあたる。今回のスプリントでわかったこと(24)を棚卸しし、次のスプリント活動の改善プランに活かす場だ。

検査の観点には、人、関係、プロセス、ツールがある。チームのプロセスや人と人との関係性だけではなく、個々人の活動についてフィードバックを行うことも躊躇してはなら

図7

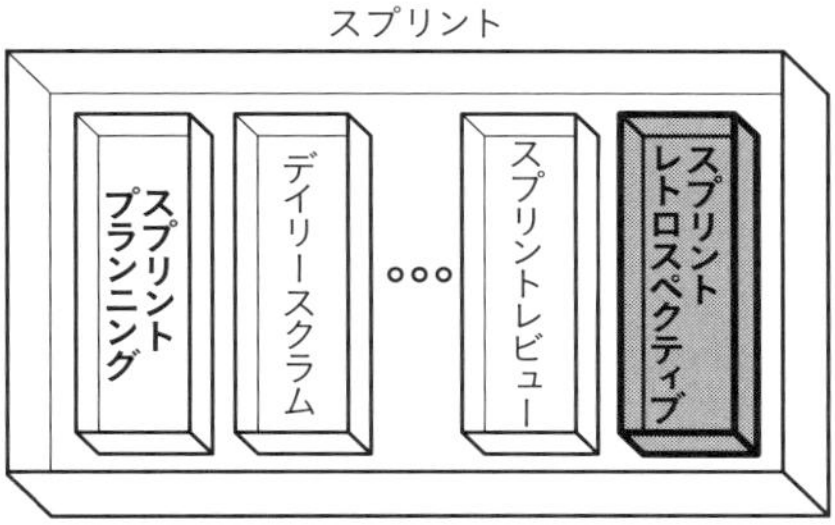

(24) 良いことも、問題も、両方含まれる。

ない。プロダクトづくりの最前線はどこにあるかというと、メンバーの一人ひとりの行為、コードを生み出す指先にある。いくらプロセスやツールという観点で最適化しようとしても、個々人の活動の質が上向かなければプロダクトづくりは良くならない[25]。

それだけに、スクラムマスターにはスプリントレトロスペクティブがより良くなろうと前向きになれる場としてデザインしてほしい。反省会という位置づけにしてしまうと、場合によって個人が詰められるような状況になりかねない。このイベントの目的は、チームの活動がより生産的になることだ。そして、次のスプリントがより楽しいものとなるように、チームでアイデアを出し合う場でもあるのだ。

スプリントレトロスペクティブはチームの改善を駆動する原動力となるが、問題の検出や改善計画を立てるのはこのイベントに限ったことではない。既に見てきたように、デイリースクラムはより高頻度に問題発見ができる場であるし、改善とは日々の活動のなかで行われるものだ。スプリントレトロスペクティブを待つまでもなく、問題検出や改善のアイデアがチームの中で挙がるのを歓迎しよう。

(25)チームのやり方に合わない、どうしてもついていけないメンバーは、チームから降りてもらうという判断も時に必要になる。

2-5 — スクラムの成果物

スクラムをめぐる旅は、作成物で終えることにしよう。「プロダクトバックログ」「スプリントバックログ」「インクリメント」の3つが成果物だ。

プロダクトバックログ

まずは「プロダクトバックログ」。前述のとおり、プロダクトバックログはプロダクトに必要とされるもののリストだ。実体としては、機能であり、要求であり、要望も修正も含まれる(26)。プロダクトにとって必要なことの(27)全体を表している。もちろん、プロダクトの成長とともに必要なことは変わっていく。スクラムイベントなどでプロダクトバックログを俯瞰し、今後プロダクトで実現すべきことを構想する。

スクラムの規定としては、プロダクトバックログの構造化は前提として置いてない。ただ実際には、あるプロダクトバックログアイテムは要望レベルの記述になっていたり、あるプロダクトバックログアイテムは機能にまで落とし込まれていたりとすると、粒度がバラバラになって扱いにくい。プロダクトバックログの管理は工夫のしどころになる。具体

(26) プロダクトバックログの定義は、スクラムガイドの表現「プロダクトバックログは、今後のリリースで実装するプロダクトのフィーチャ・機能・要求・要望・修正をすべて一覧にしている」では想像がつきにくいかもしれない(どういう状態になっているかわからない)。第1章での表現を使うならば、プロダクトバックログは粒度とその詳細さで「要求」と「要件」があり、スプリントバックログの段階では「仕様」が明確になっているという見方をするとイメージがつくかもしれない。ひとつの解釈として参考にしてほしい。

的には、プロダクトバックログの内容の詳細さによってリスト管理を分ける運用をした方がよい。例えば、要望（アイデア）レベル、要望から優先度を上げてより詳細化した要求レベルの2段階に分けるなどだ。各リストの中は、並びでもって優先度をつけておく。

このプロダクトバックログの一つひとつは「プロダクトバックログアイテム」と呼ばれ、詳細な内容、規模の見積もり、並び順、提供されたときに利用者が得られる価値について整理されてあるとよい。さらに、プロダクトバックログアイテムが完成したと判断できるためのテスト記述もあるとなおよい。

プロダクトバックログアイテムの詳細化、規模の見積もり、並び替えを行うことを、プロダクトバックログの「リファインメント」と呼ぶ。リファインメントは、プロダクトオーナーと開発チームが協力して行う。プロダクトオーナーだけで見積もりを行うわけにはいかないし、開発チームだけで並び替えを行うわけにもいかないからだ。

これをいつ実施するかはスクラムでは規定しておらず、スクラムチームとして決めるものとしている。実際には、スプリントレビューを終えて、プランニングするまでの間に行うことが多くなるだろう。プロダクトバックログアイテムが詳細になっていけなければ、スプリントとしてどのくらいできるか判断できないためだ。

ただし、すべてのプロダクトバックログアイテムを詳細にしておこうとは考えないことだ。プロダクトバックログの並び順が下にあるものほど優先度が低く、スプリントの開発対象になる時期がいつになるかわからない。場合によっては作らないまま終わるものもあるかもしれない。プロダクトバックログの上の方にある、スプリントバックログの候補に上がりやすいものから詳細化されている状態を目指すことにしよう。

(27) 必要性には、必ず要るものと、あったら良いなというものとレベル感がある。前者はmust have、後者はnice to haveなどと表現されることがある。

では、もう少し具体的にはどこまで詳細化の準備をしておくべきだろうか？　実際には、リリースプランニング(28)の段階で、どのスプリントでどのプロダクトバックログアイテムを作ることになりそうか仮決めしておくことをお勧めする。(29)第1スプリント、第2スプリント、第3スプリントと、おおよそ何が開発対象になりうるかわかっていると、先読みして動くことができるようになる。第1スプリントの時点で第2スプリントの対象となるプロダクトバックログアイテムの詳細化を進めておく、といったようにだ。スプリントを始める際に、さあ詳細化を始めようという感覚ではスプリントの開始に間に合わず（いわゆる準備完了［Ready］の状態(30)のプロダクトバックログアイテムが不足する）、スプリントの活動が混迷する可能性も高い。

スプリントバックログ

続いて「スプリントバックログ」。スプリントバックログは、今回のスプリントで開発を行うものとして選択されたプロダクトバックログアイテムと、完成のために必要な作業が含まれる。

スプリントバックログは、開発チームが管理する。前回のスプリントレトロスペクティブで挙がった改善施策も含めるようにしよう。(31)スプリントバックログの段階が内容として、最も詳細化されていることになる。デイリースクラムという短い時間でやるべきことを認識にするには、十分に小さく詳細な内容になっている必要がある。

(28) (20)を参照。

(29) ただしあくまで仮決めであり、スプリントの進展とともに並び替えることにはなる。

(30) 「準備完了の状態」とは、どのようなものを作ればよいかチームが理解できる状態になっていること。具体的には、どういうことができれば「完成」と言えるのか（受け入れ）条件が明示されている。

(31) 改善施策も規模見積もりを行い、チームのベロシティの計算対象とする。いくら改善施策を盛り込んでも、ベロシティを大きく越えたプランニングでは実行できずに終わってしまう。実行可能性の期待が持てるプランニングを立てる必要がある。

スプリントの活動をしていると、さらに必要な追加の作業を理解することがある。その場合はスプリントバックログを更新し、残作業がどのくらいとなり、スプリントで収まるのかを見立てよう。

インクリメント

作成物の最後は「インクリメント」だ。インクリメントとはつまり、動作するプロダクトのことだ。スプリントの終了時には、新しいインクリメントが完成していなければいけない。スプリントを終えてもインクリメントに新たなプロダクトバックログアイテムが含まれていないとしたら、スクラムチームは大きな問題を抱えていると言える。[32] たとえプランニングの段階からその結果があらかじめ見立てられていたとしても、インクリメントに期待できる価値が増えないのは、スプリントで開発する意義が損なわれているとみるべきだ。

さて、インクリメントをリリースするかどうかはプロダクトオーナーの別の判断となるが、インクリメントは常に動作する状態にあり、スクラムチームが決めた**「完成（Done）の定義」**を満たしていなければならない。完成の定義は、チームが「完成している」と認識するために必要な条件だ。具体的には、チーム内のレビューが終わっていること、テストが通っていること、スプリントレビューのためにデモ環境にデプロイされていること、デモ環境での動作確認が終えていることなどが挙げられるだろう。この定義はチームに

(32) なお、単に使える機能が増えたということだけではなく、コードの質の向上上、設計の改善なども、プロダクトの価値を高めることである。インクリメントにはこうした行為も含まれるはずだ。

よって異なる。

以上がスクラムについての解説であり、私の解釈でもある。スクラムは情報も知見も多く存在し、知識へのアクセスがしやすい。反復開発の型として用いるにはベターと言える。ただし、情報が多いことでかえってどう始めるべきなのか迷うところでもある。スクラムガイドも全体的な概要の説明であり、段階的な始め方を想定した記述にはなっていない。現実的には、いきなりスクラムガイドの内容を始める前に、チームとして整えておきたい観点がある。次ではそれについてとりあげよう。

2-6 ― 自分たちのアジャイル開発とどう向き合うべきか

前章でも述べたとおり、スクラムは「軽量、理解が容易、習得は非常に困難」とスクラムガイドで説明されている。習得が困難と突き放されて、どのようにして自分たちのアジャイル開発を始めるとよいのだろうか？

アジャイル導入のパターン

自分たちの開発をアジャイルにしていくアプローチは、日本にXPが届けられてから15年以上様々な現場でトライし続けられてきた蓄積がある。具体的なパターンを挙げていくと、

❶自分たちで勉強会を開き、まずは知識として学ぶことから始める（教材となる書籍は15年かけてうず高く重ねられるほどに至っている）。
❷外部の勉強会へ参加し、知見を得る（幸いにして、学びを得るための機会は豊富にある）。
❸自分たちで小さく始めてみる（小さなプロジェクトで取り入れる、あるいは部分的にプラクティスを取り入れる）。
❹外部から経験者を招聘して始める（組織内部から、あるいは組織の外から）。

いずれのパターンも、自分たちのスタートの状態を踏まえて、最初の一手としてありえる。例えば、全く実践知がないチームであれば、まずは❶勉強会を開くのは自然だし、拠り所がなさすぎるため❹外部の経験者からレクチャーをもらう方が立ち上がりの時間を早くできるかもしれない。あるいは、ある程度知識のあるメンバーがいるが外部から力を借りれるほどまだ組織の後押しがないのであれば、❸自分たちで小さく始めるのがよいだろう。

小さく始めるのには2つの意味がある。対象のプロジェクトの規模が小さければ、巻き込むメンバーや関係者の数も少なくて済む。ただでさえ慣れないことをしようとしている

のだから、状況を不安定にする要素はできるだけ抑えるようにしたい。また、規模が小さいと、後で取り返す苦労も小さくて済む。もしスプリントを始めてみてうまく結果が出せなければ、今までのやり方に戻し、腕力で進捗を取り返す作戦に切り替える。こうした方向性の判断がこまめにできるのもスプリントならではと言える。

「小さい」の意味するところはもうひとつある。それは、適用量だ。数あるプラクティスの中から、始められそうで、効果が期待できるものから取り組む。例えばチームとその活動の見える化に主眼を置き、「タスクボード」「朝会」「ふりかえり」(33)から始めるといった作戦だ。スクラムの構成を部分的に取り入れてもそれを「スクラム」とは言えないし、朝会をやっていればプロセス的な意味での「アジャイル開発」になっているとも言えないが、しかし自分たちのプロダクトづくりをより良くしようという観点からは現実的なアプローチと言える。大上段に構えて一向に始まらないよりよほどいい。

対象規模と適用量、そのいずれの「小さく始める」にしても、適用の際のリスクを抑えた状況で取り組むということだ。もちろん、どちらも小さく始めるのでも構わない。チームの自信に合わせよう。

以上が基本的な始め方のパターンだが、最初に考えてもらいたいことがある。実際に始めようとすると、パターンの選択肢に迷うことがあるだろう。そういうとき、最初にチームで向き合ってもらいたいのは、自分たちにとっての**「ゴールデンサークル」**だ。

(33)「タスクボード」は、TODO/DOING/DONEといった状態に分けてタスクを見える化、管理するためのボードのこと。「朝会」は、仕事に取り掛かる時に最初に開く短いミーティングのこと。前日までにやったことや、その日にやるべきこと、抱えている問題などをチームメンバー一人ひとりが表明し、共通理解とする。スクラムのデイリースクラムと近しい。「ふりかえり」は、仕事を終えてチームの振る舞いについて良かった点、問題を見える化し、踏まえて次にやることを決める、カイゼンのためのミーティング。スクラムのスプリントレトロスペクティブに対応するものと言える。

ゴールデンサークル

ゴールデンサークルとは、サイモン・シネックが提唱する思考と行動のフレームワークだ。TEDでも紹介されているからご存知の方も多いだろう。簡単に説明しておくと、人に何か行動を促してもらうためには、まず目的（Why）を伝えることから始めて、次にその目的を実現する手段（How）、さらに具体的な行動や製品（What）を伝えるという流れのフレームだ（図8）。「先に製品紹介（What）から始めてしまう」「具体的な指示（How）だけ行う」というのは、プレゼンや人とのコミュニケーションでとってしまいがちな過ちだというわけだ。

これは、人に何かを伝える局面だけではなく、思考にも当てはまる。「何をしなければならないか」というのは考える起点にありがちだが、それを「何のためにやるべきなのか」が見落とされてしまうこともよくある。手段が目的となってしまい、何を達成したかったのかがわからないままとなり、結果として意思決定を誤ってしまうということが起きる。

何かを始める際は、ゴールデンサークルを書いたり思い浮かべたりして考えることを習慣にするとよい。目的から考え、どう実現するのか、それを踏まえて何をするのか、何を作るのか、という流れは、タスクレベルからプロダクトのデザイン、事業の戦略を練る際にも適用できる。

さて、このゴールデンサークルを使って、アジャイル開発、というよりもむしろ**自分たちのプロダクトづくり自体と向き合うことから始めてみてほしい**。自分たちが作ろうとしているプロダクトがどういうものなのかを踏まえて、自分たちの開発がどうあるとよいのか、どうありたいのかを、これから始める取り組みの「目的（Why）」に置こう。

図8

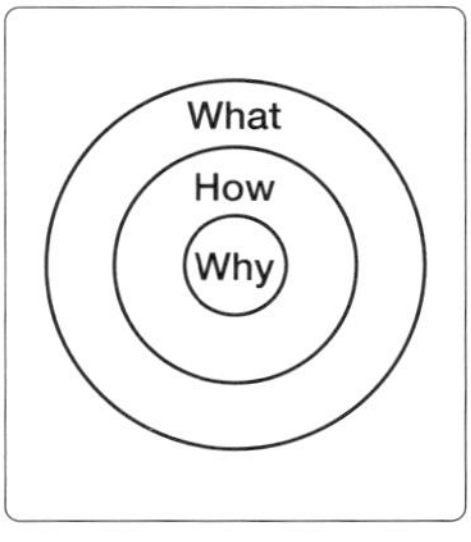

目的を捉えずに、ただプロダクトづくりをアジャイルにしていこうとしたところで、それはプラクティスやプロセスを真似ただけでしかなく、どんな成果があがるのかが誰にもわからないままになってしまう。もちろん、目的を捉えなくても先ほどの導入のパターンに則れば始めることはできる。ただ、何のためにスプリントを回しているのか、何のためにフィードバックを集めているのか、そのWhyがないままではチームはどこにも行けないだろう。

Why ──自分たちのありたい開発に向き合う

ゴールデンサークルのWhyを考える際に答えるべき問いとはどのようなものだろう？アジャイル開発に取り組むことが先に決まっている場合は、「なぜ、アジャイルに作るのか」という問いになるかもしれない。たとえ組織として取り組み始めることが決まっているとしても、先に問いには答えておいてほしい。後で述べるように、Whyがなければ、自分たちのとっている行動が正しい方向に向いているのかわからなくなってしまう。

また、キーワードとして「アジャイル開発を始める」が先行している場合は、意外と誰一人その目的をわかっていないことも十分にあるため、その問いに答えることにたとえ今さら感があったとしても関係者と認識を共通させておくべきだ。そうしなければ、後で期待違いが起きてしまうことがよくある。「もっとたくさん作れるようになると思っていた」「もっと速くできあがるのではなかったのか」など、関係者との認識の相違に驚かされることは珍しくない。アジャイル開発の捉え方、理解の仕方は人によって異なるものだと考えておいた方がよい。

もう少し注意深く考えてみると、「なぜ、アジャイルに作るのか」という問いは、Howが既にありきの状況になっている可能性が高い。これは、ゴールデンサークルの考え方に反するものだとわかるだろう。本来問いたいのは、**「自分たちのプロダクトづくりとしてありたい姿はどのようなものか？」**である。組織としてアジャイル開発に取り組む文脈であろうとなかろうと、この問いに対する答えをチームで言語化しておこう。この言語化された内容が、チームの根本的な行動基準となる。

具体的には、「ユーザーにとって意味のあるプロダクトづくり」「ユーザーの生活を変えるようなプロダクトづくり」など、チームによって様々な目的が掲げられるだろう。ここに挙がるのは、チームとしてこうありたいという信念であり、大事にしたい価値観でもある。ここが曖昧なまま、Howに「アジャイルに作る」とか、Whatに「スクラムの適用」などを挙げても、自分たちの行動がありたい方向にどれだけ進んでいるか判断することはできない。

「ありたい姿」を考える以上は、HowやWhatにアジャイルに関することが結果として挙がらない場合もあるだろう。だが、それでよい。自分たちの信念がどこにあり、どうやって向かうのか、その行動まで言語化できたことの方が本質的なのだ（図9）。

チームのWhyに何を挙げるべきなのかを、チームの外から言うことは誰にもできない。自分たち自身の信念なのだから。ただ、アジャイルに作ることで期待されることを挙げることはできる。私からは**アジャイルに作る9つの意義**(34)について示すことにしよう。「なぜ、

図9

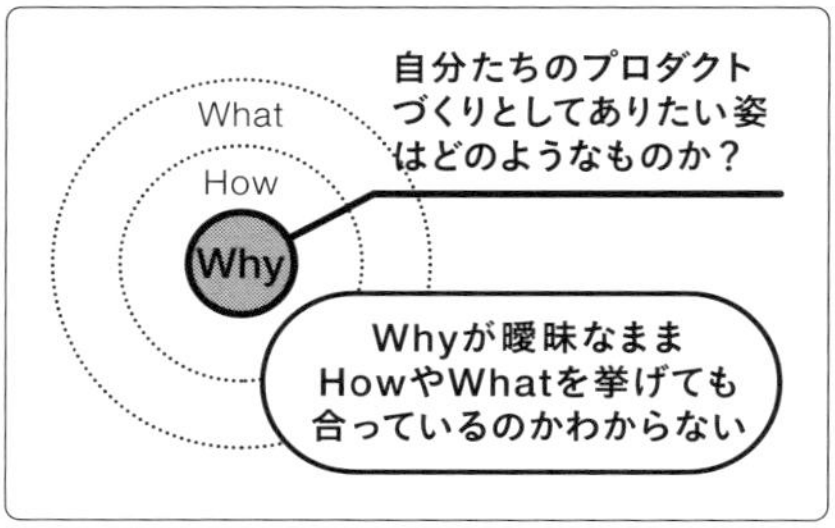

自分たちのプロダクトづくりとしてありたい姿はどのようなものか？
What
How
Why
Whyが曖昧なまま
HowやWhatを挙げても
合っているのかわからない

(34) 9つの意義は、あくまで私がこれまでのアジャイルな開発を通じて感じ捉えた意義である。アジャイルに作る意義はこの9つに限るわけではない。みなさんのチームでも、問いに向き合い、10個目以降にどんな意義が挙がるか話し合ってみてほしい。

アジャイルに作るのか」、あるいは「自分たちのプロダクトづくりとしてありたい姿はどのようなものか」を考えるうえでの手がかりになればと思う。

アジャイルに作る意義を示すために、まずその前提について触れておこう。「アジャイルに作る」とは、具体的にどのように作る型を言うのか？

「アジャイルに作る」の型

アジャイルに作るとは、プロセス的には反復的に作るということである。スクラムの説明で述べたように、スプリントという固定の期間を反復させて作る。**「スプリントは小さなプロジェクト」**と表現したように、従来の開発に比べるとこの期間は異常なほど短い。なので、これまでの数ヶ月、数年などの長期間にわたるプロジェクトとはもちろん違い、1回のスプリント（プロジェクト）で作れるものはそれほど多くはならない。その代わり、小さくとも動くプロダクトがあることで、認識が合っているか確認したり、ソフトウェアとしての動作に誤りがないかテストしたり、あるいは合っている／間違っているではなく、プロダクトに関するより良いアイデアが生まれたりもする。

つまり、アジャイルに作るとは、少しずつ反復的に開発を進めることであり、そのプロダクトを必要とする人から必要なフィードバックを得ながら調整し続けられるプロダクトづくりだと言える。なお、この少しずつプロダクトが形になっていく状態を**「インクリメンタル」**と呼び、反復のことを**「イテレーティブ」**と表現する。インクリメンタルかつイテレーティブな状況が、アジャイルな開発の特徴だ。

インクリメンタルかつイテレーティブな開発とは、シンプルに言うと「早く（少しだけ）

形にできる」やり方だ。[35] 早くプロダクトを動く状態にすることができるが、ただし一度にたくさんはできない、少しだけ、ということである。この、「早く（少しだけ）形にできることで得られる良さとは何か？」が、これから見ていく9つの意義にあたる。

9つの意義

さて、9つの意義とは具体的には以下のとおりだ。

①フィードバックに基づく調整で、目的に適したプロダクトに仕立てられる。

この内容は、既に説明したとおりだ。フィードバックを早期に受けていくのは、プロダクトづくりの基準を「ユーザーにとって必要なこと」にするためである。プロダクトが何をどのような形で備えておくべきか理解するための最も精度の高い手段とは、ユーザーに使ってもらうことだ。その積み重ねで、プロダクトの本来の姿に近づけていく。

②形にすることで、早めに関係者の認識を揃えられる。

これから作るプロダクトがどのようなものなのか、本当のところチームも関係者も具体的にはわかっていないという状況は珍しくない。なので、プロダクトを想像し理解するためにUIをスケッチしたり、機能を洗い出してその仕様を言語化するということを行うものだが、そうした活動以上に、実際の形を見て動きを見てみた方が、何が必要で何を考えなければならないか気づきやすい。

(35) 少しだけかたちづくり、それを重ねていく累積的な開発となるため、その効率性を維持するための技術（継続的インテグレーション、テストの自動化）が前提となる。そうでなければ、結局まとめて作った方が効率が良いと捉えてしまい、アジャイルな開発から遠くなってしまいかねない。どのような効率性を重視するのかは、以下のスライドを参考にしてもらいたい。
https://www.slideshare.net/i2key/devlove-devkan-103489350

③作るものやチームについての問題に早く気づける。

早く形にするということは、必要なプロセスを一通しするということだ。一通ししようとすれば、プロセスやチームに何か問題があればすぐにわかる。例えば、コードを書こうとすると、プロダクトオーナーとの間のコミュニケーションが思っていた以上に必要で全く進まない、なんてことが起きたら、チームの中で完成のイメージがかけ離れていたことに気づける。結果、プロダクトバックログの受け入れ条件を書いて、イメージを合わせてからコードを書き始めようというアクションにつながる。

または、予想以上にスプリントレビューで確認できるモノがなかったとする。その原因は様々であるが、目の前のプロダクトに挑むにはチームの経験が足りていないということに最初のスプリントで気づくことができれば、まだ手の打ちようもある。

④チームの学習効果が高い。

アジャイル以前の開発では、要件定義、設計、開発といったフェーズごとにチームやメンバーが大きく変わることがあった。フェーズの間では、理解したこと、伝えたいことをドキュメントとして残し、次に渡すということが行われるわけだが、それによって人に蓄積された学びが断絶されてしまう可能性が高い。

一方、プロダクトとして形にできるということは、必要なタレントが最初のスプリントから揃っているということである。スプリントを重ねていったとしても、基本的にはメンバーの入れ替えはなく、知識がチームに蓄積され続けるということになる。結果、スプリントを重ねるほどチームのプロダクトづくりの練度は高まり、効率良くなっていく。

⑤早く作り始められる。

少しだけ形にするということは、すべてのことを詳細にして決めきっておく必要がないとも言える。最初の数スプリントで対象となるプロダクトバックログアイテムは、十分に詳細化されているべきだろう。だが、プロダクトバックログの後半や末尾にあるものは、まだぼんやりとした内容のままでもよい。そのプロダクトバックログアイテムの優先度が上がらないままになる可能性もある。すべての要件を十分に詳細化する作業はコストが高くつく。もし作るかどうかわからないものがあるならば、それは後回しにして、早めにプロダクトづくりに入る。その方が、必要なものから形にすることができて意義があるだろう。

⑥結合のリスクを早めに倒せる。

ソフトウェア開発に伴う様々なリスクのうち、分業によって生じる最大のリスクは、できた機能を結合できないこと、あるいは結合時に大きな認識のズレに気づいてしまうことだ。作るものの規模が大きくなると、チームやチーム内のメンバーの数も増え、担当機能を分け合い分業するかたちをとるだろう。もし、スプリントベースではなくフェーズベースで開発をしたら、できあがった機能を結合するタイミングがプロジェクトの後半になってしまう。その間認識はズレたままだ。ズレた認識でお互いが作り続けていくと、その問題は大きくなる一方である。

スプリントによる開発は、最初のターンから結合を行う。ゆえに、認識のズレを最大でも1スプリントに抑えられるということだ。認識のズレは次のスプリントで修整することができる。そして、スプリントを続ける限り、それは毎回結合を行うことを意味し、結合時のリスクを毎スプリント解消しながら進められる。

もちろん、チームの中で全くつながりのないプロダクトバックログアイテムをそれぞれが手がけていて、スプリントを終えるときに結合を行わないこともある。作る順番上やむを得ない場合はあるが、スプリント開発の強みを活かすべく、できるかぎり機能を積み重ねるような作り方をしたい。それは、インクリメンタル(少しずつ)という言葉にも込められていることだ。

⑦Time to Marketが短い。

数スプリント続けて、ユーザーにとって意味のある、利用範囲が備わったプロダクトができあがれば、その時点で市場に投入することができる。プロダクトづくりを作業単位のフェーズで切ってしまえば、すべてのフェーズを終えるまで市場投入ができない。この点もスプリントの利点だ。Time to Market、つまり市場に届けるまでに必要な時間の差は大きい。

Time to Marketが短いことを活かした、プロダクトづくり上の考え方が2つある。速いサイクルでの実験と、早期の収益化だ。

ユーザーの反応を見る実験を早期に行うことができれば、プロダクトづくりの方向性もユーザー視点で早めに調整することが可能となる。必要ではないものの作り込みを続けてしまっていたという状況が回避できる。この実験のサイクルをできる限り速く行うことで、有用なプロダクトへと近づけ、その維持をはかる。

こうした実験の中心にあるプロダクトのことを特に、**「MVP（Minimum Viable Product）」**と呼ぶ。ユーザーにとって実用的で最小限の範囲のプロダクトという意味だ。この考え方は『リーン・スタートアップ』[36]によって示されたもので、Build（構築）－Measure（計測）－Learn（学習）というサイクルが提唱されている。

また、実験による学びの獲得以外にも、早くプロダクトを市場に届けることで早期に収益を上げていくということも狙える。1年かけてフルスコープのプロダクトを作りあげてからローンチするのか、3ヶ月でアーリーアダプター（製品の早期採用者）には十分なプロダクトを仕上げて収益をあげていくのか、その選択肢を作り出すことができる。

(36)『リーン・スタートアップ』エリック・リース、日経BP社、2012年

⑧ サンクコストを小さくできる。

早く形になるということは、早く評価ができるということだ。⑦とは逆に、数スプリント進めてみて、このプロダクトではダメなのではないかと判断できるのであれば、そこで開発を止めることもできる。フェーズベースの開発で1年以上かけたプロダクトを、最後の出荷前テストなどで「やっぱりこのプロダクトではない」とローンチせずに中止するのは相当な判断だろう。こうした、既に回収不可能になったコストのことを「サンクコスト」と呼ぶ。スプリント開発の場合のサンクコストは、続けたスプリント分である。すべてのフェーズを終えて最後に判断するよりは、サンクコストを小さくできるだろう。

⑨ 開発チームのリズムを整えられる。

最後は、開発チームのリズムを上げることができるという点だ。繰り返しになるが、早く形にするということは、そのために必要な活動を早めに一通り行うということである。スクラムイベントをどのように行うか。スプリントのスピード感はどの程度か。それに、採用した技術のチームへのフィット感もわかる。

結果、チームが今回のプロダクトを作る際の「リズム」を早めに掴めることになる。プロダクトはチームが作る。チームが自分たちの活動に自信を持てているか、持てていないかは、プロダクトの仕上がるスピードや質につながる。早めにチームが自分たちの仕事のリズムやフィット感を得るのは、プロジェクトの成否を左右する。

もしチームがリズムを得るまでに時間を要するならば、計画の方を変える必要性も出てくる。計画が想定と違うならば、これもまた早めにわかった方がよい。手の打ちようがあるからだ。計画に現実を無理やり合わせに行くのではなく、現実からのフィードバックで計画を調整する。こうした考え方が合わないのであれば、ゴールデンサークルを見直した方がよいだろう。

こうした9つの意義を、自分たちの立てたWhyにあててみよう。もし9つの意義をほとんど必要としないようであれば、アジャイルに作るというのはやはり選択肢として適していないかもしれない。

How ——どのような作り方を自分たちで選ぶか

さて、自分たちのWhyが立てられたら、次はHowだ。Howとは、Whyを実現する手段にほかならない。9つの意義にあたるWhyを立てているのであれば、Howは「どのようなアジャイルな作り方を選ぶか」と考えるとわかりやすいだろう。具体的には、先に解説したスクラムを採用するのか、スクラム以外のやり方としてカンバンやXPを採用するのか、あるいはスクラムをベースにして自分たちでプラクティスを選択するのか、といったように。

Howは、手段ゆえに選択肢の幅が広い。だが、アジャイルに作るということに初めて臨むのであれば、いきなり応用的な選択をするよりひとつのやり方を基本とした方がよいだろう。特にスクラムの知見は世の中に豊富にある。スクラムを自分たちの開発の守破離の守に選ぶのは妥当と言える。

ただし、スクラムがどのような原則に則ったものなのかはチームで確認しあってほしい。本章でも、スクラムがどのようなもので、それぞれの構成の意味するところを説いてきた。また、スクラムの基本であり根本でもあるスクラムガイドにもチームで目を通して、なぜこのような構成になっているのか対話することをお勧めしたい。

ここでもゴールデンサークルを意識しよう。一つひとつのイベント、ロール、作成物について「なぜ」をぶつけて、チームとしての共通理解を作ろう(37)(図10)。

(37) 実はスクラムを忠実に実行したとしても、不確実性に適応できない状況に追い込まれる場合がある。この課題への適応を扱うのが次の第3章だ。フレームワークやプロセスを採用するだけでは補い切れない課題は常に発生する。チームでいま何が課題なのか、そしてそのためにどのようなHowを選択するのか、振り返る機会を定期的に設けてほしい。

図10

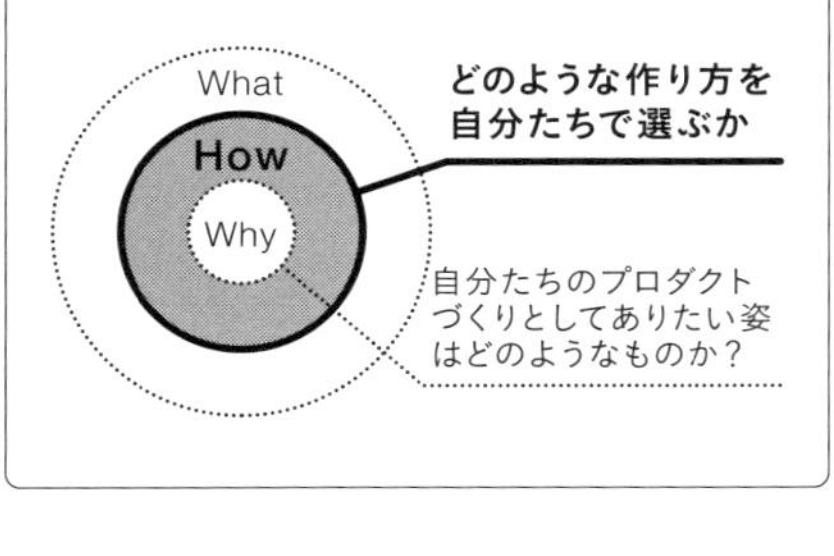

What
How
Why
どのような作り方を
自分たちで選ぶか
自分たちのプロダクト
づくりとしてありたい姿
はどのようなものか？

What ——型とのDiffから何をするか決める

ゴールデンサークルの最後はWhatだ。どうやるかのHowを決めたそのうえで、「何」をするか。スクラムのフレームワークに乗っかるにしても、プラクティスについては一つひとつチームとしての確認が必要になる。スプリントは何週間にするのか、スプリントプランニングはいつやるのか、具体的に出席するのは誰か、自動化されたテスト環境はいつ用意するのかなど、スクラムの規定以外にもチームの活動として決めることがある。むしろ、スクラムはプロセスに関する内容が多いため、エンジニアリングとしてこのチームではどんなアーキテクチャを採用するのかなどは自分たちで決めなければならない。

この際、型とのDiff（ディフ）を取りながら考えるようにしよう。**「Diffを取る」**とは、文字どおり差分（difference）を確認して、その差分の扱いをどうするか決めるということだ。また型とは、フレームワークで規定されている内容や通常よくとられるパターンのことだ。もちろんそれは普遍的な答えというわけではない。例えばチームに必要なロールといえば、スクラムではプロダクトオーナー、開発チーム、スクラムマスターということになるが、これに対して今回のチームはどのような役割を置くのか、プロダクトオーナーは誰なのか、スクラムマスターは置くのか置かないのか、開発チーム内にインフラの専門家は置くのか、といったように。

また、型には、フレームワークが規定しない領域もあるため、基準を自分たちで作る必要がある。例えばテストについて。スクラムガイドでは具体的な記述はないが、スプリントを続けていくにあたっては自動化されたテスト環境はほぼ間違いなく必要になる。反復開発の中でプロダクトの質を確保し続けるためには、その仕組みが必要だ。先ほどと同じように、こうした型に対して今回のチームの振る舞いを決める。テストコードは最初から書くのか、どのようなテストフレームワークを採用するのか、などだ。

基準を決める際は、自分たちで立てたWhyに反していないことを確認しながら行う。例えば、今回のプロジェクトはMVPを早期に構築し、利用の拡大に耐えうるようなプロダクトづくりを始める前の学びを得たいという狙いを置くならば、新しい技術の採用は見送り、チームに馴染んでいて速度が出せる技術を選ぶ、といった具合に。

もちろん、最初からすべてのことを詳細には決められないかもしれない。ただ、決めなければいけないことが何かを認識し、いつ決めるのかを自分たちの今後の活動に組み込んでおくことは大切だ。

なお、型と自分たちが決めたこととの差分を残しておくと、後から参画するメンバーや関係者に状況を説明する際のわかりやすい資料になるし、自分たちの開発を見直す際のインプットにもなる。差分は一度取って終わりではない。実際にやってみて、1ヶ月などのタイムボックスを設定し、ふりかえりをしよう。ふりかえりの結果、今までやってきたことを見直したり新たな取り組みを検討しよう。

こうした施策は、それ自体をチームのバックログとして管理する。さらに、いつどのような取り組み施策を行う予定なのか、時間軸を伴ったかたちで概要を表現しておくと、関係者も理解がしやすい。組織として取り組んでいるのであれば、たいていの場合チームの外側から、やっていることの説明を求められる。短期的な成果を期待されたり求められることも珍しくなく、自分たちの取り組みに時間軸を与えて見える化しておくことで、そうした期待を先んじて修整することができる。見える化は、期待をマネジメントするために意識的に取り組みたい（図11）。

始めることで学びを得る

こうしてゴールデンサークルに答えることで準備は整ったのだろうか。本章を終えるにあたって、いくつか留意したいことを述べおく。

まず、新たな取り組みのために準備することは大事だが、「準備し続けて何も始められない」ということは避けよう。例えば、スクラムを始めるにあたって山ほどある書籍を読み、勉強会に数多く参加し、経験者の話を聞いて回り、自分たちのスクラムの理解が合っているのか間違っているのかに一喜一憂し(38)、結果としてスプリントを始められないでいるのであれば、まだ何もしていないのに等しい。合ってるかどうかの答え合わせは、やってからでよい。答えをすべて暗記しようとして始められないより、早く学びが得られる。

最後にもうひとつ。開発をアジャイルにしようとする活動は、組織の理解が得られなければ取り組めないものだろうか。あるいは取り組んではいけないものだろうか。まずは、自分から行動を起こすこと。どんな行動でも、自分自身の経験となり、経験からは学び得るものがきっとあるだろう。それに、動くということは、組織やチーム内で人との新たな関係性や相互理解を作ることにつながる。新たな理解は、次の行動への協力となりやすい。

だが、自分たちのプロダクトづくりをより良くしようとすることに、許可が必要な組織ならば難しいかもしれない。どうしたらいいか迷ったら、自分がいったい何のためにプロ

図11

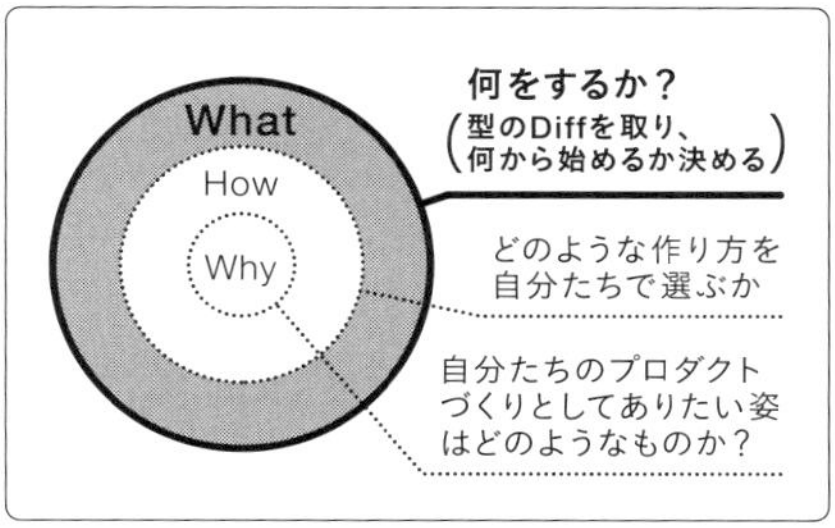

What
How
Why
何をするか？
（型のDiffを取り、何から始めるか決める）
どのような作り方を自分たちで選ぶか
自分たちのプロダクトづくりとしてありたい姿はどのようなものか？

(38) 私自身、こうした活動を推奨してきたところがある。今でも丸腰でよいわけではないと考えているが、ただあまりにも事前準備や事前知識の獲得に時間を費やすよりも、失敗してもよい、規定からは外れていてもいったんはよいとして実践した方が学びが多く、前進できると考えている。

ダクトづくりをしているのかを問うてみてほしい。自分の出した答えにもとづいて、自分の行動を決めよう。

さて、本章では、プロダクトづくりの不確実性に対処するべく、アジャイル開発（スクラム）とはどういうものなのかを見てきた。アジャイルやスクラムの要諦については理解を得られたと思うが、ここまでの説明だけではこの不確実性に対処するのはまだ難しい。第1章で提示した問題（アジャイル開発の破綻）に向き合う必要があるのだ。いよいよ次の第3章で、この問題を乗り越えるためにどのような行動をとっていくのか、その戦略と戦術、作戦について示していく。

まとめ

○アジャイル開発は同意された4つの価値があり、その背後には12の原則がある。

○スクラムには経験主義を支える3つのコンセプト（透明性、検査、適応）、さらにコンセプトを推し進めるために5つの価値基準（確約、勇気、集中、公開、尊敬）がある。

○スクラムチームには、3つのロール（開発チーム、プロダクトオーナー、スクラムマスター）、

４つのスクラムイベン（スプリントプランニング、デイリースクラム、スプリントレビュー、スプリントレトロスペクティブ）、３つの成果物（プロダクトバックログ、スプリントバックログ、インクリメント）で構成される。

○ゴールデンサークル（Why、How、What）を使って自分たちのプロダクトづくりとしてどうありたいのか向き合う。

○ゴールデンサークルのWhyを考える取り掛かりとして「アジャイルに作る９つの意義」がある。

○アジャイル開発が破綻する理由とその適応については？「正しく作る」を支える戦略と戦術、作戦について次章で示していく。

第3章

不確実性への適応

――正しくつくる

前章では、アジャイル開発とスクラムのあり方について見てきた。不確実性に対処するためには、それだけではまだ足りない観点がある。この第3章では、「アジャイル開発で乗り越えられない不確実性とは何か」を掘り下げる。そして、不確実性への適応のために、「余白の戦略」「スプリント強度を高める戦術」「全体への共通理解を統べる作戦」の3つを用いてその道筋を示す。

3-1 アジャイル開発で乗り越えられない不確実性

ここまでの話の流れを少しまとめよう。まずそもそも、プロダクトがどうあるべきかについての正解は、最初は誰にもわからない。ゆえに、あたりを付けながら、間違う前提を念頭に置きつつ「早く少しだけ形にする」開発が必要になる。したがって、「アジャイルに作る」というあり方は、プロダクトづくりの前提となることは間違いない。だが、それに伴い2つの課題が生まれてくる。

合意形成の課題

ひとつは、共にプロジェクトを進める関係者との間の合意をどう形成していくかという課題だ。関係者とは、プロダクトオーナーであったりビジネスのスポンサーであったり組織のマネージャーであったりする。立ち位置は様々あろうが、こうした関係者との合意を無視して作り手だけが走り続けられるのはまれなケースであり、組織的にプロダクトづくりをしている以上向き合う必要がある。というか、巻き込み、合意形成を育んでいかなければ、たとえ作り手に合理的な理由があったとしても、そして機能をずいぶん積み重ねてしまった後でも、プロジェクト関係者にとってプロダクトを受け入れられないということは十分にある。いかにプロセス的にスクラムを忠実に実行していたとしても起きうる。誰ひとりプロダクトに対する正解を持っていないということに全員が合意していたとしても、だ。

学びから生まれる課題

またもうひとつ、不確実性に適応するにあたって厄介な課題が出てくる。それは、「早く少しだけ形にする」開発で少しずつ何を作っているのか、何を作るべきなのかという理解（つまり、学び）を獲得していくことによって生じるものだ。スプリントを通じて得られる学びは、プロダクトバックログアイテムとして開発の遡上に上がってくることになる。重要な学びほど、その優先度は高くなる。そうした想定外の作るべきものが増えれば増えるほど、スプリントプランニングやリリースプランニングに影響を及ぼし、計画づくりの難易度を高めることになる。影響があるのはもちろん計画だけではない。作る順序を柔軟に変えようとすればするほど、アーキテクチャ、設計、データモデル、UIデザイン、テストとプロダクトづくりのすべての活動で対応が必要となる場合があり、プロダクトづくりの状況は「秩序」から「混沌」へと引き寄せられることになる。不確実性に適応すべくスクラムで開発の秩序を手にしたはずが、かえって混沌を招き寄せてしまうのだ。

つまり、「早く少しだけ形にする」だけでは適応できない問題がある。**「暗黙的な期待を放置したままでは合意形成にならない」**こと、**「不確実性への対処から得られる学びが新たな不確実性を生む」**ことの2つだ。スプリント開発をただ繰り返しているだけでは、期待や学びへの適応が欠ける可能性が高いのだ。(1)

（1）期待や学びが問題になるというのは奇妙に思うかもしれない。この2つの観点に今まで注意を払ってこなくとも、プロダクトづくりがうまく進んできたと言えるなら、チーム・関係者のプロダクトづくりへの理解が十分に高い状態にあるか、実はまだ期待を捉えられていないという可能性もあるだろう。

暗黙的な期待を放置したままでは合意形成にならない

まず、期待について。基本となる4つの期待がある。いわゆるQCDS（Quality［品質］／Cost［コスト］／Deliver［ローンチタイミング］／Scope［機能の範囲］）だ。このくらいのコストで作りたい、ローンチはこのくらいの時期にはしたい、そしてこういう機能はあるのだろう、揃うのだろう、といった希望にあたる。このうち、特に捉えにくいのが品質だ。

ソフトウェアなので、動作としての不具合に対する品質もあれば、要求事項を満たす程度としての品質もある。国際規格ISO/IEC 9126では、機能性（目的を満たすために必要な機能の実装度合い）、信頼性（正常に動作し続ける度合い）、使用性（わかりやすさ、使いやすさの度合い）、効率性（目的達成のために必要な時間や資源の度合い）、保守性（メンテナンスにかかる労力の度合い）、移植性（別の環境に移行してそのまま動作する度合い）の6つの定義が定められている。(2) どの品質が特に問われるかは、作ろうとしているプロダクトの目的に依るだろう。

デザインと学習についての期待

さらに期待には、基本の4つに加えて、デザインと学習についての期待が挙げられる。関係者にとって、プロダクトのデザイン、特にビジュアルへのこだわりや思い入れは、ソフトウェアが目に見えるものではない分注目を集めやすいところだ。(3) ビジュアルデザインは、ある程度完成された状態でなければ想像しにくく、判断がつかないということがありえる。また、主観の影響を受けやすいところなので期待がぶれていきやすい。この期待

(2) 6つの品質（国際規格ISO/IEC 9126）
- 機能性（目的を満たすために必要な機能の実装度合い）
- 信頼性（正常に動作し続ける度合い）
- 使用性（わかりやすさ、使いやすさの度合い）
- 効率性（目的達成のために必要な時間や資源の度合い）
- 保守性（メンテナンスにかかる労力の度合い）
- 移植性（別の環境に移行してそのまま動作する度合い）

(3) そしてそれは、ユーザーにとっても同じことが言える。

合わせに労力を惜しんで後回しにしたり軽視するのは止めた方がよい。

もうひとつの学習は、プロダクトづくりについてのやり方そのものを習得したい、試して評価したい、という期待だ。スクラムを始めたい、その効果を知りたい、そのために外部から経験ある開発者やコーチを招き入れて知識の移転を行いたい、そういった期待がどの程度重視されているのか、プロジェクトの目的として確認しあった方がよい。

暗黙的な期待

こうした期待の有無、度合いが、プロジェクト、プロダクト、関係者によって様々変わることになるわけだが、厄介なのは、期待がたいてい暗黙的になっていたり十分に表明されていなかったりする場合が多いことだ。さらに、自分自身の期待に当事者が気づいていない場合もある（**図1**）。

当事者からの自覚的な期待の表明は最もわかりやすいのだが、表明している言葉の中に本人が自覚していない期待が含まれている場合もある。この際は、問い返し、確認し、期待として扱うか明確にしておこう。

一方、暗黙的な期待については、まず表出されていないので、能動的な働きかけが必要となる。自覚しているが言語化できていない期待については、対話の機会が必要になる。期待を浮上させるためにヒアリングを通じて言語化していこう。

最後に残っているのは、当事者も気づいていない潜在的な期待だ。この部分を表出化させるのが最も厄介だ。期待の見える化のためのワークショップ（例えばインセプションデッキ）(4)を意識的に行ったり、プロトタイプを見て触って認識を醸成する検証が必要になる。(5)

図1

	表明している期待	暗黙的な期待
自分の期待を自覚している	わかる	わからない（対話が必要）
自分の期待を自覚していない	わかる（問い返しは必要）	わからない（見える化または検証が必要）

(4)「3-2 共通の軸を持つ」で詳述する。

(5) 自覚化による言語化（期待を周囲へ表明できるようになる）、言語化による自覚化（自分の期待に自分で気づけるようになる）、いずれもありえるが自力で自覚化も言語化も難しい状況のため、他者の協力が必要になるというわけだ。

このように、期待の存在を捉え、共通認識にしていく活動を**「期待マネジメント」**と呼ぶ。期待もマネジメントの対象であるということだ。

反復的なプロダクトづくりのマネジメントには、２つのレバーがあるとイメージしよう。１つはリスクマネジメント(6)についてであり、もう１つが期待マネジメントだ。いずれも適切に捉える必要があるが、一度捉えて終わりというわけではない。プロジェクトの進行とともに、リスクや期待の増減、変化がありえる。適時捉え続けなければならない。期待を放置したままにすると、プロジェクトの酷い混沌を招くことになるし、リスクにも発展する。期待とリスクはつながっているのだ。

不確実性への対処から得られる学びが新たな不確実性を生む

次に学びについて。不確実性への対処から学びが得られ、その学びがまた不確実性を呼び込むということであった。

９つの意義で挙げたように(7)、そもそもアジャイルな開発であることの狙いに**「わからなかったことをわかるようにする」**がある。ゆえに、作って、形を見て、触ってみても、何も学びがなかったという方が甲斐がない。スプリントを終えた結果、新たな発見があり、やるべきことがわかり、順序が変わることがあって然るべきだ。

(6) アジャイル開発以前に、ＲＵＰ（Rational Unified Process）というプロセス方法論が存在し、こちらは「リスク駆動のプロセス」と呼ばれている。具体的には、要求リスク（要求に対する認識不足）、技術リスク（技術練度の不足）、要員リスク（メンバーの学習不足）、政治リスク（関係者からの圧力や対立的な干渉）の４つのリスクについて、早期に開発サイクルを回し始めることで検知し対処しようという考え方だ。

(7) ９つの意義のうちの「フィードバックに基づく調整で、目的に適したプロダクトに仕立てられる」「形にすることで、早めに関係者の認識を揃えられる」「作るものやチームについての問題に早く気づける」は、わからなかったこと、気づいていなかったことを学び取るということだ。

学びから生じる変更への適応

ただし、その変化に適応するためには相応の備えが必要である。要は、プロダクトバックログが増えることになる（しかも、おそらく優先度の高いものが）ので、予定している予算や期間で収まるのか見立てを行い、既に想定していた要求をいくつか諦めるなどの調整を行わなければならないことになる。このあたりのトレードオフが関係者の共通理解となっていればよいが、「初めてのアジャイル開発」であるほどいきなり期待違いが突きつけられる可能性が高い。

また、要求の観点だけはなく、ソフトウェアの構造も変更に耐えうる設計でなければ、事実上変化を受け入れることはできない。変更によって受ける影響をいかに局所的にできるかが、設計上の要点のひとつだ。ＵＩとビジネスロジックの分離や、クラスの独立性を高めるなどの工夫が必要になってくる。

また、今回のスプリントで実装した要求とは全く反対の要求を実装しなければならなくなったということが頻発するようでは、そもそも進め方に問題があると考えた方がよい。「こうした気づきが得られることが、動くソフトウェアでレビューする意義だ」という見方はあるにあるが、しかしコードを書いて理解するというのはコストが高くつく場合も多い[(8)]。少なくともプロトタイプなどを先に作り、確認できるところはあるだろう。

成り立たないトレードオフ

こうした変更容易性への備えとは別に、アジャイル開発の考え方を根底からひっくり返してしまうような問題も起きうる。それは、機能に対する期待と時間に対する期待の間で、

(8) そもそも、大き目の認識齟齬については、コードを書く前に気づける可能性も高い。

トレードオフが成り立たないという問題だ。先に述べた、「想定していた要求をいくつか諦める」というのは、実現機能よりローンチのタイミングを優先する際の意思決定だ。一方、想定していたよりもスプリントを追加してでも機能を作り切りたいという意思決定もありえる。アジャイル開発では、機能と時間が交換できることを前提とする。

現実には、このトレードオフを割り切れない事態が起こりうる。必要な機能もわかったし、スケジュールもビジネス的に変えられない、そういった場合は予算の追加が残されたコントロール可能な変数となるが、予算あるいは人を追加すればソフトウェアが仕上がるというわけではないというのはブルックスの法則(9)が何十年も前から示しているとおりだ。

(9) 遅延している開発プロジェクトへのリソース追加は事態をさらに遅らせるだけである、というもの。フレデリック・ブルックスによって提示された。

学びが進むことで期待が明確になるという問題

こうした事態は、真面目にスクラムイベントを重ねているだけでは防げない。いや、スプリントを重ねるからこそ起こりうるのである。なぜなら、スプリントを重ねプロダクトが形になっていくにつれ、関係者の理解(学習)が進み、要求が明確になるとともに、人の期待もまた明確になってくるからだ。形になり始めたプロダクトによって誘発されるところもあるし、ただ時間が経過したことによってはっきりとしてきた制約ということもありえる。

「それは関係者へのやり方の理解が足りない、教育が足りない」という指摘をするだろうか？　しかし、どうだろう。もし自分の家を建てていて、その過程で窓の場所や階段の設置場所が想定していたよりも変えた方がよいとわかったとして、その要求を施工側にぶつけ、仮に押し通したとしたところ、予定工期の間際になってから「工期があと3ヶ月延びる」と告げられたら。既に拠点を引っ越す段取りもつけてしまっていて、必ず施工完了日を守ってもらう必要があるとしたら。(10) その時施工側から「そういうものだ。理解が足りない」と言われ、迫る問題を目の前にしたら、「今さらそれはないだろう。何とかしてくれ」と言いたくならないだろうか。

これは、期待マネジメントの失敗でもある。つまり、不確実性への対処から学びを得ていくことが、ただトレードオフを拠り所にしただけの期待マネジメントの限界を越えてしまうのだ。こうした事態にならないようにスプリントレビューがあり、そこでの合意形成が重要だという意見ももっともだ。ただ、こうした事態はすべてのスプリントレビューに関係者が参加していたとしても起こりうる。それは、やり方自体への理解不足（スプリントレビューは観客としてぼんやり過ごす時間ではない）に起因する場合はもちろんあるが、一方で「トレードオフの理解不足でした」では済まされないという事情がビジネス上存在することも十分にある。

したがって、人の期待をマネージしながら不確実性にもとづく学びに適応する術《すべ》が必要になる。具体的には、**「余白の戦略」「スプリント強度を高める戦術」「全体への共通理解を統べる作戦」**の3本立てで向き合っていく（図2）。最初に、これらの前提となる**「共通の軸」**について見ていこう。なお、戦略・戦術と作戦、この使い分けについては本章の末尾でまとめる。

(10) だったらいくつかの変更は取り下げていたかもしれない？　その通り。だから、スプリントごとでの着地見立ては重要なのだ。

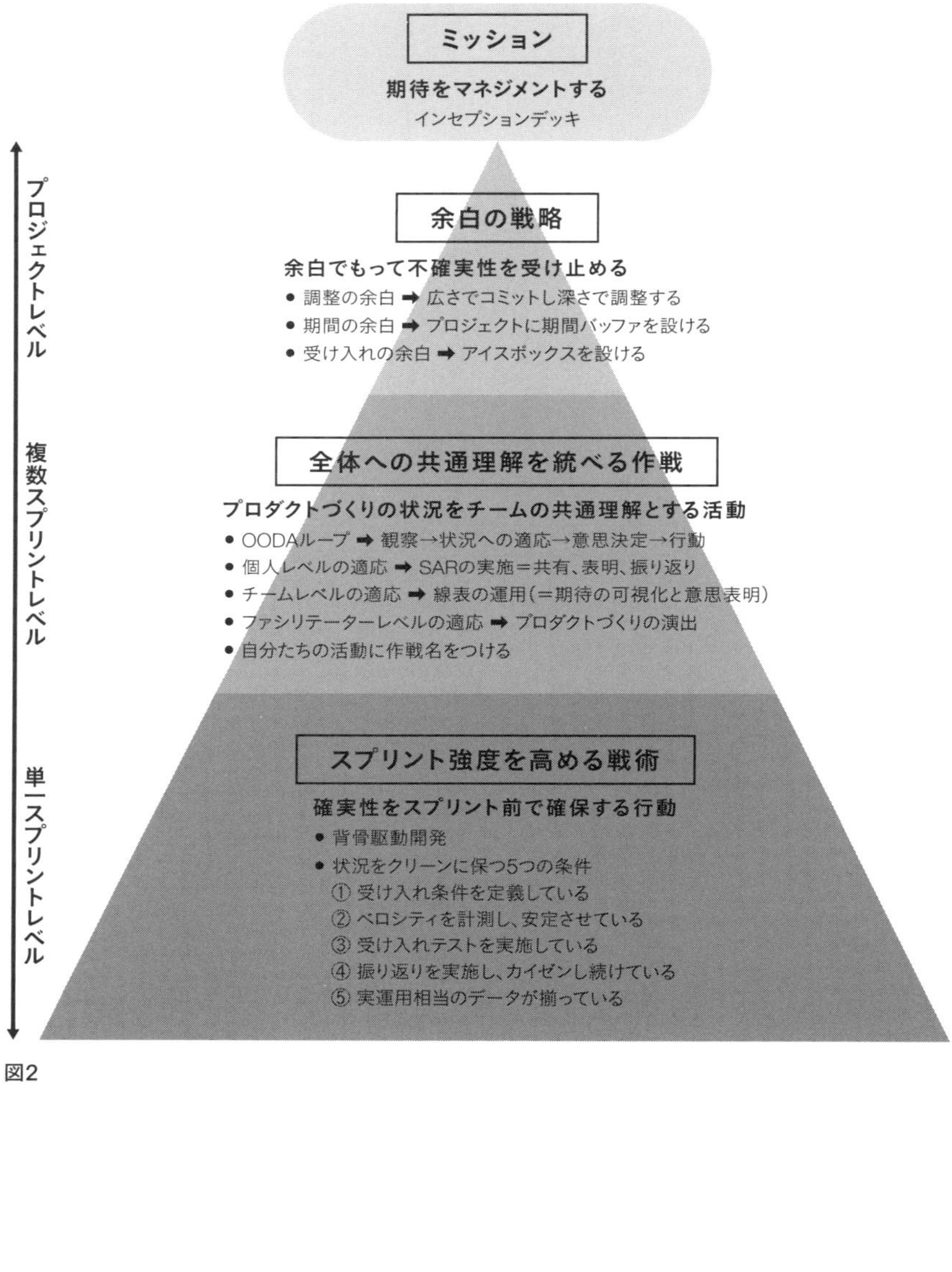
ミッション
期待をマネジメントする
インセプションデッキ
余白の戦略
余白でもって不確実性を受け止める
● 調整の余白 ➡ 広さでコミットし深さで調整する
● 期間の余白 ➡ プロジェクトに期間バッファを設ける
● 受け入れの余白 ➡ アイスボックスを設ける
全体への共通理解を統べる作戦
プロダクトづくりの状況をチームの共通理解とする活動
● OODAループ ➡ 観察→状況への適応→意思決定→行動
● 個人レベルの適応 ➡ SARの実施＝共有、表明、振り返り
● チームレベルの適応 ➡ 線表の運用（＝期待の可視化と意思表明）
● ファシリテーターレベルの適応 ➡ プロダクトづくりの演出
● 自分たちの活動に作戦名をつける
スプリント強度を高める戦術
確実性をスプリント前で確保する行動
● 背骨駆動開発
● 状況をクリーンに保つ5つの条件
① 受け入れ条件を定義している
② ベロシティを計測し、安定させている
③ 受け入れテストを実施している
④ 振り返りを実施し、カイゼンし続けている
⑤ 実運用相当のデータが揃っている
プロジェクトレベル
複数スプリントレベル
単一スプリントレベル

図2

3-2 ― 共通の軸を持つ

不確実性に適応する術《すべ》を実践していくにあたって、前提となる共通の軸。それはチームと関係者、プロジェクト全体で共通認識とする**「ミッション」**のことだ。これをまず整える必要がある。

ミッションを揃え、ミッションコマンドで動く

ミッションとは、プロジェクトやチームにとっての目的とも言える（図3）。したがって、何を成し遂げなければならないのかをまず揃えておく必要がある。(11)

だが、プロジェクトの目的が曖昧になっている（言語化されていない）、言語化されていてもチームや関係者が認識できていない、という状態は珍しいことではない。ミッションが曖昧だと、意思決定がぶれやすい。あらゆる意思決定の軸となるミッションが柔らかいままだと、その上でいくら作戦を立てようとしてもちょっとしたことで合意が崩れてしまう。

また、ミッションが定義されているからこそチームは自律的に動くことができる。Why（なぜやるのか）が明確だからこそWhat（何をするべきか）が決められる。ここでもゴールデンサークル（Why-How-What）の考え方と通じる。スプリントやプランニングで、何か問題が発生したり新たな発見（学び）があった際に、ことごとく関係者や管理者に確認をとり判断

図3

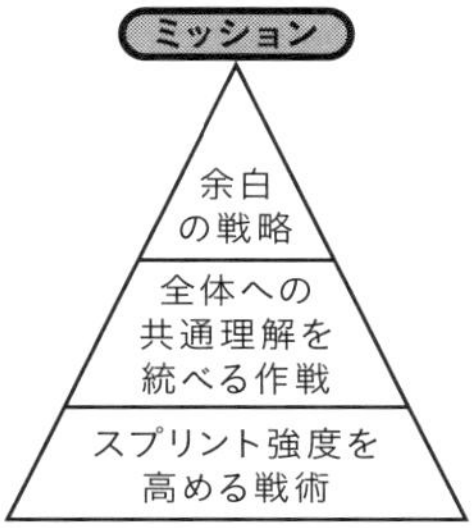

(11) これは、余白の戦略を取る／取らない以前の話でもある。

を仰ぐようなことをしていたら、時間がかかってどうしようもないだろう。

こうしたミッション駆動のあり方を**「ミッションコマンド」**と言う。もともとは軍事方面からの用語で、中央司令部があってそこがすべてをコントロールするような指揮では臨機応変な即応ができず、軍の機動性が落ちてしまうため考え出されたものだ。これに則り、チームの意思決定の範囲を広げて即応性を高めるために、動き方としてはミッションコマンドを前提と置きたい。

インセプションデッキ

ミッションとその他の基準も含めて、チームと関係者の根本的な共通認識づくりのための時間を最初に取ろう。これが先で触れた、「当事者も気づいていない潜在的な期待」を見える化するためのワークショップであり、そこでは「インセプションデッキ」と呼ばれるアウトプットを作る。インセプションデッキは書籍『アジャイルサムライ』(12)で紹介されているもので、10個のアジェンダをチームおよび関係者で答えてまとめていくワークになる。具体的には以下のとおり。

❶ われわれはなぜここにいるのか：プロジェクトのミッションは何かに答える。
❷ エレベータピッチ：プロダクトの特徴を短いステートメントにまとめる。
❸ パッケージデザイン：利用者からみたプロダクトの価値を表現する。
❹ やらないことリスト：大まかなスコープの特定。特にスコープ外について。
❺ ご近所さんを探せ：プロジェクトコミュニティ（関係者）を明らかにする。

(12)『アジャイルサムライ　達人開発者への道』Jonathan Rasmusson、オーム社、2011年

❻ 技術的な解決策：採用する技術の利点とリスクの説明。
❼ 夜も眠れない問題：チームや関係者が認識しているプロジェクトのリスク。
❽ 期間を見極める：必要なプロジェクト期間の算出。
❾ トレードオフスライダー：QCDSの優先順位。
❿ 何がどれだけ必要か：ミッション達成に必要な期間、予算、チーム編成。

これらの詳しい内容、ワークショップ自体をどのように行うかについては、『アジャイルサムライ』やその他の書籍をあたってもらうとして、本書ではミッションと期待マネジメントに特に関係が深いものについて見ておきたい。

われわれはなぜここにいるのか

インセプションデッキはまず、「われわれはなぜここにいるのか？」という問いに答えるところから始まる。これが最初のアジェンダだ。この問いに対する答えが、まさにミッションにあたる。何を実現しなければならないのか、複数あればもちろんすべて挙げるようにする。ただ、答えが5個も6個にもなったら、(その表現の粒度にも依るが)やや多い。プロジェクトの狙いが複数になることは確かにあるが、実現しなければならないことが多くなればなるほど一般的には難易度が高くなるし、あれもこれもと活動の焦点がぼやけてしまいかねない。

複数のミッションが挙がった場合は、問いとして「これが実現できなければプロジェクトとして意味がないとなってしまうことはどれか」を立て、答えておきたい。最重要と認識すべきことを明らかにすることでフォーカスポイントを持つようにする。場合によって、複数のミッション間のトレードオフを踏まえた意思決定が求められる可能性もある。何にフォーカスすべきなのかを認識できていると、チームの日常的な活動もその下に最適化しやすい。

ミッションはたいていの場合、プロジェクトのオーナーがその原型を提示するだろう。それを確認して終わることもあれば、積極的にワークの参加者が関与して原型から展開していくこともある。いずれにしても、チームとして疑問や意見についてはしっかりと提示した方がよい。これから短くない期間をかけて実現にコミットする対象のことなのだから、自分事として語れるようその意義を掴んでおくべきだ。

やらないことリスト

やらないことリストとは、Not ToDo List のことだ。ToDo List（やることリスト）は、仕事を完遂させるためにごく当たり前に運用されているだろう。これから始めるプロジェクトであれば、やることはいくらでも挙げることができるし、ワークショップでToDoを洗おうとしても、抜け漏れを抱えた不完全なリストにしかならないだろう。そうではなく、逆に、「このプロジェクトでやらない」と判断できる事柄について挙げるようにする。

プロジェクトのプランニング段階であっても、既に期待の外に置いているもの、置いて良いと判断できるものはあるだろう。次のプロジェクトに回すと既に決めていること、あるいはミッションに照らし合わせて明確に落とすもの、それらを「やらないこと」として可視化する。やらないことリストを挙げていくと、そういえば今回はこの機能は作るのだろうか、こんなデバイスの対応はするのだろうかと、気にかかることが誘発されてくる。この時、類似のプロダクト、テーマを手がけたことがあるメンバーがいると、経験にもとづいたケース挙げが心強い。

もちろん、その時点では判断がつかないものもある。そうしたものは、後で決めるとして保留しておく。検討ないし判断すべきケースが言語化され、管理できるようになるのはとても意義があることだ。プロジェクトの途上で突如現れて対応の是非を迫られる、というタフな状況よりも、よほど自分たちでコントロールができて安全だ。

技術的な解決策

技術的な解決策とは、「どのような技術を採用するのか」という質問に答えるものだ。詳細についてドキュメント化するのが狙いではなく、採用技術の方向性についての合意をとるためと、関係者が概要を掴むために言語化する。こうした内容は、技術者ではない関係者やプロダクトオーナーにとって関心の対象ではないことが多い。だが、採用手段として何ができて何ができないのか、その制約について共通理解を作るための貴重な時間になる。関心の対象ではないからこそ、技術的な制約についての理解が浅く、プロダクトづくりが進んだ先において根底を覆すような期待が明らかになることもある。(13)

ご近所さんを探せ

ご近所さんを探せという軽妙なアジェンダも、期待マネジメント上外せない内容だ。プロジェクトに関係する、あるいは関係しそうな人たちを根こそぎ洗い出し、そうした人た

(13) Ｗｅｂ前提で作っていたものが実はデスクトップアプリのつもりでした、というレベルの期待のすれ違いも実際には起きる。

ちとチームとの間で必要となるコミュニケーションを明らかにするためのアジェンダだ。ここでいう「コミュニケーション」とは、関与についての約束である。例えば、セキュリティに関係する機能の意思決定については、「情報セキュリティの担当者を必ず通しておく必要がある」といった社内の規定にもとづくものがある。あるいは、「ビジュアルデザインやブランドチェックについては経営者の目を通さないといけない」といった、正式のワークフローとしては存在しないが社内の暗黙ルールとして求められるコミュニケーションが存在することもある。こうしたケースは認識から外れやすく、期待マネジメントの対象からも漏れてしまいやすい。正式なワークフローではないとはいえ、ルールとして残り続けている以上えてしてそのチェックは厳しく、プロジェクト内で醸成してきた前提を軽々と踏み越えてくることもある。

トレードオフスライダー

最後に、トレードオフスライダーについても言及しておく。トレードオフスライダーは、まさに期待の優先度を直接的つけるものだ。先に挙げたQCDS、そしてそのプロジェクト特有の観点(例えばデザインや学習など)もあれば加えて、それらの軸について重複なく優先順位をつける。ここで、「QとSはどちらも大事なので両方優先順位を1位とする」ということを許してはいけない。トレードオフスライダーは、意思決定のために使うものさしのようなものだ。「どちらも同じ優先度でした」では意思決定できない。すべての観点が重要であるということを認めつつ、軸の中で相対的に順位を決めていく必要がある。

ひとつずつ比較して、優先度の高低を判断していけば、順位はつけられる。順位が出揃ったら、全体を眺めてシミュレーションをする。例えばQCDSという順番であるならば、D（ローンチタイミング）のためであれば、S（機能の範囲）を調整する、ということだ。そうした判断で本当によいのか、意思の反映に誤りがないか、プロジェクト関係者全員で確認しよう。

早く少しだけ形にする開発での意義には、フィードバックにもとづく調整で目的に適したプロダクトに近づける、というものがあった。もし、こうした利点を狙いに入れつつ、S（機能の範囲）を最優先とするならば、今一度どのようなプロダクトづくりを期待しているのか確認しあった方がよい[14]。たいていの場合、あらかじめ定義した機能ができればよいという考えが、そのトレードオフスライダーの下敷きになっているだろう。プロダクトづくりのあり方と期待がずれたままプロジェクトを発進させてもうまくはいかない。期待に合ったプロダクトづくりを選ぶべきである。

いつ期待マネジメントを行うのか

こうした潜在的／暗黙的な期待を捉えることは、早ければ早いほど良い。期待マネジメントのイベントとしては、プロジェクトの意思決定に関係する者が揃っていなければならないが、プロジェクトの特にコアメンバーの意思は方針の根幹になる。そうしたメンバーがどういう期待を持っているかいち早く掴み、その期待に適したプロダクトづくりの設計、あるいはメンバーの期待調整を始めておくことが、その後のプロジェクト準備や運営そのものの助けになる。関係者がしばらく集まることができないといって、イベントを開けないままプロジェクトを始めざるを得ない状況にあり、何の期待も掴んでいないままだとす

(14) 開発を引き受けられない可能性もあるだろう。

ると、その見切り発車の意義はほとんどないだろう。

また、期待は最初に言語化すればよいわけではない。期待は、プロダクトの形づくりが進むなか、時間とともに膨らんだり萎んだり変化するものだ。そうした期待の変化を検出し、改めて合意形成を行うことが必要である。作成したインセプションデッキを見直すマイルストーンをプロジェクトの中に置こう。

「余白」が必要となる背景

さて、前提を揃えたところでいよいよ余白の戦略を立てていこう。そもそも余白が必要なのは、プロダクトについての学習がプロダクトバックログを成長させるため、またその適応のために機能範囲か期間の調整が必要となるが機能と時間のトレードオフが利かない場合が起きうるためだ。これは明らかにトレードオフスライダーの前提に違反するものだが、プロジェクトの進行に伴って直面する現実でもある。

むしろ、このトレードオフをぎりぎりまでかわし、ミッションの実現につながるプロダクトをどれだけ早く市場に投入できるかというのは、事業へのコミットが深ければ深いほど自ずと考えなければならないことでもある。そのプロダクトに「この機能は次に回そう」の「次」が存在しない可能性があったら[15]、ただトレードオフだけを守っていれば済む話ではなくなる。

もっと言うと、この事態は学習に起因するものだけではない。そもそも作っていく過程において、規模感や技術的な難易度についての見立てが外れたりすることももちろんある[16]。もっと予測不可能な事件による変更や遅れも当然ありえる。例えば「経営の方針が変わり、

(15) 資金や組織の方針が制約になりうる。
(16) そのためのベロシティ算出とプロダクトバックログの調整だ。

どうしてもプロダクトの方向性を変えなければいけない」とか、「チームメンバーが病気にかかってスプリントを丸々棒に振ってしまった」など。余白とは、こうした予測できないことに対しての備えでもあるのだ。

では、こうした不確実性に対処するための余白の戦略とは具体的にどういうものかを示していこう。

3-3 — 余白の戦略

不確実性への対処によって生まれる学びとは、プロダクトバックログの成長である。これを、開発するプロダクトバックログアイテムをスプリントで入れ替えする以外で受け止めるためには、「余白」[17]がなければ不可能だ（図4）。余白は3つある。**調整の余白**、**期間の余白**、**受け入れの余白**だ。

余白の考え方は、車と道路の関係で考えるとわかりやすい。車が目一杯詰まった道路では渋滞するし、それ以上車を流そうとしても事故が起きてしまうだろう。だからこそ、車の前後にはスペースが必要だし、全体としてもゆとりがなければスピードは出せない。ゆとり、すなわち余白をどこに作るかは、全体としてプランニングとしてデザインする。スプリ

(17) 余白は余地と言ってもよい。

図4

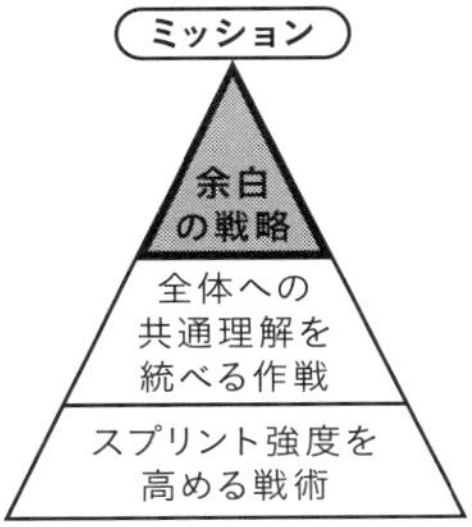

ントが始まってからでは遅い。プロジェクト全体に関わる約束事は、最初期のプランニングで行うのがベストだ。時間が経てば経つほど、根幹に関わることを変えようとすると関係者からは難色を示され、受け入れられにくくなる。

余白の戦略を構成する3つの余白、「調整の余白」「期間の余白」「受け入れの余白」のうち、さっそく調整の余白から見ていこう。

調整の余白

調整の余白とは、**「広さでコミットし、深さで調整する」**プランニングのことだ。ここでいう**「広さ」とは、プロダクトへの要求の「範囲」のこと**である。要求の主語はユーザーであるから、広さとはユーザーが目的を果たすために必要とする物事の範囲と言える。一方**「深さ」とは、実現する機能の「度合い」のこと**だ。例えば決済機能が必要であるとして、そこで実現するべき機能性とは、クレジットカード決済ができればよいのか、コンビニ決済もできなければいけないのか、いや銀行振込にも備えなければいけないのか、と幅がある。どこまで実現しなければいけないかが深さにあたる。

広さを横軸、深さを縦軸にした図形をイメージしてほしい(図5)。この広さと深さの概念で、そもそもプロダクトづくりが抱える期待のすれ違いについて説明をしておきたい。

広さと深さコミット

まず、広さも深さも固定したプロダクトづくりは可能だろうか？　つまり、要求の範囲が固定で、各要求に対して実現すべき機能性もあらかじめ固定になる状態だ。こうした前提でのプロダクトづくりは、可能ではある。ただし、あらかじめ要求も機能もきっちり明確になっている必要がある。

　プロジェクトの予算は、この広さと深さの度合いをかけ合わせた面積のイメージが該当する。予算も固定というわけだ。このミッションのクリアにコミットできるだろうか？　もちろんだ。広さも深さも固定で変わらないのであれば。つまりこのケースでは、そもそも固定についての前提が成り立つのであれば、早く少しだけ形にする開発は必要ないのだ。だが、ここまで言葉を重ねてきたように、あらかじめ範囲を予測し、機能性を明文化できるほど明快なプロダクトづくりが目の前のプロジェクトに当てはまるのか、よくよく見極める必要がある。

図5

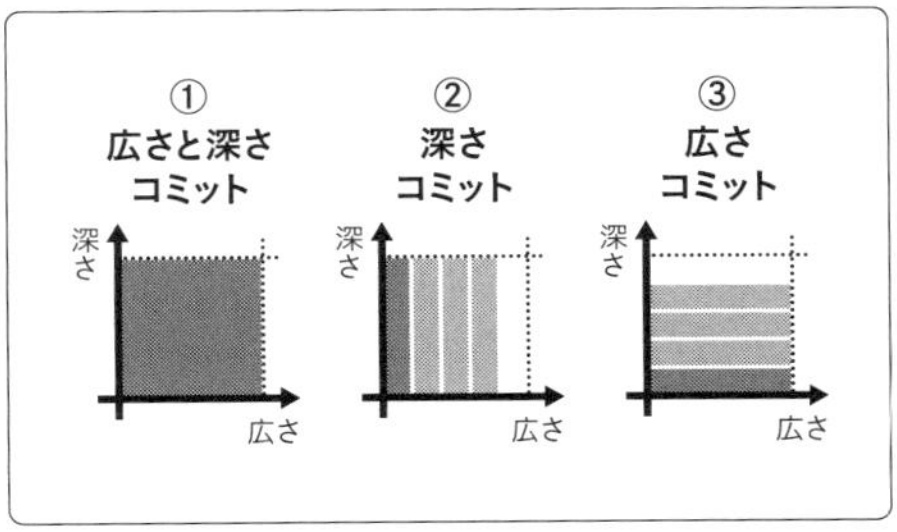

深さコミット

やはり要求や機能についての変更の可能性はある、という見立てになるならば、広さと深さのフィックスはできないだろう。となると次の作戦は、広さを可変にすることだ。これは、スプリントをつなげていく開発のスタイルになる。深さについては、各スプリントでチームができるかぎりのコミットを行い、スプリントプランニングでスプリントバックログを選び出す際にどの程度できそうか見立てる。この見立てが深さへのコミットだ。

　この進め方は、広さへのコミットがない。ゆえに、時間切れないし予算切れを迎えた際、期待どおりのプロダクトになっていなかった場合に問題になる。例えば、「ECのサービスで、カートまで実装しましたがモノを買う決済機能が最終的に乗せきれませんでした」という物言いを許容する事業責任者はまずいないだろう。「なんだかんだ言って最後は乗せてくれると信頼していた」と投げかけられたとき、プロセスについての理解が合ってなかったという前提を悔やむだけでは済まない。

こうした事態は、プロダクトづくりを受発注するような場合ではさらに悲劇的になる。広さをコミットできないので、いわゆる準委任契約という成果物完成責任がない契約を結ぶようにする、というのがひとつのパターンになっている。実現する範囲ではなく、稼働するマンパワーをコミットするというものだ(18)。

だが、契約の内容が人の信頼関係を守るものになりうるかというと、現実的には難しい。準委任契約だろうと、結果的に期待に合わないまたは目的に適さないプロダクトができてしまったら。「今回は残念でした。次回またがんばりましょう」と言う事業責任者が果たしてどのくらいいるだろうか。

(18) 実現する機能性へのコミットを稼働確保で代替する。

広さコミット

ゆえに、3つ目となる「広さでコミットし、深さを調整する」プランニングが必要になる。この考え方は、「世の中に今まで全く存在しなかったカテゴリのものでなければ、ある程度要求の範囲は予測がつくだろう」という前提に立っている。

ECであれば、商品の検索、検索結果の一覧、商品の詳細表示、カートに入れる、ユーザー登録、注文する、買った履歴を見る、といった具合に、どういう体験が必要か想定がつく。逆にいうと、この程度の想定がついて、機能として落とし込みができる経験は必要だ(19)。もちろん、作るプロダクト特有の体験や機能性はありうるだろう。そのプロダクトのユーザーに対する価値提案の中核にあたるようなものだ。中核となる部分がはっきりしていると、時間と注意を集中させる箇所がどこになるかもわかりやすい。

「広さでコミットする」とはつまり、こうしたユーザー体験に基本的に必要となるであろう範囲を実現することへの約束のことだ。想定がつくものと書いたが、当然洗い出しが粗かったり合意形成が弱かったりイメージ共有が甘かったりすると、容易に期待とずれてしまう。広さを眺めるためのワークが重要になる(20)。

広さの実現をコミットするためには、ある程度各要求の実現度合い、つまり深さの想定が前提となる。この深さの想定が容易につくものもあれば、想定しきれないものもある。あるいは、プロダクトオーナーが早期に判断できないものもある。そうした場合は、オプションを考える。実現の度合いでいくつかの選択肢を洗い出すのだ。そして、「松竹梅」でも「上中下」でも表現は何でもよいので、オプションに段階をつける。例えば、梅案は最も実現が容易ではあるが低機能なもの(21)。逆に、松案は最も理想的で高機能なもの、という位置づけだ(竹案はその折衷案となる)。

オプションを提示した時点で明確な選択判断(22)があれば、それを尊重すればよい。あくまで最初のプランニング段階なので、選択に対する予算調整や他の機能との入れ替え調整などが利きやすい。

重要なのは、少なくとも梅案の内容の合意がとれること、竹案や松案の採用は該当の要求を実装する段階で状況を見て判断するという進め方の合意を行うことだ。プロジェクト

(19) 実は、このような想定を過去の経験だけではなく学習によってつけるようにするための活動が、第5章で述べる「仮説検証」である。仮説を立てて、検証する行為(ユーザーインタビュー、観察)を通じて、想定ユーザーの状況や行動を把握し、自分たちにその理解を宿す。ここについてはまた第5章で詳述する。

(20) 後述するユーザーストーリーマッピングがそのワークにあたる。

(21) 機能として実現せずひとまず人力で運用する、といった判断も含まれる。

(22) 「ここは松案を実現する以外考えられない!」といったような反応。

が進み、学習によるプロダクトバックログアイテムが見出されたり、想定外の事案で時間の消費があった場合に、このオプションを持った要求についての取り扱いを決める。「本来は松案で実装する予定であったが、後から見出されたプロダクトバックログアイテムを優先する、あるいは進捗を挽回するために梅案に倒す」という判断を行うわけだ。こうした意思決定のやり方について、トレードオフスライダーやプランニングの段階で確認するようにし、関係者の理解を深めておく。

こうしたオプションのあるプロダクトバックログアイテムがいくつかあると、プロダクトの実現計画としては、変更を受け入れられる弾力性のあるものになる。これが、調整の余白だ。ではオプションの見立てがあまりなかった場合はどうなるのだろう。その場合は、事前の見立てとして、不確実性が低いプロダクトであると判断できる。調整の余白ではなく、この後説明する期間の余白や受け入れの余白で、想定外の変更を受け止めるようにする。

ユーザーストーリーマッピングで作るものを捉える

さて、広さを眺めるためのワーク、**「ユーザーストーリーマッピング」**の説明をして、調整の余白の話を終えよう（図6）。ユーザーストーリーマッピングは、ジェフ・パットン氏が開発した**ユーザーストーリー**を抽出するための手法である。マッピング対象のユーザーストーリーとは、ユーザーの要求を**「X（ロールが入る）として、Y（願望が入る）したい、**

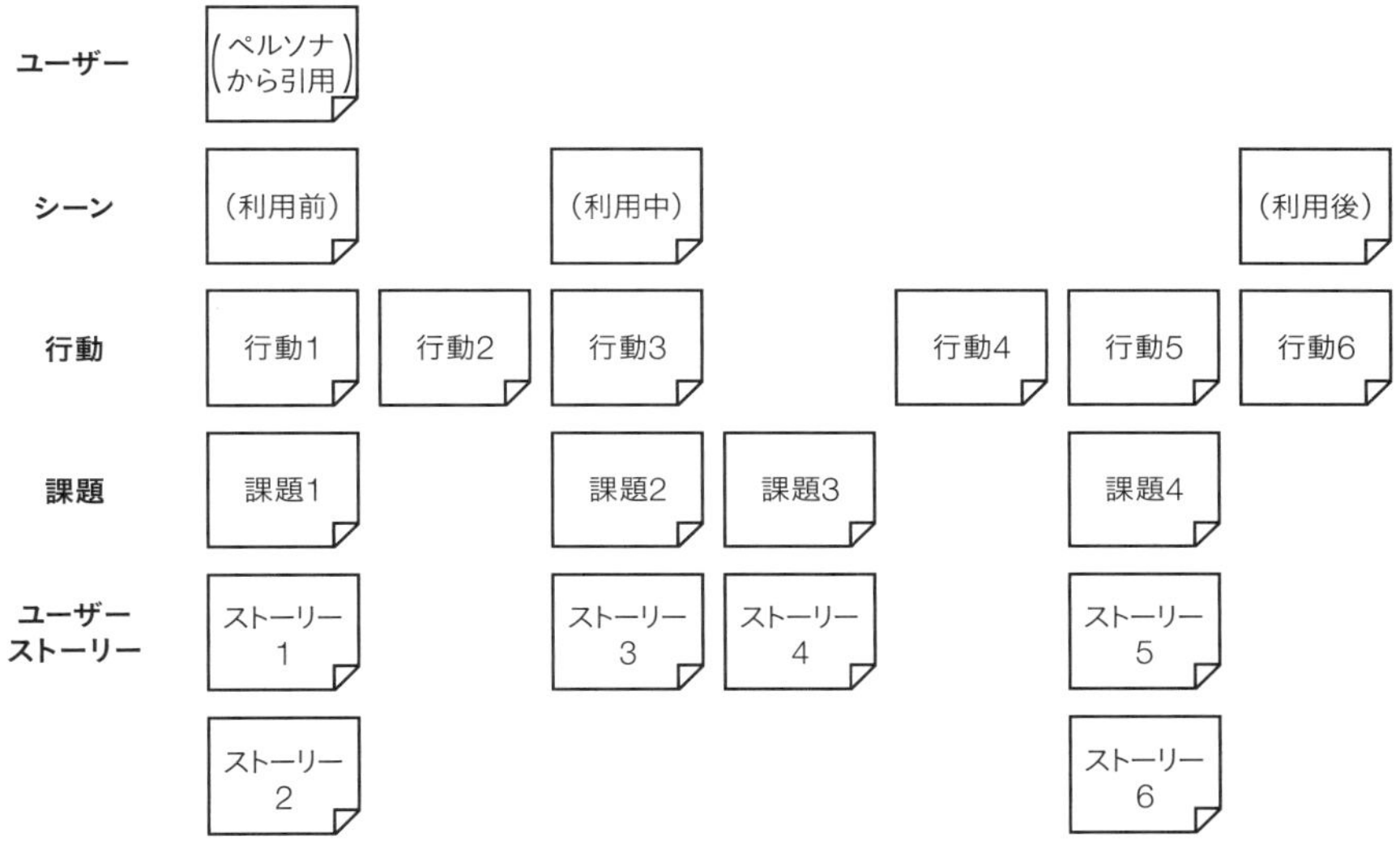

図6　これから作るユーザーストーリーマッピングのアウトプットイメージ

なぜならZ（理由が入る）だから」という形式で記述したものだ[23]。

このユーザーストーリーマッピングによって、ユーザーにとって何が必要なのか、短時間（2時間程度）で概要を押さえることができる。広さを眺めるにはぴったりのやり方だ。ユーザーの行動の時系列的なフローが、ユーザーストーリーマッピングの根幹にあたる。やり方は人によって異なるだろうが、概ね次のような流れで行う。用意しておくのは、広い壁、大量の付箋、そして人数分のペンだ。

① 前提として「ユーザー」がどのような存在なのか確認を行う。

どういう状況にある存在なのか、チームで確認しあう。代表的な属性がわかっているなら、ユーザーの理解を深めるためにそれらも挙げておこう。ペルソナを作っているならば、もちろんペルソナを使おう。ユーザーは複数種類存在することもあるだろう。それぞれ捉えておこう。

ワークに取り掛かる際は、想定ユーザーがどのような状況にあり、何を思考し、どういう行動をとる人たちなのかという理解を十分に得ておきたい。そうでなければ妥当性のある深さ（オプション案）を作るのが難しいからだ。思いつきで松竹梅の案を出したところで、想定ユーザーの状況に合っていなかったり採用できる許容範囲になければ意味がない。

このユーザー定義を含めて、以下、シーン、行動、課題、ユーザーストーリーそれぞれを洗い出す際には、１つの事柄に対して1枚の付箋を割り当てて張り出すようにする。

(23) ユーザーストーリーは、プロダクトバックログアイテムの原型になるだろう。

②最初に、ユーザーが関わる「シーン」を洗い出す。

シーンは、このプロダクトに出会う前、出会って利用している間、そして利用後（メインの行為を終えた後）といった3つの軸で考えると洗い出しやすい。左から右に時間の流れを表現することになる。

③シーンごとに、ユーザーの「行動」を洗い出していく。

ユーザーが意識的に行う行動、無意識に行う行動、強制される行動、これらを漏れなく挙げていく。行動は直線上に並べる。なので、左右にかなりの領域（2〜3メートル以上）を必要とすることになる。行動フローは選択が伴う場合がある。片側のフローがイレギュラーに近いものであれば、ワークショップの段階では落としてしまって、後で抽出したユーザーストーリーリストを補完するかたちでもよいだろう。または、壁の広さを利用してフローを分岐させ、両方の流れを表現していくのもよい。

なお、プロダクトに関わるロールが2つ以上の場合もあるため、それぞれについての行動を洗い出すことになる。

④各行動に対して「課題」を挙げる。

ユーザーを主語として、各行動をとるにあたっての課題、あるいはその行動をとるからこそ生じる課題を挙げる。これらの課題のうち、プロダクトで解決しなければならないものが機能へとつながる。プロダクトで扱わないもの（今は扱わないもの、根本的に扱わないもの）は、機能の対象から外れていく。

ひとつの行動に複数の課題が挙げられる場合も当然ある。該当の行動の付箋の下に、横に並べて出すか、一列縦積みにする。ただし縦積みの場合、次の⑤で課題の一つひとつに対してユーザーストーリーを洗い出していくため、類似する課題でなければ混在してわかりにくくなることもある。

課題を的確に捉えられているかは、調整の余白を作るうえで重要な前提だ。というのも、いくら課題を解決する案を複数挙げられたところで対象の課題がそもそも間違えていたら、オプション案が成り立たず、余白が生じることがない。むしろ、開発上の手戻り(24)が発生したり、想定外の機能開発が必要になったりする。こうなると、余白づくりどころか対処に他の余白をあてがうことになる。注意したい。

⑤ 課題解決に必要な「ユーザーストーリー」を取り出す。

それぞれの課題の解決のために必要となるユーザーストーリーを洗い出していく(25)。ここで取り出すユーザーストーリーは、プロダクトバックログアイテムにつながるものだ。なのでこの時点でできるかぎり粒度を小さくしておくと扱いやすくなる。

ここで、1つの課題解決に対して複数のユーザーストーリーが考えられる場合がある。この場合、2つの可能性がある。**「1つの課題を解決するのに複数のユーザーストーリーを要する」**場合と、**「複数のユーザーストーリーのうちいずれでも解決が可能である」**場合だ。この2つの場合は意味が異なる。そして、後者のようなオプション案のリストアップが深さにあたるわけだ。

例えば、行動として「決済する」を洗い出し、課題として「インターネット上で手軽に

(24) ある作業工程の途中で大きな問題が発見され、前の段階に戻ってやり直すこと。

(25) ユーザーストーリーは、「X（ロールが入る）として、Y（願望が入る）したい、なぜならZ（理由が入る）だから」という3段構成であると述べた。ユーザーストーリーを取り出す際はワークの参加者でZ（理由）まで見出すようにしておきたい。課題がその理由にあたる場合が基本だが、ユーザーストーリーを細かく洗い出す際により具体的な理由に気づけることがあるからだ。なお、ユーザーの課題

決済したい」を挙げたとする。ユーザーストーリーは、「X（具体的なユーザー定義の内容）として、クレジットカードで決済したい」「Xとして、コンビニ支払いしたい」「Xとして、銀行振込したい」などが取り出される可能性がある。「手軽に決済したい」という課題解決に対して、クレジットカード決済だけあれば、決済ベンチャーが提供している決済サービスを利用して比較的容易に実現ができる。だが、コンビニ決済や銀行振込に対応するとなると簡易的な決済サービスでは実現ができず、開発チームが実装しなければならない量が増える別の決済サービスを利用する可能性が高くなる。

　こうしたときに、松案を「すべての決済手段の実装」とし、梅案を「クレジットカード決済」とする。梅案でも「インターネット上で手軽に決済したい」という課題は解決できそうではある。実際には、①で挙げた想定ユーザーの状況(26)や、プロダクトのミッションを踏まえて、梅案をオプションとして認めるか決定する。

　こうして洗い出したユーザーストーリーは、課題の付箋の真下に一列で並べる。ここまでで、ユーザーストーリーマッピングの作成物はこのようなイメージになっているだろう（図7）。

⑥ユーザーストーリーを優先度で並び替える。

ワークとして最終段階に入る。見出されたユーザーストーリーを各課題の列ごとで優先度にもとづき並び替えを行う。縦方向の並び順で、優先度を表現することになる。上にあるものほど優先度が高い、下にあるものは相対的に低い、という並びになる。

　ここで言う「優先度」とは、プロジェクトによって定義が異なるだろう。ワークの参加

は特にないが、プロダクトとして成り立たせるために必要な機能などが自明になってきたりもする。そのようなものはユーザーストーリーの形式に当てはめられないものかもしれないが、抜け漏れないように併せて挙げておくようにしよう。

(26) カード決済ではなく、銀行振込の方が普段使いとして合っているというのは、想定ユーザーのリテラシーや状況次第である。ユーザー像の理解に立ち戻って判断したい。

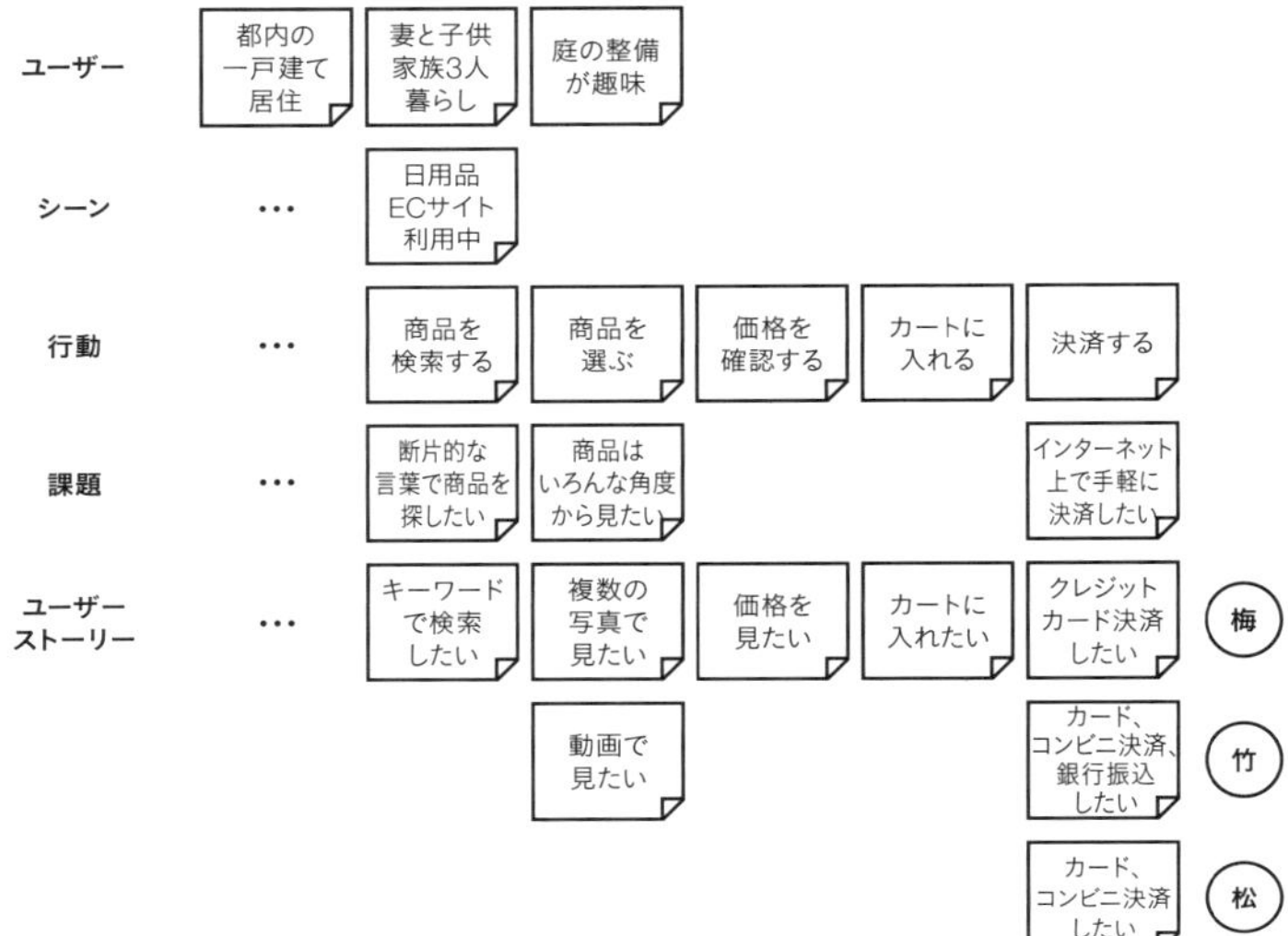

図7

者[27]と軸を決めよう。ユーザーにとっての重要度の高さで並び替える、あるいは「形にしてみないと判断がつかないので先に作りたい」「ビジネス上の制約から速くリリースしなければいけない部分である」といったように。そして、実際には両方の観点を組み入れる。つまり、ユーザーストーリーマッピングは2回並び替えると考えておこう。1回目はユーザーにとっての重要度で並べる。その次に、ユーザーに体験してもらいたいこと、優先的に動くプロダクトで検証したいものの優先度を高くする。2回並び替えた後、**最上位には「ユーザーにとって重要なもの」かつ「作って検証すべきもの」が並んでいる**ことだろう。

⑤で挙げたオプション関係にあるユーザーストーリーは、おそらく複

(27) 特にプロダクトオーナー。

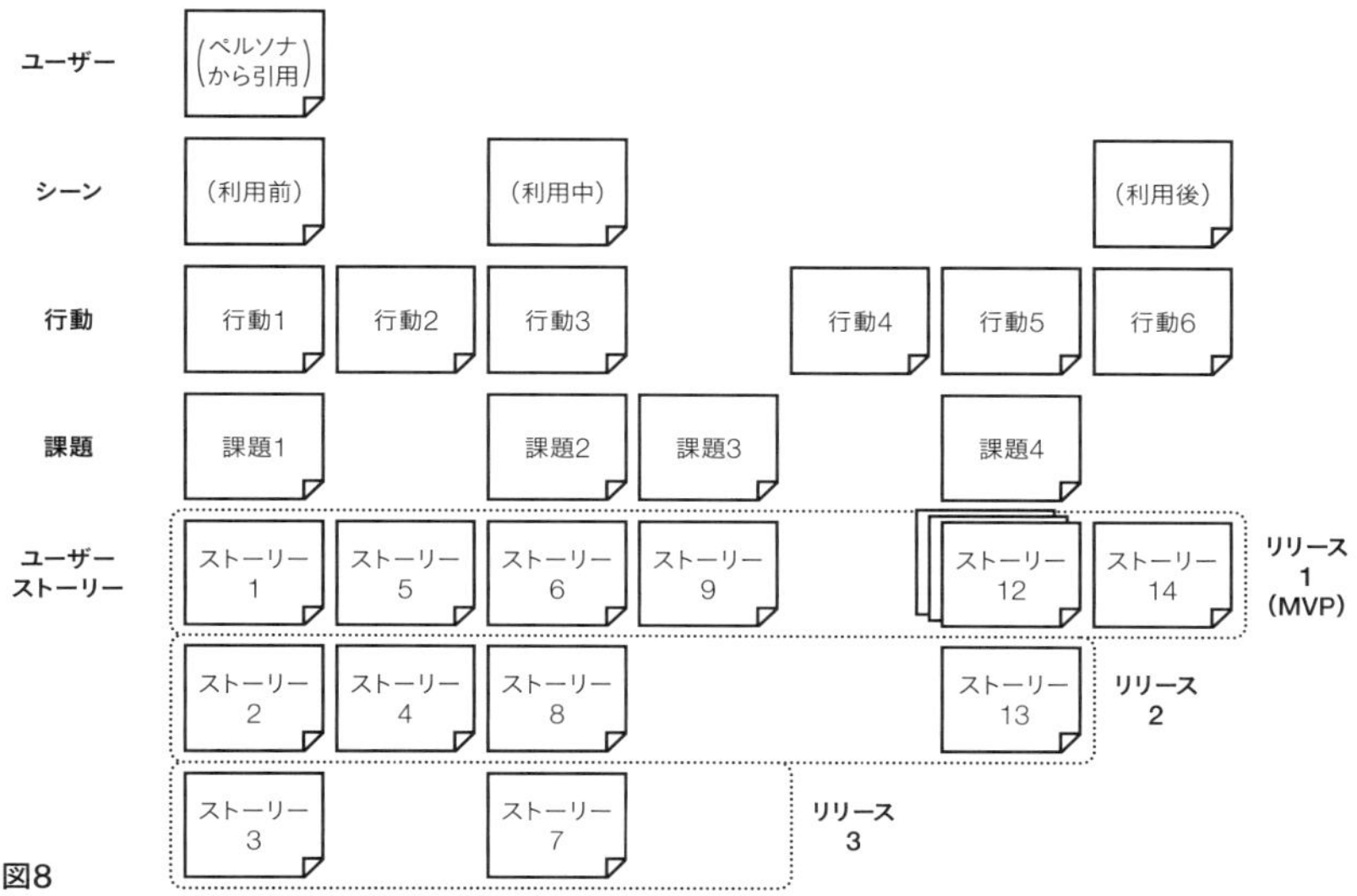

図8

数案すべてが最上位にある状態になるだろう。いずれの案を採用するかは先々の開発の状況を見ての判断とすることをチームで合意しておく。

⑦最初に作る範囲（＝MVP）を特定する。

並び替えが終わったら、今度は横方向に視線をすべらせて、最初に作るべき範囲を特定する（図8）。基本的には、優先度が高いと判断したいちばん上にあるユーザーストーリーを選ぶことになるはずだ。ユーザーに価値を感じてもらうためには、あるまとまった範囲での体験が実現できなければならないだろう。当たり前だが、例えば決済が大事なサービスとはいえ、その前提となる機能（商品検索や商品詳細ページ）がないと体験は成り立たない。そういった優先度の高いコアなユーザーストーリー群に対して、体験の実現を支えるユーザーストーリー群を合わせ、最初に作る範囲とする。

その次の優先度の範囲も特定できるならば、次に作る範囲として関係者で認識しておこう。もちろんさらに次の範囲も。あくまでこの時点での認識でしかないかもしれないが(28)、このプロジェクトをどう進めていくのか、何が大事なのかという共通認識につながる。

この水平方向でのストーリーマップのスライスは、できるだけ薄くするようにしよう。スライスにたくさんのユーザーストーリーを含めて厚くしてしまうと、まとまった範囲の体験を提供するまで時間がかかってしまうことになる。そうなると、ユーザーに届くまで時間がかかったり、形になったものを踏まえた意思決定をするまでに時間を要してしまうことになる。フィードバックや意思決定ができるまでの間は、ユーザーに適していないもの、ミッション実現につながらない間違ったものを作り続けている可能性がある。このリスクは、プロジェクトチームとして負債を抱えているようなものだ。

このスライスして見出した作る範囲を、ＭＶＰ (Minimum Viable Product) として定義する。ユーザーにとって実用的で、かつその提供ための最小限の範囲というわけだ(29)。

ユーザーストーリーマッピングの要点

最後に、ユーザーストーリーマッピングの要点について補足しておく。ユーザーストーリーマッピングは、対話を元に行う。誰かが既に抽出しておいたユーザーストーリーのリストを元に議論するというやり方はとらない。ユーザーの行動を時系列に追い、対話で

(28) プロダクトが形になっていくことで、優先度は変わっていく可能性がある。

(29) ＭＶＰとプロトタイプは、厳密には別の概念である。どちらも学びを得るための手段だが、プロトタイプはより限定的な範囲であり、検証を行った後は捨てられることになる。一方ＭＶＰは、小さいと言ってもプロダクトであり、ユーザーがまとまった単位で体験できる範囲となっている。検証を終えた後、検証を続行すべくＭＶＰに機能を追加していくのか、得られた学びに最適化するために作り直すのか、その時々の状況に応じて判断される。

もってワーク参加者の認識を段階的に整えていくことに価値がある。

つまり、結果として得られるＭＶＰの特定もこのワークの重要な狙いではあるが、その過程を参加者で作り上げていくところにもうひとつの狙いがある。結果をただ一方的に受け止めるだけでは、なぜこのようなマップになったのかの文脈を理解する機会を失ってしまっている。ユーザーの行動を全員で追いかけることで、想定しているユーザーがなぜそのような行動をとるのか、どうして課題が生まれるのか、そこにどんな感情があるのか、感じ取ることができる。

このワークを複数人で行う意義は、ユーザーについての解釈に複数の観点を用いられるところにある。複数人でワークを行えば、単純に見落としを減らせるという利点もあるが、それ以上に、多様な見方や意見を聞くことでユーザーに対する理解をより深めるところに良さがある。一人でユーザーストーリーマッピングを行うことでもＭＶＰは特定できるだろう。ただ、そこには他者との対話による発見は含まれない。ユーザーストーリーマッピングには、創発的な発見が期待として込められている。

一方、ユーザーストーリーマッピングは、広さに対する抜け漏れを防げるメリットがあるものの、ワークの時間の中で深さを精密に洗い出すにはあまり向いていない。深さ、つまり機能のパターンを洗い出すには、一つひとつのユーザーストーリーについて集中した検討が必要になる。ワークショップ形式で限られた時間のなかで機能の検討を行うには、おそらく時間が足りなくなるだろう。深さの検討には、いったんユーザーストーリーマッピングを終えてから改めて向き合う時間も設けた方がよいだろう。

また、ユーザーの行動を軸に要求を洗う方式のため、ユーザー行動が中心とならないようなプロダクトにはやや不向きである。例えば、ユーザーの出番が少なく、システムの内面での動きを多く必要とするようなプロダクトなどだ。この点は留意してほしい。

期間の余白

余白の戦略、第2の余白は、期間の余白だ。(30)**「プロジェクトの期間にバッファを含めよう」**というプランニングである。オプションの検討によって余白を織り込む調整の余白に比べると、ただバッファを確保しておこうという期間の余白はわかりやすいだろう。

ただし、バッファをとる行為は、プロダクトローンチまでの短期間化が進む昨今においては容易ではない場合が多い。やはり、プランニングでの工夫が求められる。それは規模の見積もり時に行う。ユーザーストーリーマッピングで得られた作る範囲を元にプロジェクトの規模を算定すべく、対象となるユーザーストーリーをチームで見積もろう。たいていの場合プロジェクトの予算確保が必要なため、こうした算定が求められることだろう。ユーザーストーリーを実現するのにどのくらいかかるか、チーム全員で見積もるのにプランニングポーカー(31)を行うことが多い。

チーム全員で見積もりを行うのは、個々の知見を集め表出させるため、また複雑さや大きさに対する共通理解を得るためだが、期間の余白を作るための狙いがもうひとつある。それは、見積もりに個々人の暗黙的なバッファを含めないようにすることだ。

(30) 期間の余白の着想は、CCPM（クリティカルチェーンプロジェクトマネジメント）から得ている。『クリティカルチェーン』（ダイヤモンド社）参照。

(31) 1から始まる数字（フィボナッチ数列）が書かれたカードを使って、機能の規模をチームで相対的に見積もる方法。やり方については『カイゼン・ジャーニー』などをあたってもらいたい。

バッファはプロジェクトでまとめて取る

見積もりというのはコミットにつながるため、どうしてもバッファを積みたくなる。これをユーザーストーリー単位、見積もりを行う人単位で重ねると、積み上げたときに相当な量になってしまいかねない[32]。予算的にも期間的にも、現実的な計画にならないという事態になるのも珍しくない。

この個々の見積もりに取られたバッファは、実際には「余裕があるので普段やらないタスクだがこの際織り込んでやっておこう」や、「いつもより丁寧にやろう」といった良かれでやる行為で、ただ消費される可能性が高い。これを「パーキンソンの法則[33]」と呼ぶ。

バッファを有効に活用するためには、プロジェクトとしてひとまとめにすべきである。これが、期間の余白の要のひとつだ。見積もりの段階で、個々人がバッファを織り込んでしまう余地をなくすのだ。

むしろ、方針としてはシビアに見積もる。そうして算出した全体の筋肉質な見積もりに対してバッファをまとめて取る。バッファは、プロダクトを作るうえでのリスクも勘案して確保する。2～3割程度のバッファなのか、倍程度なのかは、想定している予算感や期待されているスケジュール感、チームメンバーの見積もり対する楽観さ度合いと実際の開発経験から判断する。この塩梅は、最終的にバッファ算出を委ねられたメンバー[34]のこれまでの経験に依るところも大きい。この判断を行うために、バッファを預かるプロジェクトマネージャーもまた、必ずチームの見積もりに参加する必要がある。

(32) そのうえでさらに、マネージャーがプロジェクト全体にバッファを積もうとする。

(33) 人は与えられた分の時間や予算をすべて使い切ろうとする傾向があるという法則。

(34) プロジェクトマネージャーがであることが多いだろう。

バッファの残を管理する

こうして、プロジェクトの計画としてバッファを確保しつつ、シビアな見積もりを元にしたリリースプランニングを行う。リリースプランニングとは、第2章で述べたように、ローンチまでに必要なスプリントの数を見立て、各スプリントに対してどのユーザーストーリーを開発するか仮当てする計画づくりのことだ。ユーザーストーリーマッピングでの優先度にもとづき、チームの想定ベロシティを上限にした各スプリントへの割り当てを行う。そうすると、計画上何も開発を行う予定がないスプリントが現れるはずだ。これがバッファにあたる(図9)。

実際にスプリントを進めていくと、様々な理由により見立てどおりにいかないところが出てくる。そうした時に、空になっていたスプリントを少しずつ消費する。ローンチまでに必要となるスプリントが増えていく計画になる。確保していたバッファ(空のスプリント)分まで計画を伸ばしていくことができる(図10)。

ゆえに、期間の余白でのもうひとつの要となるのが、**確保したバッファの残管理**だ。チームとプロジェクトマネージャーは、進捗がどのくらい進んだか以上に、あとどのくらいの余白が残されているのかに注意を払わなければならない。

具体的には、スプリントプランニングでリリースプランの見直しを行い、残りのバッファを定量的に把握する。リリースプランの見直しとは、完成の着地時期をシミュレーションし続けるということだ。これをスプリントプランニングで毎回行うようにする。そして、残りバッファが5割を切ったり3割を切ったりした節目に、そのタイミングでの残りのリスクも想像して、関係者と状況の見立てについて共有を行う。バッファの消費加減[35]によっ

図9

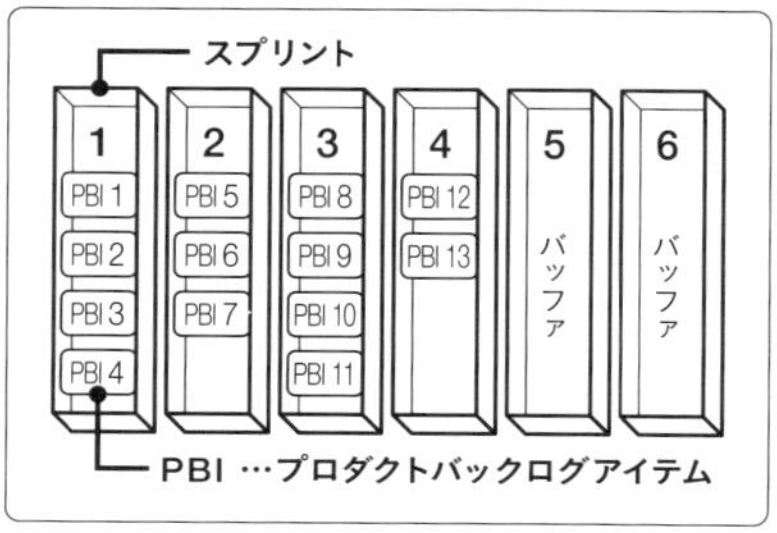

図10

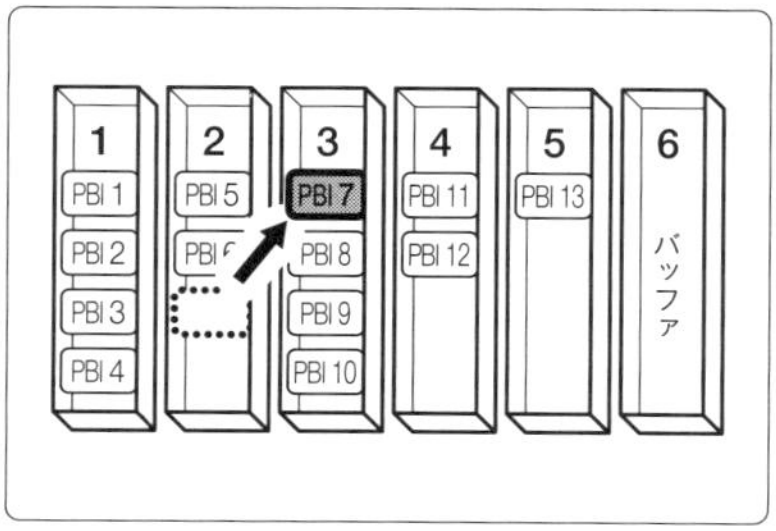

ては、変更の受け入れ度合いを調整する必要が出てくる。その理解をチームと関係者で得て、合意しよう。

受け入れの余白

余白の戦略の最後となる第三の余白は、受け入れの余白だ。これは、判断の保留による余白づくりと言える。プロダクトに対する学習で、何が必要か、どんな変更が必要か、新たな理解が得られる。それは、新しい要求として管理することになる。この新たに発見された要求をいきなりプロダクトバックログの一員とするのではなく、別のスロットで管理するのだ。このスロットのことを、「アイスボックス」と呼ぶ（図11）。

アイスボックスで凍結させておく

アイスボックス、いったん凍結させておくためのスロット、つまり開発対象から外しておくための受け皿という意味だ。「せっかく新たに発見した要求なので、いずれは優先度を決めて開発対象としたい。ただ、当初に見出した作る範囲の完成が見えておらず、相対的にも優先度を凌駕しないため、手をつけず今は置いておく」というわけだ。

そうしてスプリントが進み、期間の余白が残っていたり、あるいはチームの速度が高まったり見積もりよりも早く終わったりと状況の見通しが良くなったところで、アイスボックスを開いて要求を取り出す。プロダクトバックログに加えて順序付けの対象にする。

(35) バッファの消費加減、つまり消費速度を把握しておきたい。最初の数スプリントで雪崩のように開発対象がずれこみ空スプリントが減っていくようであれば、進め方に問題があるかもしれないと捉えるべきだ。各プロダクトバックログアイテムへの共通理解が不足している恐れがある。受け入れ条件を立て直すなど手を打つべきだ。

図11

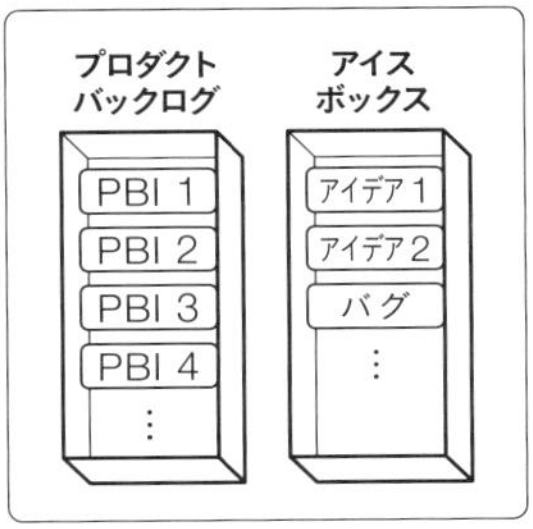

逆に、新たな要求が、当初見出した作る範囲よりもはるかに優先度が高いとなると、アイスボックスを素通りしてプロダクトバックログの上位に位置づけられることになる。(36) この場合、受け入れの余白ではなく、他の余白で適応することになる。

こうしたアイスボックスの運用、アイスボックスに置いた要求は、必ずしも開発対象となるわけではないということを関係者の間で合意しておく必要がある。インセプションデッキづくりの時や最初のスプリントプランニングで行っておくとよい。

以上が、余白の戦略の全容である。3つの余白を計画に織り込める場合もあれば、期間の余白が確保できず、調整の余白と受け入れの余白で適応しなければならないなど、組み合わせはプロジェクト次第となるだろう。設計した余白の戦略にもとづいて、どの程度不確実性に向き合えるのか、腹積もりしておく必要がある。この見立てが甘いとプロジェクトは窮地に立たされるし、あまりにも弱気だと成果が上がりづらい。常に余白の計算を行うようにして、的確な意思決定を行うようにしよう。

(36) なお、逆のケースもある。プロダクトバックログにあったものをアイスボックスに戻すような場合だ。開発を進めていくことで、当初は重要度高く見ていた機能が、他の機能を代替、活用することができるとわかった場合、アイスボックスに入れて凍結させるか、そのプロダクトバックログアイテム自体を削除することもある。

3-4 スプリント強度を高める戦術

不確実性を受け止めるために、余白の戦略で適応するやり方をここまで見てきた。これに加えて、スプリント強度を高める戦術を解説していく。この戦術は、一言で言うとスプリント開発に必要な情報と状況を揃えることであり、スプリントでの**やり抜く力**を高めるためのものである。なぜやり抜く力の強化が必要となるのだろうか？　スプリントが残念な結果[37]に終わってしまう要因のひとつに、開発に必要なコミュニケーションの不足が挙げられる。必要な情報が揃っていない、情報がチーム内で伝達されていない、逆にチームメンバーが必要な情報の獲得に動いていない、お互いの気づきや意思の表明が足りない、その結果情報が不足した状況で機能開発を行ってしまい、残念なスプリントになってしまう。こうした事態は練度が低いチームではよくあることだが、さらにやり抜く力が求められるようになったのは、チームがリモートワークのメンバーでも構成されるようになってからだ。

(37) 期待していたほどアウトプットがあがらなかった、形にはなったが不具合だらけでまともに動かない、想定していたものと違うものができている、など。

リモートワークによるコミュニケーション不全

ひとところに同席する開発の場合、スプリントを乗りこなすための情報補完はその場での適時コミュニケーションで可能だが、これがリモートワークチームになると、物理的な分断によってコミュニケーションのコストが上ってしまい、情報補完が今までと同じやり方ではうまく機能しなくなる。

チャットによるコミュニケーションは大部分の代替にはなるが、コミュニケーションのタイミングを合わせる難しさ、もしくは煩わしさが残る。コミュニケーションとは、当たり前だが一方的に言葉を投げつけるだけでは成り立たない。相手が受け止める体勢になっていなければ、投げるボールは相手を素通りしてしまうことになる。チャットだけでは相手が今受け止められる体勢なのかどうかがわからない。

同一の空間に同席していると、相手の雰囲気によってある程度推し量ることができる。自分がコミュニケーションしたい内容の重要度を丁寧に伝えることもできる。私たちは声の調子や態度などでコミュニケーションを行うタイミングやその内容を無意識に補完している。目に入るテキストだけでこれまで行ってきた補完をまかなうのは無理がある。

コミュニケーションが取りにくいストレスは、自ずとコミュニケーションの回数を抑えることにつながり、余計に情報補完が進みにくくなる。これは、対話によるコミュニケーションを中心に置くアジャイル開発では致命的な問題と言える。

なので、「定期的なコミュニケーションの機会を増やしましょう」というのがひとつ解決策のパターンとして挙げられる。質を量でカバーするという作戦だ。もちろん見合えばよいが、この作戦はコストに跳ね返ってくる。場合によっては「リモートワークで現場の働きやすさは向上したかもしれないが成果が落ちてしまった」という実感を持つかもしれない。「リモートワークなので単純にコミュニケーションを増やそう」というのはアンチパターンと見た方がよい。置かれている状況から生じている本質的な問題は何なのかを捉え、代替手段を講じるようにしよう。スプリントをやり抜くために具体的に足りていない補完すべき情報は何かを見定めるのだ。

不確実性に余白だけで適応するのは限界がある

リモートワークのチームではなくとも、不確実性に余白だけで適応するのは限界がある。余白には限りがある。ただ消費するだけで確実性の確保を放棄していると、結果を残せるかは運任せになってしまう。

つまり、確実性をどこで確保するかが問われることになる。最初にスコープを決める時点で確実性を上げるアプローチでは適応しきれないことはこれまで書いたとおりだ(38)。**確実性は、プロジェクト全体ではなく、スプリント前で確保するようにする。**つまり、**全体としては余白でもって不確実性を受け止めながら、目の前のスプリントは確実に遂行できるよう仕切る、**というのが戦略と戦術の考え方だ(図12)。

小さくとも成果を積み上げる

プロダクトづくりとは、その解像度を上げていくと、「スプリントでの成果を積み上げる行為」と言える(39)。スプリントを終えたときに、プロダクトの機能性が高まらなかった、あるいは何も学びを得ることができなかったとしたら、おそらくスプリントゴールは達成していないだろうし、そのスプリントの価値は低い。

(38) 第1章の要件定義の課題を振り返ってみよう。

図12

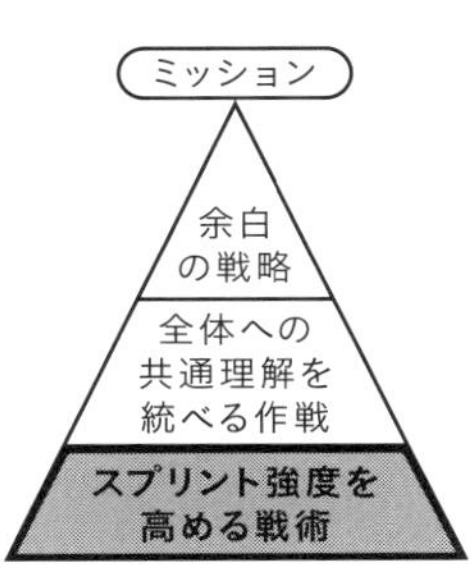

(39) さらに細かく見ると1日単位での積み上げになる。

1回1回のスプリントをやり切り、小さくとも少しずつ成果を上げていくようにする（成果として捉えるようにする）と、チームの士気も上がる。毎回、「このスプリントもダメでした…」という評価を確認しあっていると、自分たちの存在を否定する負け癖のようなものがついてしまう。小さくとも成果を認める、それを積み上げることから始める、というのは、ダニエル・キムの**成功循環モデル**とも一致する考え方だ。

成功循環モデルとは、チームや組織の成熟度がどう上がるかを概念化したものだ（図13）。**関係の質、思考の質、行動の質、結果の質それぞれを捉えた4つのサイクル**から成り立つ。チームの結果を出すために適した行動をとるようリーダーが号令をかけるだけ、というのは無駄骨に終わる可能性がある。チームとしての関係性が確保されていないからだ。チームとしての関係の質を高められれば[40]、チーム内での思考の質も高まる。お互いの経験を棚卸しして、チームで問題の定義や解決について考えられるようになる。思考の質が高まれば、適した行動を取れるようになる。そしてその結果として、結果の質が上がる、という考え方である。

ゆえに、チームビルディングという活動が重要と見なされるわけだが、実際のところ、表面的にではなくチーム内のお互いの信頼感を醸成するには、「このチームはやれる」という期待が必要だ。その期待は、小さくともチームの上げた最初の成果にもとづく。小さな結果から関係の質を上げ始めるのだ。そうすれば、成功循環モデルは小さく回り始める。スプリントをつなげるたびに結果が積み重なり、それが関係の質につながる。チームの自信へと成長する。成功循環モデルは、小さく（そのかわり早く）回し始めて、回転を重ねることで大きく回るようにするイメージでいこう。

図13

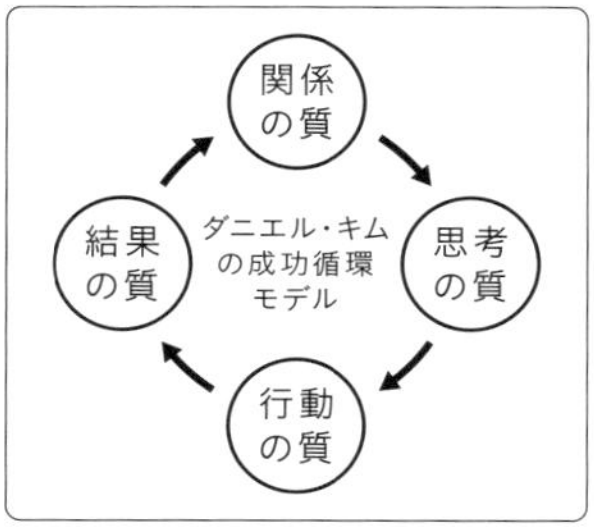

(40) 具体的にはチームビルディングが当てはまる。

よって、最初はスプリントでどれだけできなかったことが多かったとしても、[41] 1つでも完了にできたプロダクトバックログアイテムがあればそれに注目すべきだ。このために、最初のスプリントで取り掛かるのは、容易で小さいサイズのプロダクトバックログアイテムを選ぶようにする。このあたりのファシリテーションと演出は重要だ。[42] 時間とともに効いてくるようになる。

(41) チームの問題はさっそくレトロスペクティブで振り返るようにしよう。

(42) 「ファシリテーターによる演出」の重要性は、この先の「3-5 全体への共通理解を統べる作戦」で改めて説明する。

背骨で開発を駆動する

スプリントできっちり結果を出していくためには前提がある。プロダクトの「**背骨**」から作り始めるプランを立てることだ。プロダクトの背骨とは、作るべきプロダクトバックログの中で基礎となる機能群にあたるものである。生き物の体に例えるならば、文字どおり中心となる**骨格**にあたる。

ユーザーストーリーマッピングの説明で述べた「優先度の高いコアなユーザーストーリー群」がこの元になる。背骨を考える際は、さらに解像度を上げて機能の特定を行う。例えば、商品の検索結果リストという機能があった場合、「リストの表示」はなければ機能として成り立たないが、「リストの並び替え」はなかったとしてもユーザーに商品を提示する機能性は担保できていると言える。こうした機能は背骨の対象から外して、別の機能として管理する。

そうして背骨を見定めて、**最初の数スプリントでは、背骨を作り切ることに集中する。**背骨が一本通れば、後のスプリントでは肉付け（機能追加）を重ねていくイメージになる（**図14**）。背骨で駆動する開発は、機能どうしの結合のリスクを毎回のスプリントでヘッジし

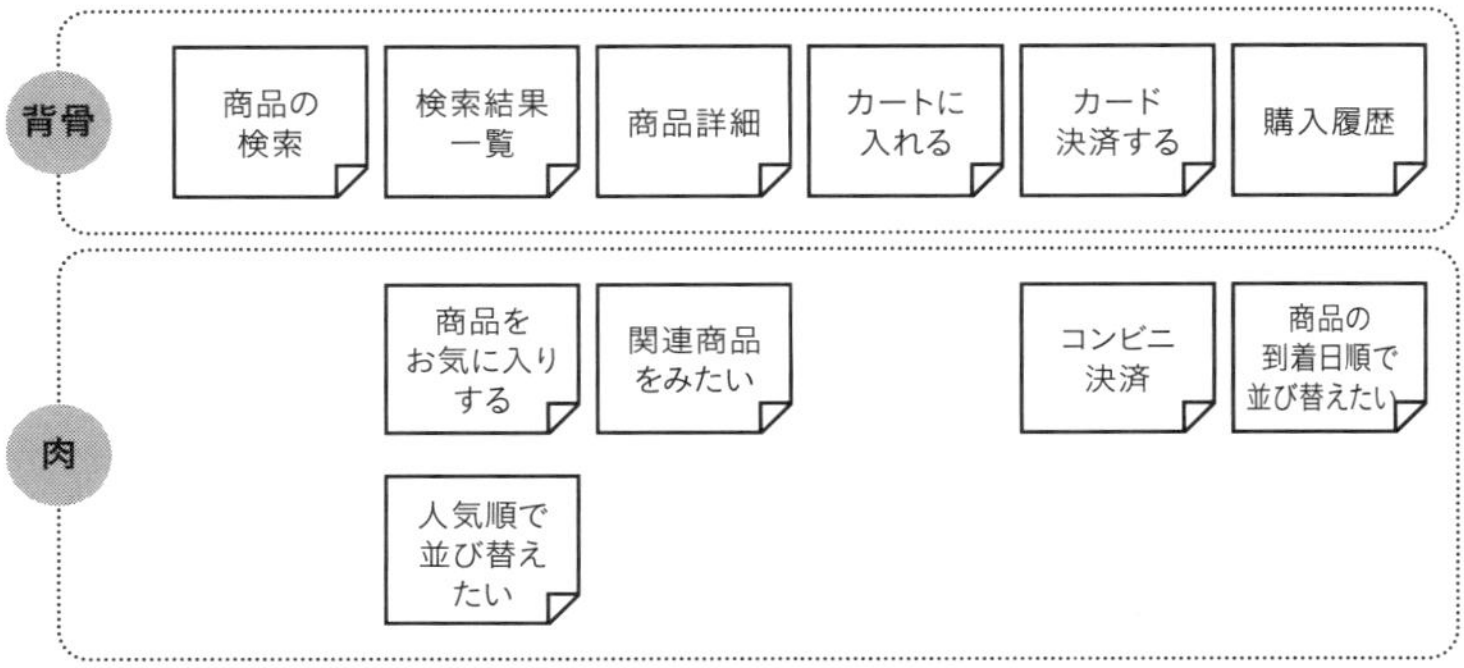

図14

続けることになる。[43]

最初にプロダクトの背骨を作るということは、その**プロダクトづくりの制約あるいはガイドラインを作るようなもの**だ。背骨で採用しているアーキテクチャ、フレームワーク、コーディングスタイルから逸脱して肉付けを行うことはできない。背骨は、開発の方針を動くコードで示す成果物と言える。ゆえに、背骨を作るためには確かな設計が求められる。「背骨は捨ててもよいプロトタイプ」という位置づけではない。プロダクトの機能要求・非機能要求を充足する、土台として信頼できるアーキテクチャ、チームが乗っかることができるフレームワークを選択しなければならない。

また、背骨を作るのに必要なデータモデルを設計する必要がある。対象はすべてのモデルでなくともよいが、背骨がプロダクトの中核にあたるため、自ずと重要なモデルの設計はまとめて行うことになる。

こうした背骨を作り始める前に、必要に応じて技術検証も行う。ある程度何を作るべきなのか見えてきたところで、必要になりそうなアーキテクチャの

(43) これは、第2章のアジャイル開発の9つの意義「⑥結合のリスクを早めに倒せる」で述べたとおりだ。

事前検証、チームの練度がまだ足りていない技術の素振りを行う。このように、プロダクトの土台づくりは、検証も設計もモデリングも適宜丁寧に行う必要がある。アジャイルに作るとしても、これらの行為の必要性がなくなるわけではない。

背骨づくりは、早期に、かつ品質の高いアウトプットが求められる。作り手はできるかぎり少数かつ精鋭のメンバーを選抜して行うことになるだろう。プロダクトの全体の規模感にも依るが、早期に作り切るには冗長なコミュニケーションを抑えてアウトプットに集中する必要がある。いきなり大規模なチームを組むのはアンチパターンだ。

この背骨で駆動する開発は、別の言葉として「曳光弾開発[44]」に近い。曳光弾とは、暗闇の中で発光することで、どこに向けて撃てばよいかの方向性を照らし出す弾丸のことだ。曳光弾開発は、開発の方向性を照らし出すプロトタイプというわけだ。繰り返しになるが、このプロトタイプは使い捨てではない。プロダクトの骨格として残り続けるものである。まさに背骨だ[45](図15)。

プロダクトづくりをクリーンに保つことがスプリント強度につながる

背骨を特定し、背骨から作り始めると、スプリントの強度を高められる。さらにもうひとつ、強度を高める方針がある。それはプロダクトづくりの状況をクリーンに保つためのものだ。そのための条件は5つある(図16)。

(44)『Ship It! ソフトウェアプロジェクト 成功のための達人式ガイドブック』Jared Richardson、William Gwaltney Jr. ／オーム社／2006年

(45) この背骨の考え方をさらに進めた、フォーメーションにもとづく開発がある。参考：「多様な働き方のチームでどうやってアジャイルにやるの？(雁行陣開発)」https://www.slideshare.net/papanda/ss-142143920

図15

背骨駆動開発の狙い

- 機能の結合リスクを毎回のスプリントでヘッジする
- 動くコードで開発方針(アーキテクチャ、フレームワーク、コーディングスタイル)を示す
- 主要なデータモデルの先行設計
- 事前の技術検証、チームの素振りを促す

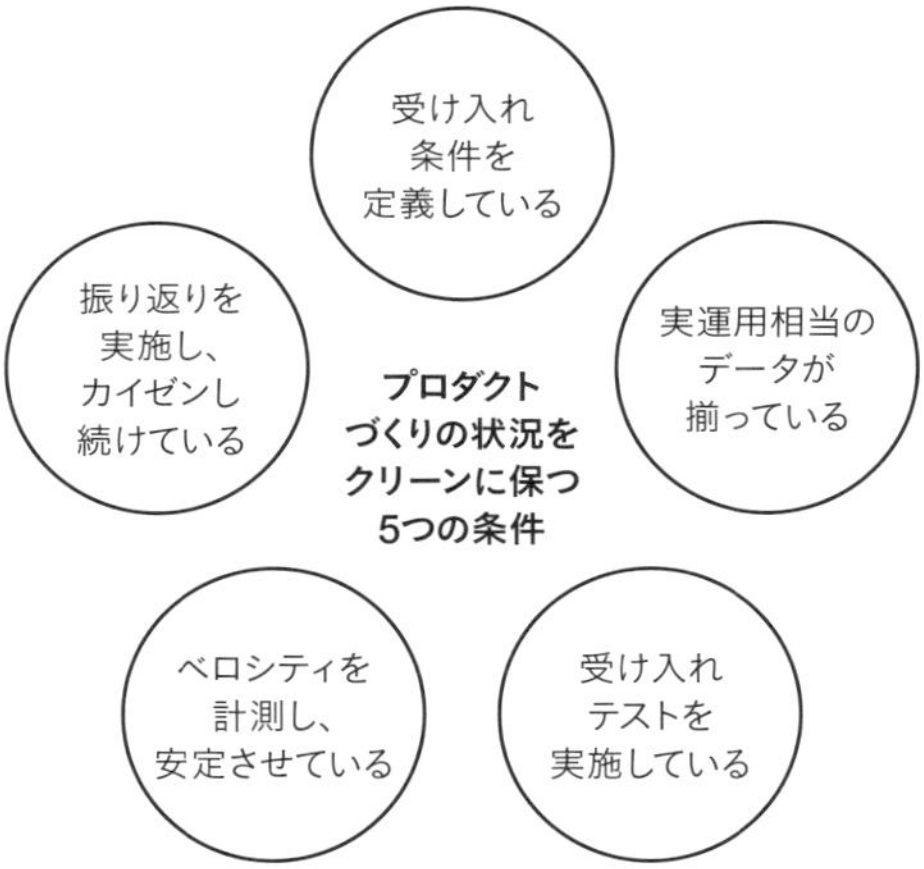

図16

❶ 受け入れ条件を定義している
❷ ベロシティを計測し、安定させている
❸ 受け入れテストを実施している
❹ ふりかえりを実施し、カイゼンし続けている
❺ 実運用相当のデータが揃っている

受け入れ条件を定義している

最初は「受け入れ条件を定義している」こと。「受け入れ条件」とは、第2章で解説した「完成の定義」とは異なるもので(46)、プロダクトバックログアイテムごとに定義された完成の条件を指す。条件をクリアできなければ仕様を満たしているとは見なされず、完成していないということになる。受け入れ条件は、完成の定義のひとつとして数えられる関係性にある。完成の定義に「受け入れ条件を満たしていること」を挙げるイメージだ。スプリント強度を強力に高めるのは、まずこの受け入れ

(46) 完成の定義は、「完成」とはどういう状態なのかということについてのチームの共通認識にあたる。

条件が定義されているというのが前提と言える。作るべきものへの認識をチーム内で共通にして、スプリントの結果のブレを抑えることができる。

だが、実際には受け入れ条件の整備はままならないことが多い。その理由は、定義できる者が実質いない、もしくは限られることに依る。受け入れ条件とは、プロダクトの機能性としてどうある必要があるのかという表明にあたるため、プロダクトオーナーが握る部分が大きい。

しかし、受け入れ条件の中身はかなり詳細なレベルまで言語化される必要がある。曖昧な記述ではコードが書けない、もしくは認識に幅が生じやすくなってしまうためだ。プログラマーが迷い過ぎないよう詳細に言語化しようとすると、ソフトウェアとしての動きを具体的にイメージできている必要があり、ソフトウェア開発の経験が求められることになる。プロダクトに対する機能の条件を明確に打ち出し、かつソフトウェアづくりの経験を備えているプロダクトオーナーとなると、かなり人を選ぶことになるだろう。

プロダクトづくりに慣れたプロダクトオーナーが確保できない場合は、現実的にはプロダクトオーナーと開発チームが協力して定義をする。例えば、まずプロダクトオーナーがプロダクトとしてのあるべき条件を言語化し、それをエンジニアリングの観点から開発チームが詳細化する。さらに、プロダクトオーナーが意図どおりとなるか確認する、といった具合にだ。

おそらく、どの程度コミュニケーションを行えばよいのかわからず、最初の頃は協力もうまくいかないかもしれない。あるいは、受け入れ条件もどこまで詳細化すれば十分なのか塩梅がわからないことだろう。詳しく言語化すればするほどよいというものではない。

言語化したものを相手が受け止められて初めて価値がある。だから、スプリントごとに協働の経験を積みながら、段階的に受け入れ条件の質を上げられるようにしよう。条件の記述の必要十分な分量をチームで探そう。チームにとっての必要十分とは、作ろうとしているプロダクトの複雑さとチームの練度に依る。(47)

ベロシティを計測し、安定させている

次は「ベロシティを計測し、安定させている」こと。チームが1スプリントでどの程度の速度を出せるかをまず把握するところから始める。スプリントが始まらないうちは基準がないかもしれない。その場合は過去の経験から見立てて、仮のベロシティを置くところから始めよう。2〜3スプリント経れば、実績値とその平均的な値が見えてくる。実績を元にリリースプランニングを必要に応じてやり直すようにする。

なお、基本的に、ベロシティは最初は低くとも、スプリントをつなげていけば徐々に高まっていくはずだ。スプリントを通じた経験主義が機能し始めれば、チームとしての開発の練度が上がり結果が出るようになる。ベロシティを大きく落とさない、少しずつ高まっている状態を理想とする。

このベロシティがスプリントごとに乱高下(大きく上がり、大きく下がるを繰り返す)しているようだと、何か問題が起きている証左である。ベロシティに影響する問題を取り除いたり、未然に防ぐ動きを取ることが、スプリント強度を高めることになる。また、ベロシティに影響を与えるものとして、プロダクトバックログの規模見積もりの正確度がある。この正確度が低いと、機能の完成に必要なタスクや考慮の抜け漏れが想定外の現実として現

(47) これは受け入れ条件に限らず、後述の受け入れテストにも言えることである。

れ、スプリントで開発が終わりきらない可能性が高まる。(48) それが続くようだと、プロジェクト全体の不確実性を押し上げることになる。

見積もり自体については、2つ前提として置いておきたいことがある。ひとつは、プロダクトバックログのサイズをなるべく小さくしておくこと。スプリントを1週間と短い期間で置いているならば、その期間に収まるようプロダクトバックログアイテムのサイズも小さくしようとしているはずだ。(49) サイズが小さくなるよう、意識的にプロダクトバックログアイテムを分割していれば、その見立ての正確度を高めることができる。大きなものを大きいまま見積もりするより、小さく分けて小さいもののサイズを想像する方が見積もりやすい。

もうひとつは、**相対見積もり**を採用することだ。プロダクトバックログアイテムの規模感を絶対値として言い当て続けるのは困難であるし、一つひとつ考える時間を相当要する。ものさしも使わず、見た目だけで対象の長さを言い当てるようなものだ。それよりも、1つのプロダクトバックログアイテムを基準に置いて、他のプロダクトバックログアイテムがそれと比較してどのくらいの倍数の規模になるか（あるいは半分程度なのか）想像する方が、正確度も高まるし早い。比較対象がものさしの代わりになるわけだ。

プロダクトバックログについて、規模の相対値が一通り得られたら、基準とした「1」の重みを算出する。これは絶対値の見積もりとなる。ここで1つ目の前提とした「プロダクトバックログアイテムのサイズが小さくなるよう意識的に分割する」を行っていれば、サイズ「1」は見立てやすいだろう。いくつかプロダクトバックログアイテムを取り出して、同じように絶対値見積もりを行い、その結果に概ねブレがなければ、その絶対値の見積も

(48) 規模見積もりの正確度は、経験によって確保されるところが大きい。ゆえに、チームメンバーそれぞれの知見を活かすために全員で見積もりする、スプリントを通じての学びをチームで分かち合う（スプリントレトロスペクティブ）ことを重視するわけだ。

(49) 1つのプロダクトバックログアイテムが1スプリント以上かかるような見立てになっている場合はもっと分割することを検討する。

りを初期段階の見立てとして信頼することにする。その後は、実績によって見立てを調整し、スプリントをやりきれるようにプランニングを調整していく。

受け入れテストを実施している

次の「受け入れテストを実施している」とは、スプリントごとの受け入れテストを実施することだ。これは受け入れ条件の存在が前提となる。プロダクトバックログアイテムごとに定義した受け入れ条件をもとに、テストケースを作成する。その確認は、スプリントレビュー後に行う。スプリントレビューで実施するデモは、限られた時間の中で行うため動作確認レベルとなるだろう。より詳細な確認や複数パターンでの確認は、テストとしてレビューの外で行う。

受け入れテストは、テストコードとして実装するか、それともケースをドキュメントとして洗い出して手動で実施するか、選択肢が分かれるところだ。受け入れテストはスプリントのたびに回帰テストとして何度も実施するのが理想だし、スプリントをつなげるたびにそのケースは増えていく。手動で実施・確認していくには、コストが大きくなっていく。

ゆえに、テストコードとして実装し、その実行を自動化することを考えたい。ただしそのタイミングについては検討の余地がある。すなわち、（1）プロダクトコード実装前に準備する、（2）プロダクトコード実装後、数スプリント先で準備する、（3）準備しない、くらいの差が考えられる。「（1）プロダクトコード実装前に準備する」は、受け入れテスト駆動の開発ということになる。受け入れ条件が定義されていれば、開発者の方で受け入れテストの準備を先行させることは無理なことではない。

プロダクトコード実装前に用意するか、「(2)プロダクトコード実装後、数スプリント先で準備する」かは、要求の安定度を踏まえて考えた方がよい。受け入れ条件を定義しているものの、プロダクトの振る舞いとしてどうあるべきかは、スプリントレビューやその後の動作確認で変わっていくことがある。形になっていくプロダクトを見て、触って、要求自体が大きく変わる、既存の動きにも頻繁に影響を与える、という可能性が高い場合は、受け入れテスト駆動で進めるかは慎重に判断した方がよい。

スプリントで少しだけかたちづくり、何が必要なのか見定めることと、受け入れテストで振る舞いが期待どおりであることは、目的が全く異なる。後者は正解どおりになっているかの検証であり、前者はそもそも正解とは何かを巡る探索である。より前者に近い状況下において受け入れテストで「正解」を定義したとしても、その意義は薄い。前者の状況から、何を作るべきか関係者の理解が深まり、方向性が堅くなってきたところで後者の検証の効率のためにテストコードを準備する、という判断が「(2)プロダクトコード実装後、数スプリント先で準備する」だ。この考えをさらに進めると、プロジェクト自体が探索の度合いが強く、開発したプロダクトをプロトタイプとしてすべて捨ててしまう可能性が高いならば、該当プロジェクトとしては、「(3)準備しない」という判断もひとつ合理的である。

いずれにしても、これは受け入れテストコードの準備タイミングであって、スプリント強度を高めるために「受け入れテストを実施する」自体は推奨しておきたい。受け入れ条件を開発者とプロダクトオーナーで確認し、スプリント開発を始める。開発者は、受け入れ条件の一つひとつをクリアするように、条件をチェックしながら実装する。スプリントレビューまでにプロダクトオーナーが受け入れテストケースを準備しておき、レビューミーティングでデモとして受け入れテストのメインシナリオを実施する。この時点で認識の相違があれば、次のスプリントで開発者はその調整を優先し、すぐに認識の齟齬を解消することができる。レビュー後、プロダクトオーナーが受け入れテストをすべて実施する。何か問題や気づきがあれば、それをプロダクトバックログやアイスボックスに挙げるようにする。優先度の高い不具合の改修であれば、やはり次のスプリントでさっそく対応対象となるだろう。このサイクルを維持することで、スプリントの強度を高めるのだ。

ふりかえりを実施し、カイゼンし続けている

続いて「ふりかえりを実施し、カイゼンし続けている」こと。この4つ目の方針は、チームとしてのふりかえり（スプリントレトロスペクティブ）をスプリントごとに実施し、より包括的にチームの障害となることを発見、適応していくためのものだ。こうした障害への対処、適応は、ベロシティを安定させるのに一役買うことになる。

ふりかえりはスプリントごとに実施したい。現実的には、スプリント開発に慣れてくると、かつスプリントが1週間という短い期間だと、ふりかえりでの話題が乏しくなってくることがある。そうしたときに、ふりかえりを2スプリントごとの実施に切り替えるなどの判断も実際にはあるだろう。一方で、チームのリズムを維持する観点からは、スプリント単位で問題を探し、その解消についてチームで検討合意するというサイクルを習慣としてしまった方がよい。**理想を追う限り、「問題がない」はない。**チームのカイゼンへの機会と動機づけを維持できる方が、ふりかえりにかかる時間を節約するよりよほど意義があ

るだろう。

ふりかえりのやり方は世の中に数多くの知見がある。個人やチームで試して運用に取り入れてみてほしい。ここではひとつ、Netflix式のフィードバックのやり方を紹介しておきたい。[50] それは、個々人の振る舞いについて、**Start／Stop／Continue**という3つの観点でフィードバックを行うというものだ。Startは始めた方がよい行動や振る舞い、Stopは逆に止めた方がよいこと、Continueは続けた方がよいことにあたる。ふりかえりのタイミングで気づいたことを挙げて、伝えるようにする。チームという単位でふりかえりを行っていると、その単位が前提となり、個々人レベルのフィードバックが弱くなってしまうことがある。だが、プロダクトづくりの最前線は一人ひとりの思考や振る舞いになるということを踏まえると、個々人へのフィードバックとその適応がカイゼンへの大きな影響を及ぼす可能性がある。

また、個々人にフィードバックするためには、当然チームのお互いについて観察したり相手のことを想ったり考えたりすることが求められる。これが、リモートワークであったりチームビルドがまだ弱い段階ではできていない場合が多い。自分の目の前のことだけに集中し、周りのチームメンバーのことを考えらないままただスプリントを重ねてしまいかねない。これではチームという視点が育たず、カイゼンが進まない。他者への意識が芽生えるよう、Start-Stop-Continueベースで個人へのフィードバックをふりかえりに取り入れたり、スプリント単位でのチーム内ＭＶＰ（Most Valuable Player）を選出するような運用を行おう。「誰がこのスプリントで活躍したのか？」というのを決めるためには、他のメンバーの動きを知っていることが前提となる。そのため、スプリント内で意識的に他のメン

（50）『NETFLIXの最強人事戦略 自由と責任の文化を築く』パティ・マッコード、光文社、2018年

バーへの働きかけようというムードにつながる。

実運用相当のデータが揃っている

最後の条件は、「実運用相当のデータが揃っている」こと。スプリント強度を高めるとは、「(考慮してなかったので)それは後でやろう」をどれだけなくせるか、だ。テストしているデータが実運用向けではないあてのものだったために、気づけなかった問題や発見できなかったあるべき振る舞いにだいぶ後になって気づくという事態はよくある。問題発覚の遅れは、プロジェクト自体のミッション達成に暗雲をもたらす場合もある。また、「こんな感じでデータが入るなら、機能としてこうしておきたい」というフィードバックも遅らせる必要性はない。いずれも、開発する際のデータが早期に実運用相当になっていれば、その時間を早められる。

このデータ準備は他にも利点がある。実運用を想定すると、開発時のデータ量が圧倒的に不足しており、パフォーマンスの問題発見がかなり後になってしまい、チームを苦境に追い込むというケースを誰しも一度や二度経験しているだろう。プロジェクトの末期に近づくほど、根本的な対応が難しくなる事案だ。

もうひとつ、データ準備そのものがこれから作るプロダクトの理解を高めることにつながる。必要なデータは揃っているのか、またプロダクトの外部からどのように必要なデータを引っ張ってくるか、さらにその加工の必要性はあるのか、といったことは、実際のデータと向き合ったときに初めて気づくこともある。データに向き合うタイミングを早くすること、これもこの条件の意義だ。

ところが、得てしてこのようなデータの準備は後になってしまうことが多い。これは、データの準備に相応の労力を要することが第一に挙げられる。また、初期段階から揃えておくことの利点への理解が十分でないことにも起因する。データ準備は、そこにかかる労力も踏まえて、プランニングであらかじめ織り込んでおきたい。そして、データの準備は関係者の協力が必要となることが多いため、プランニング段階でここで述べた利点を伝えてほしい。

このようにして、各条件をクリアすることでスプリントの強度を高めると、レビューの段階で全く認識が合ってなかったという事故が劇的に減る。それでも、ある機能性について変更したい点が挙がってくれば、それこそスプリントでの学びである。ただしその学びについては、既存のプロダクトバックログアイテムとは分けて扱った方がよい。フィードバックが対応されるまで、該当のプロダクトバックログアイテムを完成したものと見なさないとしてしまうと、プロダクトバックログアイテムの仕掛りが増えてしまう。別のものとして、新たにプロダクトバックログに追加するかたちをとることで、他のものとの順序づけができるし、チームにとっての積み重ね感が高まる。結果の積み重ねがチームの関係性を高めるという話はここまでで述べたとおりだ。「このチームはやれる」という期待感とリズムが、チームビルドの強度につながる。

3-5 全体への共通理解を統べる作戦

ここまで、不確実性への適応のための「余白の戦略」と「スプリント強度を高める戦術」の具体的な中身について見てきた。最後に、プロダクトづくり全体への共通理解を育むという観点を示してこの章を終えたい（図17）。

余白の戦略も、スプリント強度を高める戦術も、チームと関係者全員がその技法について同じように理解するのは難しく、その必要もない。だが、実施の前提となる「計画」、またその結果として展開される「状況」については、共通理解を高めるようにしたい。「計画としてうまくいっているらしい」程度の理解では、意思決定を誤りかねない。例えば、このチームのバッファがどの程度残っているのかを把握していなければ、優先度づけが適切に行われない可能性もある。残りの余力を考えて、本当に優先したいものを先に形にする、他は次のプロジェクトに回す、といった判断だ。適切な状況の理解が、適切な意思決定につながる。

ひとつモデルを紹介しておこう。**「OODA《ウーダ》ループ」**と呼ばれるモデルだ。これは、アメリカ空軍のジョン・ボイドという人物が提唱した理論で、航空戦のような極めて不確実性の高い状況下での意思決定モデルを提示するものだ。OODAループは、Observe（観察）、Orient（状況への適応）、Decide（意思決定）、Act（行動）という、行為の相互作用によって形成

図17

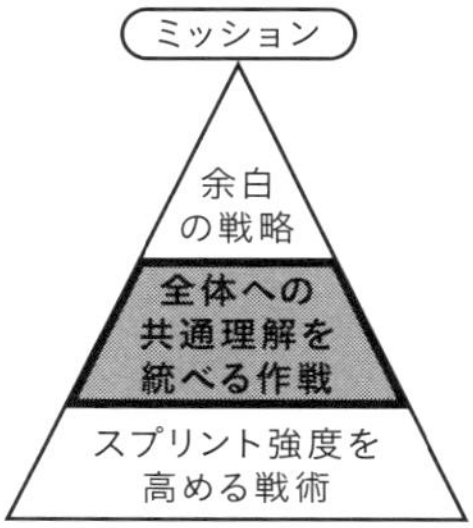

される。状況をよく観察し、どう適応するか方向性を見定めることで判断・行動する、という流れを重視するもので、不確実性に対処する考え方だ。このモデルはプロダクトづくりでも大いに参考になる。

では、具体的にはどう振る舞えばよいのか。個人のレベル、チームのレベル、ファシリテーターのレベルと3つに分けて見ておこう。

個人のレベルでの適応

まずは個人レベルでの振る舞いとして、**SAR (Share-Assert-Reflect)** をひとつの指針として挙げる。SARは、Share（共有）、Assert（表明）、Reflect（ふりかえり）のそれぞれの頭文字から取っており、これらの行為方針を個々人の手元に持つというものだ[51]。自分の考えや行動、そしてやった結果を自分から共有するように努める。その内容を踏まえて、自分の意見を述べる。こうした自分の行為をふりかえり、自らカイゼンしていくようにする。

人によってはどれも当然のことと感じるだろう。だが、この3つの行為が自律的に行われていなければ、チームやプロジェクト全体の状況理解を深めることが非常に困難となるため、重要な基本姿勢と言える。個人からの共有がなければ、チームで設定される共有の場ありきが前提となり、コミュニケーションコストを高め、全体のスピードを落とす。個人からの表明がなければ、個々人の多様性が活かされず、チームとしてのパフォーマンスが出ない。個人でもふりかえりを実施していなければ、カイゼンの速度も上がらないし、学びが薄い。いずれもチームの総合力につながっていくことだ。

(51) ちなみに「SAR」とは、UNIXのコマンドでシステム状態を確認するためのものだ。システムをモニタリングするように、SARによって自分自身の状態を示し、相互に確認しあえるようにしよう、という意思が込められている。

チームのレベルでの適応

チームレベルの振る舞いとしては、線表ベースでのコミュニケーションを挙げる。**「線表」**とは、要はスケジュールのことだ。ただしA3用紙を何枚もつなげないと全体が見えないような精緻さを目指したものではない。PCの画面一枚、A4一枚に収まる程度の内容を前提としている。いつどのようなイベントや締切があるのかという重要なマイルストーンをプロットし、そのために必要なタスクや、各スプリントでどのような機能テーマを扱うのかを可視化する。

アジャイルな開発でスケジュールが必要なことに違和感を覚える人もいるかもしれない。しかし本章で見てきたように、プロダクトづくりには複数の関係者の様々な期待が込められるものだ。どのようなレベル感のプロダクトを、どういう予算感で、いつ届けたいか、という思いが個々にあり、しかもそれが最初はぼんやりとしかしておらず、段々と自分で気づき始める、そのような理解を支援するための情報として線表が存在する。

どういう計画で、どんな展開状況にあるのか理解するのに、時間軸ベースのタイムラインはとっつきやすく、俯瞰しやすい。「アジャイル開発にスケジュールなんてふさわしくない」と線表づくりを放棄してしまうと、線表が担保していた期待の可視化が行われなくなってしまう。

スクラムを導入しようと新しいやり方を取ってつけて、これまでのやり方をいきなりすべて捨ててしまうと、担保できていたこと（リスクヘッジや進捗の保全など）が容易に抜け漏れてしまう可能性がある。[52] 慣れない運用の結果、肝心の目の前の状況の理解が浅く、意思決定を誤ってしまうとしたら目もあてられない。

(52) チームの練度が高まっていく速度と、関係者からチームに対する期待レベルとの間に乖離があると、期待がリスクに転化し始める。この時間的ギャップを間に合わせようとするのが期待マネジメントである。

線表とは、プロジェクトの計画と状況を表現するビュー（View）でしかないが、ビューとしてどのような内容を記載すべきかは、その場に集まった人たちの関心事とリテラシーに合わせてプロジェクトの都度変えればよい。あくまで目的は、ビューを通じて得られる共通理解だ。この意味で、細かいタスクや要求の管理を狙ったものではない。それは別途ToDoリストやカンバンなどで運用すべきだ。

線表の内容は、いつ何をする必要があるのか、チームや関係者の意思を表明したものだ。逆に、線表に記載しなければ意思を伝えられたことにはならないと見なすこともできる。その約束によって、暗黙的な期待を自分から表明することを促す仕組みになる。したがって線表とは、お互いの意思を確認するためのコミュニケーション手段とも言える。

このような手段として捉えるからといって、線表の内容をありきとしてその内容の実現に固執してはならない。何を実現すべきかの方向性は、スプリントごとの学びによって決めていく。そして、新たな方向性をどのようにして達成するかを整理し、線表に落とし込み直す。「計画することがすべてだ。立てた計画はどうでもよい」というドイツの軍人モルトケの言葉が示すように、立てた計画のためにプロジェクトがあるのではなく、ありたい方向に向かうための計画づくりが本来であることを関係者で確認してほしい。

ファシリテーターのレベルでの適応

そして、ファシリテーターレベル[53]の振る舞いについて。プロダクトづくりとは、たいてい対価が伴う責任ある仕事であり、ミッションを果たすために専門家が寄り集まり知を結集させる高度な創作活動だ。しかし、いかに専門性を持った集まりとはいえ、ここまで見

(53) 実際の役割としてファシリテーターの設置を前提としているわけではない。あくまでプロジェクトの運営がより良くなるようにしたいという意思を持った人物のことを言う。

てきたようにお互いを理解するのに多大な意識とコストを要する、社会性が求められる活動とも言える。この活動が円滑に進むためには、時に意識的な個人や集団への働きかけ、起きていることや感情の言語化、場づくりが必要となる。これが、ファシリテーターに求められることだ。こうした動きを成り行きに任せてもうまくいくとは言い難い。意識的な介入がお互いの関係性を強化することにつながる。チームビルディングやふりかえりなどはわかりやすい例だ。

この意味で、**プロダクトづくりとは演出である。**イベントや行為の背景に意思があってしかるべきだ。**ファシリテーターは、プロダクトづくりの演出家**と言えよう。そのうえで、人と人との関係とは、すべて台本どおり、予想どおりというわけにはいかない。展開される現実に、即興的に協力して適応していくことを楽しもう。

自分たちの活動に作戦名をつける

最後に、余白の戦略とスプリント強度を高める戦術の間をつなぐものについて述べてこの章を終えたい。余白の戦略は、環境づくりのために行う。不確実性に適応するためにはそのための余白が必要であり、余白があるという環境を作り出すための工夫にあたる。これは不確実性の高いプロダクトづくりを行っていくうえで前提に置きたい内容である。一方、スプリント強度を高める戦術は、チームにとってメインの場であり、かつ最小の期間単位であるスプリントでの活動性を高めるための運用だ。

この戦略と戦術の関係をまとめてみよう。まず、余白の戦略でプロダクトづくりが進められる前提を作る。その環境の上でプロダクトづくり全体の状況をチームの共通理解とするための活動を行う。そして、共通理解が得られている状況下で運用するスプリントの確実性を高める戦術をチームで実践していく。この「状況をチームの共通理解とするための活動」とは、個人、チーム、ファシリテーターそれぞれのレベルでの活動をまとめたものであり、こうした活動にあえて**名前付け**を行った方がよい。この名前付けされた活動は、「全体への共通理解を統べる作戦」と言える。

名前付けを行うことを推奨するのは、これから状況を作り出すことにチームの意識を集中するためだ。名前付けがあると活動がわかりやすくなり、会話で扱いやすくなり、意識の中にも上りやすくなる。名前付けによってチームは共通の目標を獲得することになる。例えば、チーム結成の初期段階であるためチームビルディングを特に重視すべく「俺たちのAチーム化作戦」とか、背骨の開発を先行、優先するために「プロダクトの芯ファースト作戦」とか、ローンチ前で開発も付帯作業もクライマックスを迎え、それを乗り越えるために「(お酒の名前)作戦[54]」を掲げる、といったイメージだ。作戦名から、今置かれている状況の理解が進んだところで、その状況をより良く進めるためのアイデアや工夫をチームで話し合ってほしい。

なお、作戦には期限性を持たせるようにしたい。「これから先4〜8スプリントに適用する」といった具合にだ。あえて時間軸を与えるのは、終わりがあることで活動への集中を高めるためだ。チームビルディングのワークを、だらっと思い出したベースで進めても効果が散漫である。また、延々と高い集中を維持するのも困難だ。期限があることで、成果を出すことへのこだわりを醸成し、次への素早い切り替えが期待できる。

作戦を終えたら、チームで評価を行おう。どこかのスプリントレトロスペクティブでも

(54) 映画「シン・ゴジラ」で出てくるヤシオリ作戦にあやかって、自分たちの好きなお酒や地元の酒を担いで作戦名にしたり。

よいが、複数スプリントにまたがるふりかえり、評価となるため、それなりに時間も要する。**「作戦ふりかえり」**として別の場を作ってもよいだろう。長い期間へのふりかえりとなるため、まずやったことを思い出すようにしよう。時間軸を横軸にとって、チームメンバーそれぞれで印象深い出来事(事件)や、マイルストーン、ターニングポイントなったことなどを思い思いに挙げていく。思い起こしをした後で、わかったことを各自で書き出し、その内容の腑分けをチーム全員で行う。そして、それらの結果から次にやるべき点を挙げるようにする。「次に」には、次のスプリントで、という時間軸もあれば、次の作戦で、というものもあるだろう。作戦からの学びを次のチーム活動で生きるようにしよう。

以上、本章では、プロダクトづくりに伴う不確実性に対しての打ち手となる手立てを示した。ここまで追いかけてきた、プロダクトづくりの不確実性と、その適応によってさらに招く不確実な展開、これらに適応するための術《すべ》として、戦略と戦術、作戦の考え方を手にすることができた。チームは正しく作るための道筋を見出せるはずだ。第1章の宿題、アジャイルの破綻もこれで解決できる。正しく作るための道筋が理解できただろう。そう、これでチームは、次に直面する「壁」に臨む準備ができたことになる。

まとめ

○アジャイルに作るだけでは適応できない問題として、「暗黙的な期待を放置したままでの合意形成」と「不確実性への対処から得られる学びが新たな不確実性を生む」がある。

○不確実性に適応するための「正しく作る」あり方は、共通の軸「ミッション」の共通理解、余白の戦略、スプリント強度を高める戦術、全体への共通理解を統べる作戦。

○ミッションの共通理解を得るためのインセプションデッキづくり。

○余白の戦略とは、調整の余白、期間の余白、受け入れの余白からなる。余白でもって、不確実性を受け止める。

○スプリント強度を高める戦術とは、開発の確実性をスプリントの前で確保する行動。すなわち、背骨で駆動する開発と、プロダクトづくりの状況をクリーンに保つ5つの条件を実践する。

○全体への共通理解を統べる作戦とは、個人レベル、チームレベル、ファシリテーターレベルでの適応があり、これらをまとめた自分たちの活動に名前付けを行うようにする。

第4章

アジャイル開発は2度失敗する

――間違ったものを正しくつくる

ここまで、不確実性に適応するための手立てを示してきた。しかし実際に進めていこうとすると、チームは2つの壁に直面することになる。最初の壁は、「アジャイルに作る」という取り組みに伴う困難。もう1つは、開発チームとプロダクトオーナーの間に横たわる見えない壁だ。見えない壁とはいったい何なのか、そしてそれを作り出してしまうのはなぜなのかを明らかにしていく。

4-1 チームは2度、壁にぶつかる

ここまでの第2章、3章で、アジャイル開発と、不確実性への適応を補完するプロダクトづくりについて見てきた。手立ては充分に示したつもりだが、実際にこうしたプロダクトづくりに取り組もうとすると、たいていの場合チームは**壁に2回ぶつかる**ことになる。

最初の壁とは、早く少しだけ形にする開発（アジャイルに作る）に移行しようとする際に直面する数々の問題のことだ。スクラムガイドで表現されている象徴的な言葉「習得は非常に困難」――まさにこの言葉を実感することになる。そして2度目の壁は、プロダクトを作り終えた後に現れる。

最初の壁

チームが備えている適応力に応じて発生する問題は様々だが、反復的に開発する際のすべての箇所で課題を見つけることになるだろう。例えば、「プロダクトバックログが開発可能なレベルまで深掘り、整理されていなかったため、スプリントの成果がなかった」「スクラムイベントに予定をはるかに越える時間がかかってしまう」「スプリントレビューのデモの時にろくにプロダクトが動作せず、レビューにならなかった」などなど。(1)

こうした、誰が見てもうまくない顕在的な問題もあれば、チームが気づけない潜在的な

(1) こうした問題を、コミュニティで、仕事で、様々質問として受けてきた。スクラムガイドをただ読んだだけでは細部までは掴めないし、またいかにスクラムに関する書籍を読みあさったところで現場で遭遇するケースが多種多様なため対応できなかったりする。すべての答えが言語化されているのを期待せず、自分たちの感性（状態を問題と見なせる感覚）と思考力を鍛えるようにしよう。例えば第2章で触れたように、スクラムには3つのコンセプト「透明性」「検査」「適応」があり、5つの価値基準「確約」「勇気」「集中」「公開」「尊敬」がある。3つのコンセプトができているためにはどうしたらよいか？　今目の前で起きていることは5つの価値基準に照らして問題ないのか？と、これらの価値原則を答えるべき問いとして扱ったり、自分たちとの比較対象とするようにしよう。

問題もある。一見スプリントはうまく回っているように見えるが、スクラムの経験者が見ると問題が潜在している状況だとわかる。例えば、スプリントレトロスペクティブがあまり実施できていない、といった状況などにおいて。スプリントレトロスペクティブは、スクラムイベントで最も省略されやすいイベントだ。実施していなくても、スプリント自体を回すことができる。しかし、自分たちの活動を内省せずに進めるのは、もともと持っていた力でタスクを倒しているかたちに近く、チームとしての成長が乏しい。やがて、もともと持っていた力では乗り越えられない問題に直面した時、チームが混乱したり、手も足も出なくなったりする可能性もある。(2)

最初の壁の乗り越え方

チームの抱えるリスク、潜在化している問題を表出化させるために、適時経験者の観察、介入、フィードバックを得られる機会を仕込むとよい。チームでは気づけない課題を外部の視点を借りて捉えよう。(3)

実際のところ、正しく作ろうとして失敗することは1度や2度ではない。むしろ、放置したままで大きな事故になる前に、**小さく失敗することを繰り返し、少しずつ良くなることを意識**したい。状態として、チームはスプリントごとに大小様々な失敗を犯すし、問題を抱えることになる。そうした状態を悲観的にではなく、むしろ常と捉える。スプリントレトロスペクティブで「問題がない」と終えることが続く状況自体に問題があると捉えた方がよい。ただし、チーム自身で制御不可能な状態にまでは陥らないよう自己管理できているることを基準とする。チーム自身の手に余るような状況ならば、取り組みの内容を減ら

(2) ミッションコンプリートやプロジェクト終了時など、まとまった期間を終えたときに「ポストモーテム」として活動の全体を振り返る事後検証を行おう。本来ふりかえりは活動中に行い、その活動の中で次に活かすのが効果的だ。活動の終了時にふりかえりを行うのは、それぞれのメンバーが「次の」プロジェクトや活動に学びを活かすためである。振り返ってみて、自分たちの得られた学びが少なかったこと、活動中に活かせていなかったことを事実として捉えることで、それぞれの次に向かうためのフィードバックとしよう。

(3) それゆえに、どういう人を招き入れるかはとても重要な判断である。自分たちが問題として気づけていない状態で、外部から検討外れな問題指摘をもらってしまったら、それを批評することもできず、誤った方向へと進んでしまう。

したり（やっていることの難易度を下げる）(4)、経験者の力を借りるか（チームの力量を越える難易度を他者の力を合わせることでもって乗り越える）した方がよい。

最初の壁は、正しく作るべく理想的な型に移行する際にぶつかるギャップである。チームの練度が高まると、大きな失敗をしなくなる。そうなったときは、新たな取り組みを始めるタイミングだ。(5) 新たな技術やアーキテクチャ、プラクティスなど、その狙いを見定めて実験してみる。ただし、やみくもに手を出すことはお勧めしない。新しいソリューションとは、ある状況下の問題を解決したり、従来のやり方よりもパフォーマンスを上げたりと、何か期待される狙いがある。自分たちのチームと想定する状況が合ってなかったり、対象の問題が自分たちにとっては顕著ではなかったり、期待される効果があまり必要性のないものであれば、取り組む優先度を考え直した方がよい。

2度目の壁

最初の壁を乗り越えたチームは、やがて、次の壁の前に立つことになる。だが、目の前の状況を新たな壁と必ずしも認識できるわけではない。むしろ、壁があることに気がつかない場合の方が多いだろう。2度目の壁は、プロダクトを作り終えた後に現れる。プロダクトを想定していたユーザーに届けて、あるいは届けようとして、直面するのだ。想像していたような成果が上がらない状況が突き付けられる。手に取ったユーザーがちょっと触ってすぐに捨ててしまう、最後までコンバージョンしてくれない、あるいはそもそも想定していたユーザーに全く届かない、そういった状況だ。

「何が起きているんだ。こんなはずではなかった」と、プロダクトオーナーもチームも関

(4) リズムが崩れていると感じたら、自分たちができるところまで戻って整え直すという判断は大事だ。まず、リズムが崩れているということを感じ取れる必要がある。ふりかえりの結果をチームで眺めて気づけるようにしたい。

(5) これは個人にも言えることだ。昨日、今日、明日が見分けつかないくらいない慣れきったものになってしまっているとしたら、一歩も二歩も今いるコンフォートゾーン（安全圏）から出ていくシグナルだ。

係者もみんな一様に思う。「いや、待て。まだ最初のトライアルの段階だ。これからユーザーフィードバックを得て、カイゼンしていこう」。だが、勝負はしばらくの間は続くが、早ければ四半期も立たないうちに見切りが付けられる。「見込みがない。残念だけどクローズしよう。チームも関係者もやれることはやった」と。

こうした展開に「壁がある」と言うならば、それはプロダクトの失敗、ミッションを果たすことができなかったことを指すのだろうか。余白の戦略をとり、スプリント強度を高めていかに不確実性に適応する開発ができたとしても、プロダクト自体がユーザーに価値をもたらされるかどうかは約束できないものだ。いかにチームが想定以上のプロダクトバックログを作り込みできたとしても、プロダクトは失敗するときは失敗する。それはチームの能力とミッションを超えているのではないか。「正解のない状況の中でチームはやれることをやった。むしろ理想的なプロダクトづくりを行うことができた。そのはずだ」。

と、認識してしまうところに見えない壁が存在する。開発チームに**ミッションの境界線（自分たちの役割は作るところまで）**の認識がある限り、プロダクトづくりはそれ以上進展しない。確かに**開発チームは正しく作っている。ただし、間違ったものを**、だ。

こうした暗黙的に置かれたミッションの境界線は、開発チームとプロダクトオーナーの間に引かれる。何がこの境界をもたらしてしまうのか。それは両者の役割認識に依るところが大きい。本章では、この問題に向き合っていく。まずはプロダクトオーナーの果たすべき役割、持つべき知識について整理することにしよう[6]。

（6）スクラムに取り組むチームの多くの場合が、やがてこの「ミッションの境界線」問題に直面することになる。そこで問題に気づく人もいれば、そうではない人もいる。プロジェクトをゴールにたどり着かせること、機能をスプリントでたくさん作れることなどにフォーカスしていて、プロダクトとその成果に目を向けていなければ気づけないことだ。

4-2 — プロダクトオーナーの果たすべき役割

プロダクトの正しさについて、つまり想定しているユーザーに何を提案すればよいのかという意思決定について、最終的な責任を担うのはプロダクトオーナーである。このことは、スクラムを採用しない場合でも同じだ。「プロダクトオーナー」という呼び名が異なるだけで、「プロダクト企画者」あるいは「事業責任者」といった立ち位置の人が担うことになる。(7)

第2章で触れたように、プロダクトオーナーはプロダクトバックログの内容やその並び順によって、プロダクトとして何を作るべきか、優先すべきかを表現する人物だ。スクラムは、プロダクトオーナーの意思決定を組織として尊重するよう求める。したがってプロダクトオーナーに寄せられる期待と責任は大きい。それらに応えられるよう、プロダクトバックログを洗練しなければならない。プロダクトオーナーが間違った判断をし続けるようであれば、プロジェクトとして挽回するのは極めて難しい。

ゆえに、この役割を果たすには相応の能力と経験が必要となる。スクラムを始めるので、プロダクトオーナーが必要だから要件決めを行う立ち位置に近しい人に自ずと振っておく、という決め方で成り立つほど甘くはない。いきなり誰でもその役割を果たせるわけではないのだ。ましてや、プロダクトオーナーを組織の役職や職位として扱うのは本質を伴って

(7) 本書ではまとめて「プロダクトオーナー」と呼んでいる。

いない。組織の中で立場上上位にあたるからプロダクトオーナーに据えておく、というものでは全くない。(8)

プロダクトオーナーには果たすべき職務がある。むしろ、その職務は広く、実務的だ。次からは、プロダクトオーナーの職務を**「なぜこのプロダクトを作るのか」**という方向性の番人として、**「プロダクトの世界観を実現するために何を備えるのか」**という仮説の番人として、そして**「プロダクトを形にするために必要な運用スキルと知識」**の3つに分けて整理していく。

プロダクトオーナーの職務：「なぜこのプロダクトを作るのか」(方向性の番人)

まずは、「なぜこのプロダクトを作るのか」という問いに真正面から向き合っていく役割について。具体的には、プロダクトオーナーはプロダクトのビジョン、ミッション、コンセプトについてより深く関与することになる。

プロダクトオーナーは、プロダクトのビジョンを描く立ち位置に最も近い。ビジョン、つまり**「プロダクトを通じて世の中にどのような変化をもたらすか」**を描く。例えばそれは、「財布もスマホも取り出すことなくモノが買える世界」かもしれない。あるいは「自分の意思を伝えなくても先回りしてやってくれる存在がある世界」かもしれない。**新たな世界観の共通理解、それがビジョン**だ。

(8) プロダクトオーナーは役割であって、役職ではない。

ビジョンは、組織やチームの総意を反映しているものが理想的だ。プロダクトは一人では作れないし広げられない。同じ想いを持った協力者、同志の存在が不可欠となる。そのためには、想いを乗せられる求心力となる方向性が必要だ。協力者が自分事となれるよう、プロダクトオーナーが舞台を整える。チームや関係者が集まれるような、ユーザーが引き寄せられるような旗を打ち立てること、それがプロダクトオーナーに期待される最も基本的かつ重要な役割である。ゆえに、プロダクトオーナーはプロダクトづくりの方向性の番人と言える。

ビジョンの次に、ミッションの定義が必要だ。ここまで見たきたように、理想的なチームとはミッションコマンド的である。**ミッションとは、「これが実現できなければ自分たちの存在意義が問われる」という使命**にあたる。チームが自律的に動くためには、果たすべきミッションの形成と理解が必要だ。ビジョンに近づいていくために、目指すべきミッションをチームや関係者と見定め、お互いにコミットする。ミッションに到達したら、次のミッションを掲げる。ビジョンを実現するまで続ける。

プロジェクトはミッションを達成するためのタイムボックス

ちなみに**「プロジェクト」**とは、このミッションを達成するためのタイムボックスであり、それに向けて最適化するための単位と言える。該当のミッションクリアに必要なチームフォーメーションを組む。つまり、ミッションが変わればチームフォーメーションも変わりうる。

プロジェクトには期限があり、予算もありと、制約が伴う。逆にこうした制約を利用して、チームの力を集中させる狙いがある。延々と緊張感を保つことは難しい。人の集中力を高めるために、プロジェクトとして定義するわけだ。ミッションを重ねてビジョンに近づくように、プロジェクトを複数回重ねてプロダクトは理想とする方向へ向かう。(9)

しかし、プロジェクトの制約の強さに引っ張られると、あるいはこなし仕事として捉えてしまうと、本来のミッションさえ見失ってしまう。そのようなプロジェクトは手段が目的（プロジェクトをこなすこと）となって、意義を失いかねない。あくまで、そのプロジェクトで果たすべきミッションと、その先にあるビジョンに向き合う視点を持っておく必要がある。この意味で、目の前のプロジェクトがビジョンに貢献しないと判断できるなら、中止すべきである。

ミッションの定義

話を戻そう、こうしたミッションの定義にも、プロダクトオーナーは中心的に関与する。「到達を重ねたときに、ビジョンにたどり着ける」、そのような適切なミッションの分割、定義は、ビジョンを担う者の責務と言える。(10)

ミッションは、スプリントで扱うには大きすぎる。ミッションをスプリント単位に分割したものを「スプリントゴール」と呼ぶ。スプリントゴールはスプリントプランニングでチームで決める。プロダクトオーナーはスプリントゴールを達成するためのプロダクトバックログアイテムを選ぶ。つまり、ビジョンがまずあり、そのビジョンを達成するためにいくつかのミッションがあり、ひとつのミッションに到達するためにスプリントゴールがスプリント分存在し、スプリントゴールに必要なプロダクトバックログアイテムが選

(9) プロジェクトマネージャー、プロダクトマネージャーというロールがあり、プロダクトマネージャーの重要性がとりあげられることで、プロジェクトマネージャーの価値が相対的に低く扱われる節があるかもしれない。これに関連して、プロジェクトとプロダクトという概念を2項対立のように扱ってはいけない。ここに書いたように、プロジェクトは人や資源を集中するための期間単位でしかない。プロジェクト単位での最適化を狙いつつ、プロダクトとしてあるべきを追う、という両方の観点が同時に必要になるということだ。

(10) なお、ミッションを定義するにあたっての具体的な活動は、インセプションデッキづくりが挙げられる。インセプションデッキのワークショップのファシリテートは他のメンバーに任せられても、定義するミッションの評価についてはプロダクトオーナーの視点が欠かせない。

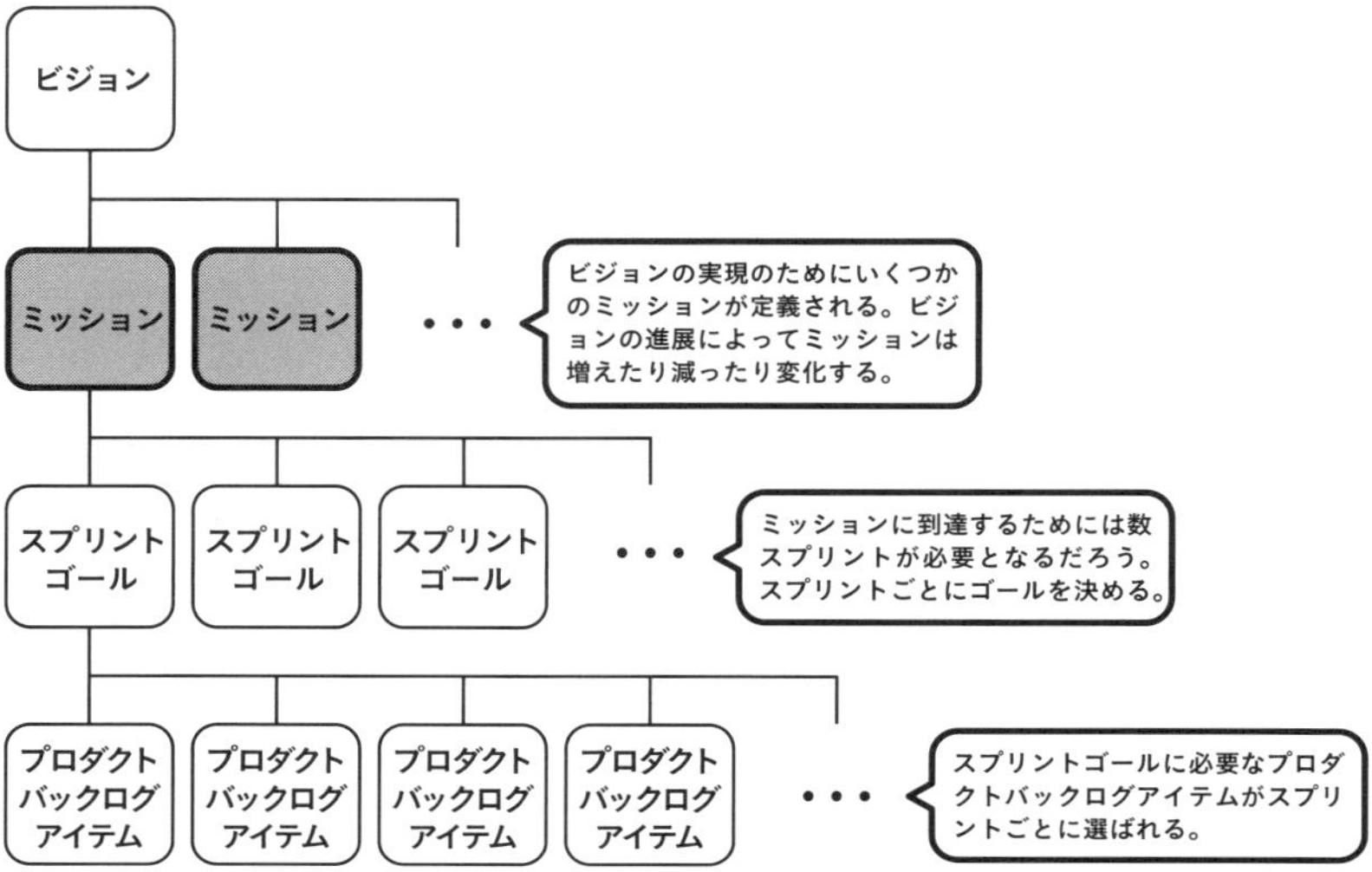
ビジョン
ミッション
ミッション
ビジョンの実現のためにいくつかのミッションが定義される。ビジョンの進展によってミッションは増えたり減ったり変化する。
スプリントゴール
スプリントゴール
スプリントゴール
ミッションに到達するためには数スプリントが必要となるだろう。スプリントごとにゴールを決める。
プロダクトバックログアイテム
プロダクトバックログアイテム
プロダクトバックログアイテム
プロダクトバックログアイテム
スプリントゴールに必要なプロダクトバックログアイテムがスプリントごとに選ばれる。

図1

ばれる（**図1**）。この構造の形成に、プロダクトオーナーの存在は必要不可欠だ。

コンセプトづくり

プロダクトづくりにはもうひとつ欠かせないものがある。それは、プロダクトの「コンセプト」だ。ビジョンとその実現のためのプロダクトバックログアイテムは粒度的に大きな差があり、直接的につなげて考えることができない。ビジョンを実現するための中核となるアイデアが必要なのだ。つまり、**誰のどんな問題をどうやって解決するかをシンプルにまとめたもの、それがコンセプト**になる(11)。スプリントごとに選ばれるプロダクトバックログアイテムは、このコンセプトに何らかかつながっている（**図2**）。逆に言うと、コンセプ

(11) コンセプトという言葉は、その指す内容が人や局面によって揺らぎやすい言葉の筆頭だろう。「コンセプト＝Why＋How」と覚えよう。なぜ問題解決が必要なのかというWhyと、それをどのようにして実現するのかというHowを端的に表現するアイデアがコンセプトだ。例えばアジャイル開発のコンセプトとは、「事前に多くのことを予見してソフトウェアを作ることができないため（Why）、小さく作ることを反復させる開発（How）」と言える。Howだけでは何のためにアジャイルをやっているかわからなくなるし、Whyだけだともちろんどうやって実現すればよいかわからない。コンセプトは、この両者への説明である。

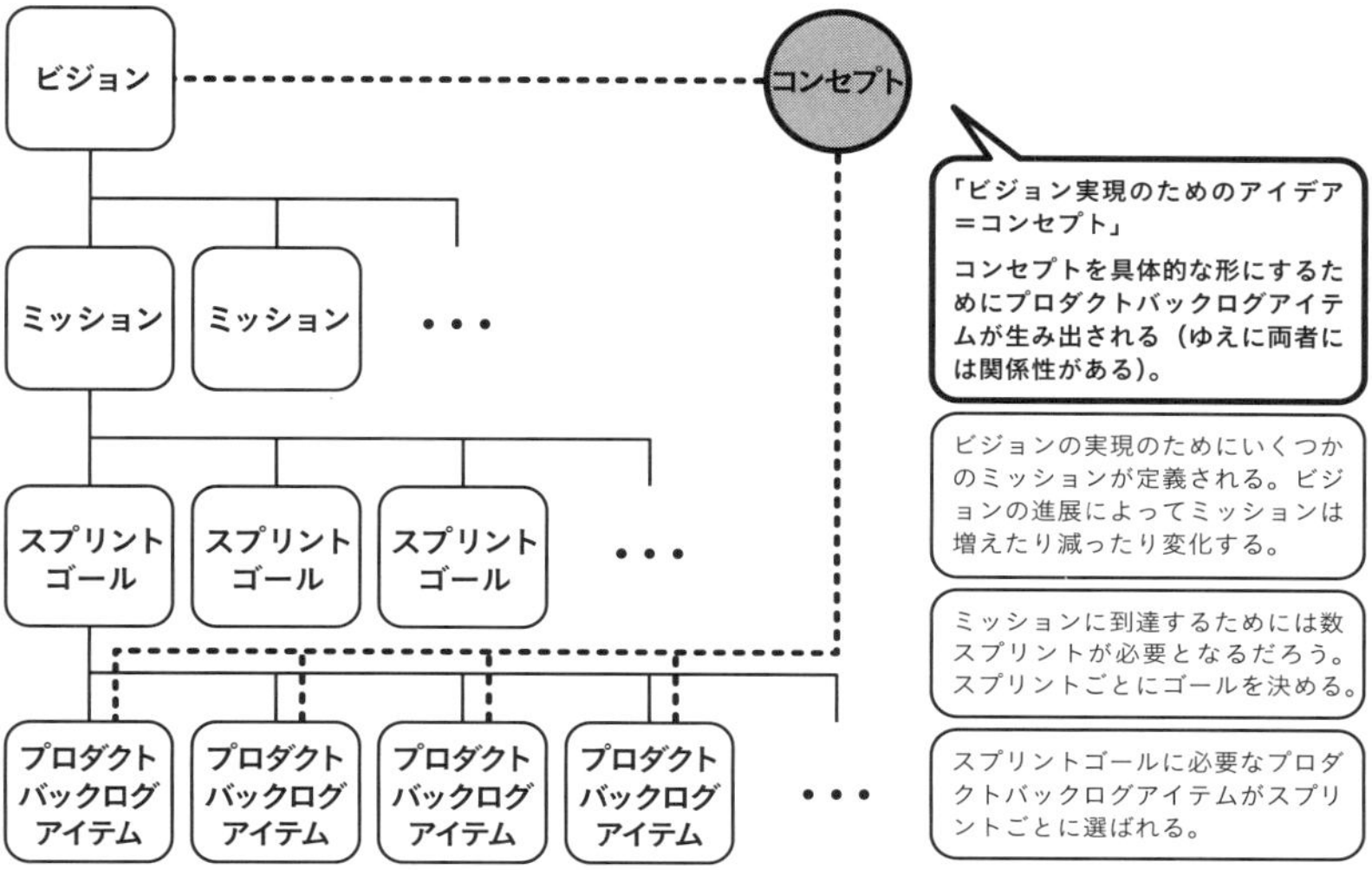
ビジョン
コンセプト
ミッション
ミッション
スプリントゴール
スプリントゴール
スプリントゴール
プロダクトバックログアイテム
プロダクトバックログアイテム
プロダクトバックログアイテム
プロダクトバックログアイテム
「ビジョン実現のためのアイデア＝コンセプト」
コンセプトを具体的な形にするためにプロダクトバックログアイテムが生み出される（ゆえに両者には関係性がある）。
ビジョンの実現のためにいくつかのミッションが定義される。ビジョンの進展によってミッションは増えたり減ったり変化する。
ミッションに到達するためには数スプリントが必要となるだろう。スプリントごとにゴールを決める。
スプリントゴールに必要なプロダクトバックログアイテムがスプリントごとに選ばれる。
図2

トにつながらないプロダクトバックログアイテムの重要性は相対的に低い。

　コンセプトを人に伝わるためには、だらだらと説明する内容ではなく、簡潔にして要点がまとまっている必要がある。想定するユーザーとはどんな状況に置かれており、どのような課題を抱えているのか。その課題をわれわれのプロダクトはどのようにして解決し、どのようなベネフィットをもたらすのか。この内容を短くまとめるためのステートメントとして、「エレベータピッチ」がある。経営者や投資家に自分のアイデアを聞いてもらうために、エレベータに乗っているわずかな時間でその本質を伝えるためのステートメントのことだ。

　エレベータピッチはインセプショ

ンデッキに含まれる。そのフォーマットにはいくつかのパターンがあるが、インセプションデッキでは以下のように定義されている。

「潜在的なニーズを満たしたり、潜在的な課題を解決したり」したい「対象顧客」向けの「プロダクト名」というプロダクトは、「プロダクトのカテゴリー」です。(12) これは「重要な利点、対価に見合う説得力のある理由」ができ、「代替手段」と違って、「差別化の決定的な特徴」が備わっています。

この「」内を、自分たちのプロダクトに合わせて埋めるわけだ。プロダクトのコンセプトを誰もが同じレベルで理解している状態を作るために、エレベータピッチをチームおよび関係者で定義する。このピッチの作成で、プロダクトオーナーはユーザーに成り代わり、その仮説を提示する役割を担う。

プロダクトオーナーの職務：「プロダクトの世界観を実現するために何を備えるのか」（仮説の番人）

ここまでで、既にプロダクトオーナーが果たす職務の広さと深さが感じられると思う。これだけのことを担うには、当然想定ユーザーの実体を掴んでいて把握していることが求められる。しかしプロダクトオーナーの役割はこれで終わりではない。「プロダクトの世

(12)「カテゴリーが何であるか？」という視点は思いのほか重要なことだ。カテゴリーは当事者以外の人たちがプロダクトを捉えるための手がかりなのだ。作り手と利用者の間で「このプロダクトはいったい何なのか？」という問いに対する答えに開きがあるようだと、思うようにプロダクトを利用者の元に届けることができないだろう。

界観を実現するために何を備えるのか」という問いに応え続ける必要がある。

この問いに応える観点は3つある。まず第一に**「プロダクトが応えるべき要求（プロダクトバックログ）とは何か」**という仮説。この仮説の背景には、ビジョン（新しい世界観）にもとづいた理想的なユーザーの**「体験」**がある。モノを買う、情報を探す、誰かと出会う、既にある何らかの行為をより良く変える（AsIsの改善）、あるいは全く新たな体験(13)を提供するのか（ToBeの創造）は、実現したい世界観に依る。だが、いずれにしても「想定する行動とそれに伴う感情の流れ」（体験）が存在する。プロダクトが想定ユーザーの行動と感情の流れに寄り添い、支えるために求められる「要求（プロダクトバックログ）」の言語化、整理が必要になる。

第二の観点は、プロダクトを**「ユーザーに届けて、使えるようにするためにはインターフェースとしてどうあるべきか」**という仮説。まず、想定するユーザーがプロダクトを受け止められなければならない。プロダクトを手にしたときに何のためのものなのか理解できなければ、そもそも使う体験すら始まらない。また、「使う」には最低限使えるという利用品質から、ユーザーの感情に作用し、より望ましい感情（快適さや楽しさなど）を喚起するレベルまで応え方に幅がある。後者は、プロダクトは「使える」ではなく「使いたい」対象になる。これも実現したい世界観と体験を踏まえて構想する必要がある。

第三に挙げる観点は、**「プロダクトづくりとその提供を持続可能にするためにどのようなビジネスモデルを描くのか」**というビジネスの仮説だ。事業として継続していくためには、その活動を支える収益設計が不可欠だ。

こうした観点に応えていくためには、それぞれ次のようなタスクに落とし込まれていく。

(13) 例えば、モノを買うのに決済が要らない（購買と決済のタイミングが違う）、ユーザーの状況や属性を行動ログから読み取って最適な情報の提供や人のマッチングを行う、など。目的に対して体験を再定義するような方向性だ。

●第一の観点「要求は何か?」→「要求（プロダクトバックログ）の言語化、整理」
●第二の観点「インターフェースはどうあるべきか?」→「UIの方針決め」
●第三の観点「ビジネスモデルはどうあるべきか?」→「ビジネスモデルの設計」

これらのタスクについての理解を進めよう。(14)

要求の言語化、整理

プロダクトとして何を備えるべきかという要求については、前章で見たようにユーザーの行動フロー(15)ベースで基本となる範囲を取り出すとよい。プロダクトのコンセプトを念頭に、ユーザーストーリーマッピングを行う。先立ってユーザーの状況を掴んでおくか、場合によって想定ユーザーに参加してもらってワークを行う。

取り出された要求は、いきなり開発が始められるような粒度にはなっていない。なので「XとしてYしたい、なぜならZだからだ」レベルの記述から、具体的にどんな機能性が必要なのかを対話だけでたどり着けるというのは現実的ではない。この要求を実現するためにどのような条件を満たせばよいのか、受け入れ条件をプロダクトオーナーがある程度明確にする必要がある。

ビジョンから始まったプロダクトをこうしたいという意思は、段階を経て細分化されて、受け入れ条件にまで込められるというわけだ。プロダクトへのフィードバックを除けば、最も細かいプロダクトオーナーの意思表明と言える。逆に、受け入れ条件の策定にプロダ

(14) 第一の観点、第二の観点に応えるためには、その前提となる想定ユーザーの「体験」の見立てが必要になる。これはユーザーの状況や課題を仮説立て、その検証を行うことで明らかになり、また理想とする体験設計の確からしさを高めることになる。こうした活動は、第5章で解説する仮説検証の範疇となる。
なおこうした体験の見立てについては、仮説検証の活動を担うプロダクトオーナーが最も理解を深めている立ち位置になりやすい。ゆえに、プロダクトオーナーから開発チームや関係者に対して、想定ユーザーの状況や課題感、感情の起伏を説明することが多くなる（つまり、そもそもプロダクトオーナー自身に理解をクローズさせたままにせず、説明しチームに理解してもらうこともその役割のひとつだ

クトオーナーが関与しないとしたら、プロダクトの方向性の舵取りとしてはやや荒いものになる。ゆえに、完成したものが意図と違うため、大量のフィードバックが生じ、プロジェクトの方の舵取りを難しくしかねない。

UIの方針決め

プロダクトのUI（User Interface）についても、プロダクトオーナーは無関係ではいられない。ビジョンをユーザーと共有するためには、プロダクトを手に取ってもらわなければならないし、さらに使いこなしてもらわなければならない。**ユーザーとの身体的な接点としての最前線がUI**だ。ゆえに、UIが担う役割は大きい。いくらビジョンを描き機能を作り込んだとしても、どれほどそこに時間と費用を投じたとしても、ユーザーが使えなければ全く価値は生まれない(16)。

UIの設計自体は、デザイナーが担う。UIの効力を最大化させることに責任を持つのは当然デザイナーだ。一方プロダクトオーナーは、そのUIに触れる最初の存在としてその評価を行う。ユーザビリティの専門家が行うヒューリスティックな評価(17)ではなく、ユーザーとの対話を重ねてきた者として、ユーザーに成り代わって使用感を評価する。もちろんユーザーによる実際の検証を行っていくことにはなるが、プロダクトオーナーが想定ユーザーとしてのフィードバックを出せるかどうかで、プロダクトづくりのスピード感は大きく変わる。

そして、事後的な評価を行うだけではなく、それ以前にUIについての方針を打ち出すべきだ。プロダクトオーナーが擬似的なユーザーとなれるのであれば(18)、事後ではなく先に、

ということだ）。そこで必要になるのは、ストーリー（ユーザーの体験）を語るということであり、こうした語りの手法を「ストーリーテリング」と呼ぶ。

(15) このフローこそ、想定ユーザーの体験の想定である。こうした体験を描けるように、また理想的な体験を構想できるように、プロダクトオーナーはユーザーと直接的、間接的に対話していかなければならない。

(16) プロダクトそのものに価値があり、この価値をユーザーに手渡す、というのではなく、価値はそもそも使った瞬間にユーザー側に生じるものだという捉え方を持っておこう。

(17) 専門家が蓄積してきた経験から得られる原則、つまり経験則からの評価。

(18) そして、そうなれるようにユーザーとのコミュニケーションをプランニングしよう。

どうあるべきかを伝える方が当然速い。方針を定義するとなれば、ＵＩについての知識がある程度必要となる。プロダクトオーナーにその知見がないようであれば、ＵＩへの要求としてデザイナーにどうありたいかを伝えよう。

なお、プロダクトオーナーが想定ユーザーに当てはまらない場合でも、ユーザーインタビューを何十人と重ねれば、ユーザーの行動や考えることについては十分に詳しくなることができ、ユーザーとほぼ同等の存在になれる。プロダクトオーナーは、ユーザーを自分に憑依させて、プロダクトに向き合うようでありたい。

ビジネスモデルの設計

プロダクトを中心においてビジネスサービスを立ち上げるならば、考える観点は常に2つ存在する。ひとつは**ユーザーの観点**。提供するものがユーザーにとって価値があるのかを追い続ける。この観点はここまで幾度となく触れてきた。もうひとつは、**ビジネス（事業）の観点**だ。どのようにして収益を上げるか、その構想をビジネスモデルとして練っていく。対価をユーザーから直接いただくのか、それとも広告で利益を上げるモデルにするのか、それとも蓄積したデータを収益につなげるのか。

ユーザーに課金するにしても、利用都度の課金モデルなのか、毎月対価を払ってもらうサブスクリプションモデルなのか、それともユーザー数や使った分量に応じて費用を計算する従量課金モデルなのか、いくつか選択肢が分かれる。基本機能は無料あるいは低価格にして、上位・高機能を利用する場合は課金額を上げる、段階にもとづくモデルも考えられる。

ビジネスモデルには多くのパターンが存在する。ユーザーが利用前に持つ期待感や実際のサービス利用で得られる価値から、許容できる価格設定と課金体系である必要がある。ビジネスモデルの設計も、ビジネスサービスの提供者としてプロダクトオーナーが担わなければならない場合が多い。

プロダクトを形にするために必要な運用スキルと知識

プロダクトの方向性や仮説づくりは、プロダクトオーナーの主任務になる。これらを軸に、プロダクトを形にしていくために必要な運用スキルと知識がプロダクトオーナーには求められる。具体的には、ソフトウェア開発の基本的な知識、プロダクトバックログの管理方法、受け入れテストの実施とテスト結果の活用、ユーザーテストによるフィードバック取得と継続的な計測、プロジェクトマネジメント、コミュニケーション設計の6つがある[19]。

ソフトウェア開発に関する基本的な知識

まず、「ソフトウェア開発に関する基本的な知識」が挙げられる。プロダクトはウェブブラウザを介して利用するものなのか、スマホのアプリとして提供するものなのか、ハードウェアに組み込むものなのかといった、提供・利用方法によって必要な知識に幅が出る。ただ共通して、ソフトウェアというものはコードを書くという行為を通じて生み出される

(19) 6つのテーマそれぞれが知識体系があったり専門性が問われる領域であったりする。本書では必要性を提示するが、それぞれの知識の獲得、拡張については巻末の参考文献を参照してほしい。

ものなので、ソフトウェアを作るためには設計やテストが欠かせないこと、それからソフトウェアを動かすためには「デプロイ」と呼ばれるサーバ環境への配置が必要であるといった基本的なタスクについて理解しておきたい。これは、ソフトウェアを作るのにどの程度の労力が必要なのか、その感覚を理解するために求められることだ。プロダクトオーナーが出す要求が形になるまでにかかる手間、その量的な感覚を作り手と共有できるかどうかで、チームとの信頼関係は大きく変わる。

プロダクトバックログの管理方法

次に、「プロダクトバックログの管理方法」。プロダクトバックログをどのような手段で管理、運用するのかを決める。管理手段として、何らかのデジタルツールを使うのか、それともホワイトボードや模造紙や付箋などのアナログなツールを使うのか、デジタルならどのツールを選ぶのか。たくさんの選択肢がある。チームと共用するものになるため、プロダクトオーナーの一存ではなく、その利便性についてチームと会話して決める必要がある。

ツールをどのように運用するかは、スプリント開発の流れと開発チーム内のワークフローを踏まえて必要なルールを定める。具体的な運用方法はツールの機能性にも依存するが、基本的に各プロダクトバックログアイテムがどのような状態にあるのか、誰が見てもわかるように運用を決めておく必要がある。具体的には、3つのスロット（アイスボックス、プロダクトバックログ、スプリントバックログ）と、プロダクトバックログアイテムについての4つのステータスを、ツール上でどう表現するかを決める。4つのステータスとは、該当のプロダクトバックログアイテムが着手状態にあるのか、担当開発者の手元で作業を終えている状態（つまりチーム内でレビューを依頼している状態）にあるのか、レビューも終えてスプリントレビューに備えてデモ環境に配備されている状態にあるのか、スプリントレビューで受け入れ可あるいは不可となっている状態にあるのか、である。

もちろん、チームによってステータスをもっと細かく管理したり、あるいは統合している場合もあるだろう。プロダクトバックログアイテムの状態の可視化は、次に何をすればよいかがひと目見てわかるためのものだ。定義したステータスの内容はチーム内できっちり共通理解にする必要がある。プロダクトバックログの管理方法の定義と、運用の定着は、チームでスプリントを運営する際の根幹になる。曖昧な管理や適当な運用をすると、容易に認識齟齬を起こしてしまう。一週間といった短い期間でのスプリント開発の場合、状態の誤認識から生じるムダな待ち時間や重複作業はすぐに成果に影響を与えてしまうだろう。

受け入れテストの実施とテスト結果の活用

3つ目は、「受け入れテストの実施とテスト結果の活用」。受け入れ条件どおりにプロダクトが振る舞うかを確かめるために、受け入れテストを行う。どのようにして受け入れテストを行うか、その方法についてプロダクトオーナーは理解しておく必要がある。

まず、テストケースをどのように洗い出すか、そしてケースの記述はどの程度具体的に行うのか。テストの設計は、専門知識を必要とする領域である。テストケースの洗い出しを、ソフトウェア開発の経験が浅いプロダクトオーナーだけで行うのは無理がある。受け入れ条件を元にした確認すべきパターンの洗い出しを開発チームが行い、その内容を確認するか、その逆でプロダクトオーナーが洗い出したパターンの補完を開発チームで行う必要があるだろう。その際、ケースを表現する記述項目、記述レベルも、開発チームと合わせておく。

そして、テストを実施するにあたっては、実施時の制約と実施環境について開発チームとすりあわせる。制約としては、例えば開発上またはデータの都合から確認できない箇所がある場合もある。環境も、開発チームの作業のための環境、スプリントレビューのためのデモ環境、本番の疑似環境など複数存在する場合があり、受け入れテストはどこで実施・確認すればよいのか、プロダクトの状態（どこまでのプロダクトバックログアイテムを反映しているのかなど）とデータの配備内容について理解を合わせておく必要がある。

テストを完了したら、その詳細な結果[20]をどのような手段で開発チームと共有するか決めておく必要がある。開発チームが進めているスプリント開発を混乱させないように、プロダクトバックログの管理方法を踏まえる。いきなりスプリントバックログに積んでいくとチームが受け止めきれず、何をやるべきか混乱しかねないので、プロダクトバックログの末尾に入れるのか、それともいったんアイスボックスにすべてあげておくのか、チーム内で取り決める。

受け入れテストの結果から得られる観点は2つある。ひとつは、プロダクトオーナーと開発チームの意思疎通がどの程度できているかの評価である。受け入れテストの結果、機能が想定と異なる動きをしているようであれば、開発チームとのコミュニケーションに問題があるということだ。プロダクトとしてどのような振る舞いが望ましいのか、プランニングの段階、またはスプリントの途中ででも、理解を高めるよう会話や言語化が必要であ

(20) バグもあれば、フィードバックもあるだろう。

ろう。

もうひとつ得られる観点として、予見していなかった学びの獲得が挙げられる。受け入れテストとしては合格だが、そのうえでプロダクトとしての振る舞いや利用の流れから違和感を感じる場合がある。こうした違和感はプロダクトを眺めているだけでは感じ取りにくく、プロダクトを触ったり使ってみることで初めて得られる。このプロダクトの手触り感から、想像していたよりももっと良い表現があるという気づき、あるいは想像よりも利用にあたって支障があるという発見につながることがある。これこそ、プロダクトを形にすることで得られる学びだ。チームで理解を共有し、次にどうしていくかを決めよう。

ユーザーテストによるフィードバック取得と継続的な計測

4つ目は、「ユーザーテストによるフィードバック取得と継続的な計測」。受け入れテストがチームや関係者内での検証とすれば、ユーザーテストはテストを通じたユーザーとの対話と言える。対話を通じて、プロダクトに対する利用者としてのフィードバックを得る。このテストをいつどのように行うのか、プロダクトオーナーがリードする必要がある。

実施のタイミングは、プロダクトが完成した後では遅い。スプリントゴールをいくつかクリアしてプロダクトが形になってきたところで、取得したいフィードバックによって実施時期を計画する。そのプロダクトにとってコアとなるような重要な機能性が完成したタイミング、あるいはビジュアルへの評価を得るためにデザインが適用されたタイミング、ユーザーが基本的な行動を滞りなく行えるか検証するために背骨の機能とデザインが完成したタイミング、といった具合にだ。こうした実施はあらかじめ計画として時期を見立てておいて、その準備が遅れないようにしておきたい。

計画づくりの際は、実施方法も検討する。目の前で動かしてもらい、その後インタビューを行うのか。またはプロダクトを配布してユーザーのタイミングで確認してもらい、その後アンケートをもらうのか。ユーザーと直接コミュニケーションする場合は、実施場所、実施手順、インタビュースクリプト、実施後のお礼まで含めて細かく決めておきたい。実施プランが甘いとユーザーにムダな時間を過ごさせてしまう。そうなるとフィードバックもきっちり得られず、プロダクトとしてもムダな行為になりかねない。

ユーザーテストの他に、プロダクトにまつわるデータの計測方法とその評価についてもプロダクトオーナーは知見を備えておきたい。プロダクトが利用されれば様々なデータが取れるようになる。そのデータとその評価は、プロダクトの方向性を決める重要な足がかりになる。

プロジェクトマネジメント

5つ目は、「プロジェクトマネジメント」。ここまでくると、プロダクトオーナーは本当に何もかも備えなければならないのかと途方に暮れるかもしれない。ただ、プロダクトに責任を持つということは、そのために必要なことであればどうにかして担保しなければならないということなのだ。自分で担うこともあれば、他者に頼むこともある。いずれの手段をとるにしても、担保できているかどうかを気にかけるようにしたい。

スクラムのロール定義では、プロジェクトマネージャーという明示的な役割は示されていないが、それはプロダクトづくりにおいてプロジェクトマネジメントという機能が不要であるというわけではない。

プロジェクトはミッション単位に定義する、というのは先に述べたとおりだ。定めたタイムボックスの中で、予算の制約のもと、ミッションをクリアするために必要な作戦を練る。チームのプロダクト開発が可能な限り滞りなく進むよう、既にわかっている課題や起こりうるリスクに先回りして対処し、取り除いておく動きが不可欠になる。理想的には、開発チームが自律的に動いたりプロダクトオーナーと協調的に動いていくことが期待されるところだが、必ずしもチームの練度が整っているとは限らない。この機能を引き受けられる存在がいなければ、プロダクトオーナーがマネジメント観点でのリーダーシップを担う必要性も出てくる。

コミュニケーション設計

最後に、「コミュニケーション設計」が挙げられる。プロダクトに対する要求が齟齬なく開発チームに伝わり、その成果に対するフィードバックも遅滞なく行うといった、プロダクトを介した開発チームとの意思疎通が、可能な限り速く正確に行えるようでありたい。そのために必要なコミュニケーションをプロダクトオーナーが牽引する局面もある。例えば、開発チームのユーザーへの理解が不足しており、要求の解釈がいまひとつ正確ではない場合。いかにして、開発チームにユーザーがどのような思考や振る舞いをするのか理解してもらうか、その手段、方策を練る必要がある。具体的には、ユーザーインタビューやユーザーテストに開発チームも同席してもらうという近道が挙げられる。

また、開発チームへのフィードバックについても、対話だけでは正確に伝わらないという

プロダクトを形にするために必要な運用スキルと知識

プロダクトがどうあるべきかの牽引のために	受け入れテストの実施とテスト結果の活用	ユーザーテストによるフィードバック取得と継続的な計測
チームとの協働のために	プロダクトバックログの管理方法	コミュニケーション設計
プロジェクトを遂行するために	プロジェクトマネジメント	
開発メンバーとの意思疎通のために	ソフトウェア開発の基本的な知識	

図3

であればドキュメントで補完するなど、コミュニケーションの手段を切り替える必要もある。このようにプロダクトオーナーは状況を見定め、適した手段を選び続ける。ゆえに、コミュニケーションの選択肢に幅を持っているようでありたい(21)。

以上、プロダクトオーナーが周囲から期待される職務とそのために必要な知識を挙げてきた(図3)。これらの能力を実践経験も伴ってすべて備えているような人はかなり少ないだろう。ゆえに、**プロダクトオーナーに求められる機能をチームで補完する必要がある。**スクラムの規定では、スクラムチームにはプロダクトオーナーは一人しかいない。プロダクトに関する意思決定について最後の責任を持つ者を一人に定めなけ

(21) とれる手段が対話だけ、ドキュメントだけ、と偏らないようにありたい。

れば、方向性をまとめられないためだ。だが、ここまで見てきた機能性については他のメンバーと分担することができる。

プロダクトオーナーの役割の補完

例えば、プロダクトのコンセプトを仮説立てたり検証する場合には、ユーザーに対する深い理解が求められるが、この理解のためにユーザー体験の観点で調査や分析ができるデザイナーの支援を得るといったことが考えられる。また、ＵＩ方針の策定とそれに適したＵＩ設計をＵＩデザイナーに求めることもできる。

ビジネスモデルの設計や事業収支計画の立案についても、プロダクトマネージャーと分担することができる。ユーザーとの対話やプロダクトの作り込みをプロダクトオーナーが担い、その外側にある事業推進のための活動、例えばビジネスパートナーとの折衝や営業活動をプロダクトマネージャーが担う、という分け方だ。他にも、プロダクトマネージャーが組織とチームの間に立つことで、組織の方針による圧力や雑務からプロダクトづくりを守るという役回りもありえる。

それから、プロジェクトマネジメントについては、プロジェクトマネージャーを明確に置くという選択肢もある。進捗確認だけを行い、プロダクトオーナーに報告するような中間的な役割の必要性は低いが、先に述べたようにチームが直面する障害に先回りして手を打つ役回りは、プロダクトオーナーと分けてもよい。むしろ、プロダクトオーナーはプロダクトの理想をかたちづくるのに振り切って、その要求を現実的なプランに落とし込む役割はプロジェクトマネージャーか開発チームに持たせた方が、エッジの効いたプロダクト

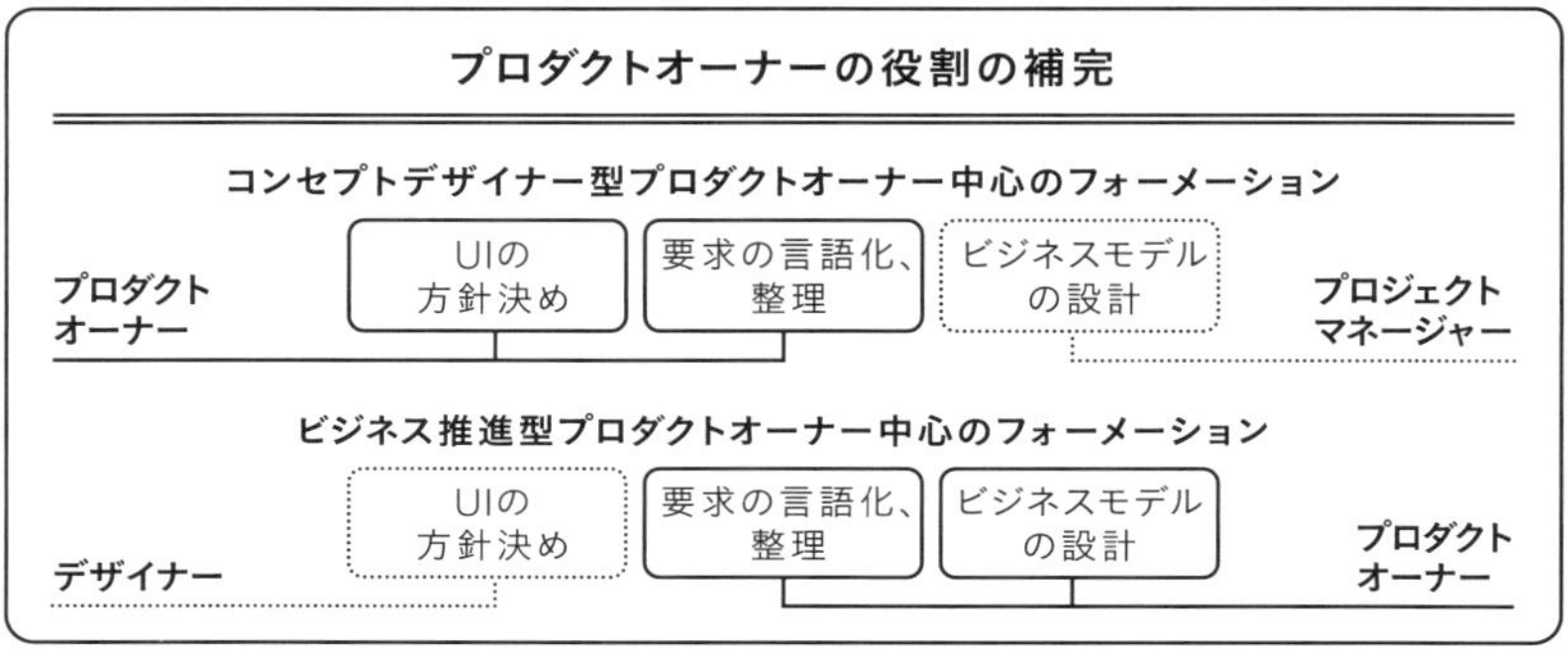

図4

になりうる。プロダクトオーナーが実現方法にも気を砕いてしまうと、コンセプトを表現しきれないぼやけたプロダクトになりかねない。

　また、スクラム自体の運用については、スクラムマスターがいるのであればもちろん委ねるべきであるし、開発チーム内にスクラムの経験があるメンバーがいるようであれば同じくリードを任せたいところだ。スクラムマスターの機能をプロダクトオーナーが持ってしまうと、プロダクトを第一に考えたプロダクト寄りの判断と、チーム寄りの判断とを同時に求められる可能性もあり、混乱しかねない。

　以上を踏まえて、役割の補完は次の2つのパターンが考えられる（**図4**）。ひとつは、コンセプトデザイナー型のプロダクトオーナーを中心として、その他の機能を他のメンバーが持つフォーメーションだ。つまり、ユーザーの理解とそれもとづくコンセプトの設計をプロダクトオーナーが握るパターンである。おそらく、こちらがフォーメーションの形としては多いだろう。もうひとつは、ビジネス推進型のプロダクトオーナーを中心に置くパターンだ。プロダクトオーナーに、ビジネスモデルの設計と実装へのこだわりと必要な経験が備わっているような場合に向いている。こちらのパターンは、ユーザー調査や分析を行えるデザイナーをフォーメーションに加えておきたい。

4-3 チームとプロダクトオーナー間に横たわる2つの境界

プロダクトオーナーがどういう役割でどのような能力が必要なのか、ここまで詳しく見てきた。こうした立ち位置のプロダクトオーナーと開発チームの間には、見えない壁がある。プロダクトオーナーに求められる役割の特異性[22]が、この章の最初で挙げた「ミッションの境界線」を暗黙的に形成してしまうのだ。

ここから先はこの境界線について具体的に捉えていこう。プロダクトオーナーと開発チームの間に、どのような境界がなぜ生まれてしまうのか。両者に生まれる境界の存在が、「間違ったものを正しく作っていく」という状況につながる。この境界は、2つある。

(22) 開発チーム側から見ると、ビジョンやミッションを見定め、プロダクトバックログへの落とし込みを先導するプロダクトオーナーという役割は、明らかに自分たちの果たす役割とは違う、別の世界にいるという印象をもたらす。

「作る」と「作らない」の境界

ひとつは、**「作る」と「作らない」の境界**だ。作る開発チームと、作らないプロダクトオーナーの境。先に書いておくと、「プロダクトを作る」という観点では両者とも「作っている」ことになる。プロダクトという捉え方では、コードを書いてソフトウェアを作るだけでは足りないわけだから、プロダクトが望ましいタイミングでかたちづくられることをマネジメントすることも、プロダクトをユーザーに届けるためにチャネルを見立てて施策を打っていくことも、「作る」に入る。一方で、ソフトウェアを作る、もっと言うとコードを書くか書かないかの観点では、やはり作る／作らないが分かれる。プロダクトオーナーは、多くの場合コードまでは書かない。

境を深める背景1：エンジニアリングへの知識の度合い

作る／作らないの境を深める背景はさらに2つある。ソフトウェアづくりに、エンジニアリングに関する基本的な知識をプロダクトオーナーも備えていてほしいと先に書いたが、この知識の欠如があると、開発チームとのコミュニケーションを決定的に悪くしてしまうのだ。使う言葉、モノづくりの基本的な制約が、前提として理解できていないと、意思決定が噛み合わなくなってしまう。なぜもっと速くできないのか、なぜもっとバグをなくせないのか、なぜ開発チームがそれほど苦労しているのか、わからない。理解が欠如したままプロダクトやプロジェクトについての方針について一方的に決めて進めてしまうと、たちまち開発チームから反発される。

言葉や技術、その制約について細かくプロダクトオーナーが把握するのは困難な場合が多いだろう。すべてをプログラマーと近いレベルで理解する必要はない。ただ、会話が成り立つように、行為に伴う苦労に共感できるよう知識を獲得したい。これは、モノづくりのためのプロトコル（通信規約）を合わせるようなものだ。プロトコルが合ってなければ、情報の送受信ができない。

境を深める背景2：スクラムへの理解の度合い

もうひとつの背景は、スクラムへの理解の度合いだ。プロダクトづくりをスクラムで行うとして、そのフレームワークの理解が合っていなければお互いの振る舞いが噛み合わず、結果的にプロダクト開発に悪影響を及ぼしてしまう。より理想的なやり方をとろうとしてかえって効率を落としてしまうというのは、フレームを利用するうえでは珍しくない。ゆえに、新たな取り組みを行う際には、実験的に始めて、失敗を許容し、そこから理解を深め、経験的な慣れを蓄積していく必要がある。当然時間も相応かかる。しかしそうした段階を設計することなくぶっつけで始めると、プロダクトオーナーも開発チームも混乱していくばかりになる。

スクラムの導入を開発チームのメンバーがリードしているという状況は多い。開発プロセスに対するアンテナは作り手の方が立っている場合が多いからだ。そうした状況では、プロダクトオーナーは、その役割や振る舞いを要請される側になる。経験がなくても従前の立ち位置から「明日からプロダクトオーナーで」という任され方は、その後の苦悩を生むことになる。プロダクトオーナーがスクラムの進行についていけない、どう振る舞えばいいか、どう開発チームとやりとりすればいいかわからない。また、チームには何を求めて、何を約束しなければならないのかもはっきりしない。こうした苦悩をプロダクトオーナーが抱えることはよくある。

プロダクトオーナーは、スクラムの中で一人しか存在しない。抱える苦悩に一人で向き合う状況が多くなる。一方の開発チームも、プロダクトオーナーのあり方がわからない。助言もできない。結果、プロダクトオーナーはますます孤独になる。

また、スクラムの構造上、開発チームとプロダクトオーナーは、プロダクトバックログをコミュニケーションの溝としやすい。プロダクトバックログを生み出し、積み上げ、内容を詳しくしていくことがプロダクトオーナーの役割。それを取り出して作っていくのが開発チームの役割。という役割分担を過度に進めていくと、両者の溝は深くなる。

この溝を越えるために、プロダクトオーナーと開発チームで協働して、プロダクトへの共通理解を育み、それをプロダクトバックログに落として込んでいく活動が求められる。具体的には、これまで見てきた「インセプションデッキ」「ユーザーストーリーマッピング」「プロダクトバックログの受け入れ条件の策定」「受け入れテストの実施」が挙げられる。いずれも、プロダクトオーナーか開発チームの一方だけで推し進められるものではない。両者でこの活動を行うことで、プロダクトのために何が必要で何をしなければならないかという合意形成をしているのだ。

スクラム導入の段階的な設計、そしてチームが協働して行う合意形成の活動、ここまでできていたとしても、まだ境界は残る。間違ったものを正しく作ってしまうもうひとつの境界、それは**アウトプットとアウトカムの境界**だ。

アウトプットとアウトカムの境界

プロダクトづくりには様々なアウトプットが伴う。プロダクトコード、プロダクトバックログ、インクリメント（動作するプロダクト）、テストコードやテストケース、その他ドキュメント。スプリントを通じて期待されるアウトプットが生み出されるよう、スプリントプランニングで計画づくりを行う。そしてスプリントレビューで実際のアウトプットを確認するわけだ。チームを結成して間もない頃は、アウトプットは事前に期待しているほど生み出されないだろう。やがてチームの練度が高まっていくにつれて、基本的にアウトプットは増えていく。

なお、アウトプットとは「出力結果」のことだ。出力結果があるということは、入力、つまりインプットが存在し、それに対する作用、処理、つまりプロセスが働くことで出力結果がもたらされる。アウトプットを期待どおりに調節していくためには、インプットを変えるか、プロセスを変えるかということになる（もちろんその両方もありえる）。チームはスプリント内の活動でインプットやプロセスに対する課題を見つけ、それらに対する修整を加える。こうしたカイゼンを繰り返して、アウトプットへの期待に応えようと動いていくわけだ。

アウトカムとは何か

一方、アウトカムとは何だろうか。アウトプットが出力結果なのに対して、アウトカムとは、アウトプットを用いて得られる**「成果」**を意味する。つまり、生み出されたプロダクトをユーザーに届け、利用してもらい、価値を感じてもらうことだ。ユーザーに有用であると判断されることで、ビジネス的な結果、収益の獲得につながる。

つまり、アウトプットする意味とは、そのアウトプットによってユーザーが有用性を手に入れられるか、さらにビジネス的な結果につなげられるかであり、いずれも得られない場合はその意義が疑わしい。ただただアウトプットし続けること、あるいは大量のアウトプットを生み出すことが、アウトカムにつながるわけではない。アウトカムにつなげるためのアウトプットとは何か？ すなわち何を作ればよいのか？が問われることになる。

いくら開発のやり方を正しくしたところで、間違ったもの（ユーザーにとって価値のないもの）を作っている限りは、その意義は薄い。アウトカムを生み出す正しいものを見定めて作る必要がある。ここで言う「正しさ」とは、絶対的な基準で測れるものではない。ある機能を作れば必ずユーザー数が増える、利用が継続する、といったことを約束できることは、ほぼないに等しい。

置かれている状況や環境を把握し、最も分の良さそうな選択をすることが、私たちにできることだ。想定しているユーザーはどんな思考や行動をとっているのかを踏まえて、機能を検討する。ユーザーの観点だけではない。ビジネスの観点として、費用対効果を想定して実現手段や機能の作る順番を決めなければならない。[23] その状況、環境において考えられる複数の選択肢のうち、最も確からしいものを選び出す必要がある。

(23) プロダクトの提供を持続可能にするためには、ビジネスとしての成果が何らかなければ難しい。

こうした選択肢の整理が「仮説を立てる」という行為であり、何が確からしいのか見立てるために実験することを「検証」と呼ぶ。**仮説は答えではなく、実体としては問いである。**「こういう課題があるのではないか？」その課題はこうしたソリューションで解決できるのではないか？」という問いだ。いずれの仮説も間違えている場合はある。検証活動も必ず正解を見つけられる行為ではない。それでも、何の状況把握にも務めず、適当に機能を片っ端から作っていくわけには当然いかない。仮説を立て、検証し、その結果から学びを得て、次の仮説を立てる。その行為の繰り返しによって、立案する仮説の正確度を高めていくアプローチを、不確実性の高いプロダクトづくりではとっていくべきだ。

越境する

さて、このアウトカムにつなげるためにプロダクトとしてどうあるべきかを構想し、背負うのは、誰になるのか。得てしてアウトプットに責任を持つのが開発チームで、得体の知れないアウトカムへの責任はプロダクトオーナーが背負う、という構図になりやすい。これは、スクラムの中でアウトカムにつなげるためにどのような活動をすべきか、具体的には仮説を立てて検証するという行為をどのように行っていくか、という言語化がないためだ。アウトカムへのアプローチがエアポケットのように欠落してしまっている。ゆえに、その活動をプロダクトオーナーという役割の向こう側に、意図せず押し込んでしまう。

アウトプットとアウトカムの境界は、このようにして生まれる。孤独なプロダクトオーナーは、その押し込みに抗うことができない。当然だが、何の手段も持っていないプロダクトオーナーに押し込んだところで解決にはならない。開発チームが想定するほどプロダクトオーナーは万能ではない。

仮に、この事実を見て見ぬようにしたところで、結果は正直に出てくる。いくらアウトプットを重ねてもアウトカムにつながらない、そんな徒労に自分たちの時間を使いたいだろうか。自分たちの作るプロダクトで誰かの状況を変える、より良い状況を作る、そのために自分たちの技術を、腕を奮う。そうありたくないだろうか。もしそう思うなら、開発チームが次にやるべきことは、越境、つまりプロダクトオーナー側の世界に踏み込むことだ。

作り手として作る理由がわからなければ、わかるまで対話すべきだ。そこにロジックがなく、プロダクトオーナーの適当な判断となってしまっているようならば、本当に開発を進めるべきなのか踏みとどまり、考え直すべきだ。こうした動きを開発チームがとるには、そのミッションの定義からして見直す必要が出てくる可能性がある。開発チームのミッションを「正しく作ること」、プロダクトオーナーのミッションを「正しいものを探すこと」と分けていると、お互いに境界を越えられない。あくまでミッションは共通で、「プロダクトを通じて実現したいことを形にする」になる。そのために、開発チームもプロダクトオーナーも、それぞれの視座を個々の役割レベルからひとつ高く持ち、プロダクトの目的レベル（プロダクトを通じて何を実現しなければならないのか）で自分たちの活動を捉える必要がある。

越境は混沌を呼ぶ

開発チームもプロダクトオーナーも、それぞれの役割を果たしながら、そのうえで越境する。お互いに、プロダクトの目的実現に必要なことへ踏み出していく。しかしこうした越境は、現場の状況を混沌へと近づけることになる。開発チームが「本当にこの機能を作る必要があるのか？　その根拠は何か？」と考えるようになり、プロダクトオーナーが「想定される効果を考えると、この機能はできるだけ作り込みを軽くしたい」と言い出すようになれば、相互にその役割の活動としてどうあるべきかを問うことになる。プロダクトオーナーは、ユーザーの状況理解のための活動をリードすることが求められるようになるし、開発チームは、自分たちの得意言語やアーキテクチャによらず要求を満たすために選択肢を模索することが求められるだろう。

　お互いが越境し、チームとして効果的に動いていくためには、行動指針や意思決定のための共通の**「基準」**が必要になる。基準がなければ、お互いが思いつくままに考え動いているだけで、ただ混沌が深まる一方となる。そうなれば、かえってアウトカムどころかアウトプットさえまともに上がらなくなってしまう。

　基準とは、チームや関係者がその時点で共通の認識として置く**「プロダクトとして何が正しいのか」**という見立てである。つまり、基準自体も、見直され、わかってくることにもとづいてアップデートしていくものになる。こうした基準づくりとそのアップデートの活動を、**「仮説検証」**と呼ぶ。

　間違ったものを正しく作る状況をもたらす、開発チームとプロダクトオーナーの間にある境界の存在。そして、それを越えていくためにはお互いが共通の拠り所とする基準づくりが必要であると本章では結論づけた。次章では、その基準づくりのための活動である「仮説検証」とはどのようなもので、どう進めていくのかについて明らかにしていこう。

まとめ

○プロダクトづくりでチームが直面する2つの壁がある。「アジャイルに作る」という取り組みの困難、そしてプロダクトオーナーと開発チームの間にある暗黙的なミッションの境界線。

○プロダクトオーナーに期待される役割と知識として、「なぜこのプロダクトを作るのか」という方向性の番人、「プロダクトの世界観を実現するために何を備えるのか」という仮説の番人、そして「プロダクトを形にするために必要な運用スキルと知識」がある。

○「なぜこのプロダクトを作るのか」に応え、その実現を導く概念が、ビジョン、ミッション、コンセプトである。

○「プロダクトの世界観を実現するために何を備えるのか」に応える3つの観点：①「要求は何か?」、②「インターフェースはどうあるべきか?」、③「ビジネスモデルはどうあるべきか?」。

◯「プロダクトを形にするために必要な運用スキルと知識」としての6つの領域がある。ソフトウェア開発の基本的な知識、プロダクトバックログの管理方法、受け入れテストの実施とテスト結果の活用、ユーザーテストによるフィードバック取得と継続的な計測、プロジェクトマネジメント、コミュニケーション設計。

◯プロダクトオーナーと開発チームの間の「ミッションの境界線」を形成してしまう2つの境界には、「作る」と「作らない」の境界、アウトプットとアウトカムの境界がある。

◯境界を越えるためには、プロダクトについてのチームとして共通の「基準」が必要となる。基準づくり＝仮説検証について次章で示していく。

第5章

仮説検証型アジャイル開発

——わからないものをわかるようにする

プロダクトオーナーと開発チームが互いの間にある壁を越えてプロダクトを作っていくためには、「プロダクトとして何が正しいのか」というチームとしての基準が必要だ。基準を作り、適宜アップデートしていくために、仮説検証という活動を行うことになる。本章では、仮説検証についてその中身を明らかにしていく。

5-1 ― 自分たちの基準を作る

最初に、本書で言う「基準」とはどういうものを指すのかを示そう。

基準とは、「プロダクトとして何が正しいのか」という見立てについてのチームの共通理解であると前章の最後で述べた。「理解」と表現していることからもわかるように、その実体はそもそも個々人に宿るものだ。ただ、その基準が個々人の中に閉ざされたままではプロダクトづくりとしてままならないため、個々人の中から外へと外在化する必要がある。外に現れた理解をチームで共有し、解釈のブレを少なくしなくてはならない。

外在化するための媒体は様々考えられる。エレベータピッチのようなステートメントもありえるし、ストーリーボードのようなプロダクトの利用シーンをビジュアル的に表現したものもありえる。だが、前者では内容が簡潔すぎるため、機能を想定するまでかなりのステップを要する。ステップが多いということは、それだけ解釈がブレる可能性が高まることにつながる。また、後者の場合は言語にあまり頼らない分、ビジュアルを解釈するうえで人によって幅が生まれてしまう。エレベータピッチもストーリーボードも、プロダクトや利用状況をざっと理解する分には適してはいるが、それらとは別に、必要にして十分な粒度を保つ媒体が必要になるのだ。[1] それが、本章で紹介する**「仮説キャンバス」**である。

仮説キャンバスは、いくつかの観点から仮説を言語化し、その間の整合性を保つように

(1) 粗すぎても役に立たないし、細かすぎても使いづらく応用しにくい。

<table>
<tr><td colspan="3">目的
なぜこの事業をやるのか</td><td colspan="3">ビジョン
顧客にどうなってもらいたいか</td></tr>
<tr><td rowspan="2">実現手段
提案価値を実現する手段</td><td>優位性
自社がやるべき理由になる具体的リソース、状況</td><td rowspan="2">提案価値
顧客にもたらす価値</td><td>顕在課題
顧客が気づいている課題</td><td>代替手段
課題解決のための現状手段と不満</td><td>状況
どのような状況にある顧客が対象か</td></tr>
<tr><td>評価指標
評価の指標と基準値</td><td>潜在課題
顧客が気づいていない課題</td><td>チャネル
顧客に出会うための手段</td><td>(傾向)
(状況にもとづく顧客の傾向)</td></tr>
<tr><td colspan="3">収益モデル
ビジネスモデル</td><td colspan="3">想定する市場規模
対象となる市場と規模</td></tr>
</table>

図1

作られた**一枚絵で仮説の構造を表現しているものだ**(図1)。この仮設キャンバスを中心に置いて、様々な検証手段を用いることで、想定ユーザーの状況、解決すべき課題がわかるような活動を繰り返し行う。本章では、この仮説検証の活動について詳しく解説していく。

プロダクトについての基準をどこに置くか

まず最初に、プロダクトについての基準の置き方について補足をしておこう。基準をどこに置くのかは、2つ考え方がある。ひとつは、既に述べているようにチームで基準を共有するもの。もうひとつは、ただ一人の個人に置かれるもの。後者の場合、特定の一人が基準を担い、独占する。こうした状況の例として、海外のカリスマ的な経営者がよく引き合いに出され、「ユニークなプロダクトは一握りの才能ある人間から生み出されるものであり、その他のメンバーは引き立て役に過ぎない」というような見方をされることが珍しくない。だが、あらゆるプロダクトオーナーに伝説級のカリスマの素養を求めるのはあまりも酷な話だろう。

そのような特別な存在を持ち出さなくても、プロダクトの基準を一人の個人が独占するという状況は少なくない。例えば、経営者がプロダクトづくりに関与する場合はたいてい基準を握ることになる。スタートアップやベンチャーで他に担い手がおらず、経営者自らタクトを振るうことはよくあることだ。また、規模の大きな組織でも、プロダクトの立ち上げを担える人材が限られるため、担当者に大部分の差配を託すことがある。一人の腕力の強いプロダクトオーナーに全体が引っ張られ、意思決定を重ねていく。プロダクトづくりの成否は、その一人の人間に委ねられ、依存する。こうしたあり方には、意思決定のルートがわかりやすくなり、物事の決定自体は速くなるという利点がある一方、確認や判断が集中し、やがてプロダクトオーナーがボトルネックになるということがほぼ間違いなく起こる。

また、プロダクトオーナーの権力が強くなればなるほど、他の人間の意見やアイデアは通りにくくなり、プロジェクトの運営全体がリーダーからの指示にもとづくよう最適化されていくことになる。一人の人間の能力や知見に依存していれば成功が約束されるようなプロダクトとは、経験則の適用が最も効果的となるものであり、新規性には乏しいと言えるだろう。これまでにない体験の提供、価値の提案を行うようなプロダクトでは、リスクを高めることになりかねない。

ゆえに、よほど特別な理由がなければ、プロダクトの基準は**チームで**共有するものにしたい。不確実性をもたらすのが人の多様性ならば、関わる人の経験や能力の幅の広さこそが不確実性に対抗する武器になりうるのだ。プロダクトづくりを一握りの人間に依存しない、いわば**プロダクトづくりの民主化をどのように成り立たせるのか**が、本書のここから先のテーマとなる。

わからないものを減らし、わかったことを増やしていく活動

とはいうものの、いきなり信頼性の高い基準を作ることはできない。現時点でおのおのが把握していることを持ち寄るところから始めることになる。プロダクトオーナーに限らず、チームの誰かがプロダクトのテーマについて相対的に知見を持っている場合はある。だが、これからユーザーに提供したい体験について「こうあるべき」という絶対的な基準を示せるほどのものではないだろう。当のユーザーも含めて、誰も正解を持っていないのだ。そのような状況下では、「何が確かにわかっていて、何が不確かでわからないのか」をまず知ることが最初の一手になる。そして、不確かなことを減らしていく活動、すなわち**仮説検証**を続けていくことになる。

わからないものを減らし、わかったことを増やしていく活動は、あらかじめ筋書きを描くことができない。しかし、自分たちの活動がどこからどこへ向かおうとしているのかを管理する必要は当然ある。そうでなければ、プロダクトづくりはあっという間に迷走を始

める。自分たちの現在地点と方向性を把握するために必要な計画づくりには、2つのタイプがあり、それぞれの計画の立て方が異なる。

開発の計画づくり

ひとつは、開発をどのように行っていくかという「開発の計画づくり」。いつまでにどこにたどり着きたいかというゴールが定められていて、そこに至るまでの道筋を組み上げるためのものだ。(2)

ただし、成果物やタスクを明確に切って積み上げ、その進捗状況をただひたすらに追いかけていくような進め方は、プロダクトづくりでは珍しい方になるだろう。プロダクトづくりでは、その計画は頻繁にアップデートされ、計画づくりも反復的に行われる。確信的なゴールを定められず、作るべき機能性も変わる。それでもプロダクトづくりを前に進めていくための作戦が、第3章で示した余白の戦略やスプリントの強度を高めるやり方だった。

そうした戦略で臨むにしても、ゴールを全く置けないまま開発を進め続けていくのは、ローンチまで辿り着かせる観点ではリスクが高い。不確実性に完全に振り回されるままではなく、ローンチするタイミングを置けるように状況の整理をつけ、意思決定する必要がある。

検証の計画づくり

もうひとつの計画づくりは、わからないことをわかるようにするための「検証計画」に

(2) ここで言う開発の計画づくりとは、スプリントプランニングよりは粒度の大きな計画づくり、リリースプランニング(第2章)や、関係者と共有すべき線表(第3章)のイメージだ。

あたる。こちらの計画には、最終的にたどり着くべきゴールの定義はない。タスクを積み上げて、それらをこなしていけば必ずどこかへたどり着くことを約束するようなものではなく、プロダクトを通じて想定ユーザーのどのような状況を作りたいかというビジョンをまず描くものになる。(3) そして、そのビジョンの実現のために様々なわかっていないこと、例えば想定ユーザーの状況だったり、解決すべき課題の存在であったり、その課題の解決方法だったりを明らかにするための活動を計画する。

プロダクトのための検証は、計画を1回立てれば頭から最後まで必要な理解が得られるというものではなく、何度も計画づくりを行うことになるが、1回ごとの検証において「どのようなタスクをいつ実施するか。そのために必要な準備は何か。誰がそれを行うのか」といった計画を詰めることは不可欠だ。プロダクトの検証を旅になぞらえると、それは探検に似ていると言えるだろう。向かいたい方向(ビジョン)はある。しかし、その過程で何が起きるのかすべてを事前に見通すことはできない。目的地(ゴール)までの明快な地図などない。だからこそ、入念な現在地点の確認(今どこまでわかっているのか)、次にどこまでいくか(次に何を把握しようとするのか)、そのための作戦を立てて、遂行できるようにする。そうでなければ検証活動は曖昧なものになり、時間ばかりが過ぎて何もわかったことが増えていない、ということが容易に起こるだろう。

地図がない以上はコンパスに頼るしかない。検証活動におけるコンパスとは、**現在地点、つまり自分たちの今現在理解していることの全容**(4)と、**そこからビジョンに向かうために見えてくる「次にやること」**(5)だ(図2)。チームが検証活動によって得られる学びがあるから

(3) 逆に言うと、どうなりたいかというビジョンがなければ、どの方角に踏み出せばいいかもはっきりしないだろう。実際そうした状況もありえるが、ビジョン自体を仮説として置いて、検証活動の結果によってその輪郭を捉えていく必要がある。

(4) これを、後述する「仮説キャンバス」でまとめておくことになる。

(5) 次にやることは、本章の終盤で紹介する「検証キャンバス」で捉える。

こそ、「次にやること」は頻繁に変わっていく。学びにもとづいて次の活動を決めるからだ。例えば、想定ユーザーのある状況下での行動を把握するためにユーザーインタビューを実施したとする。10人に聞いてもプロダクトの前提として置けるような安定した結果が得られなかったとする。次にやることは、ペルソナを変えてもう10人にインタビューすることかもしれないし、想定していた行動の仮説はないと判断して別の検証活動を行うことかもしれない。このように、プロダクトの基準づくりは探索的な活動となるのだ。

仮説検証のアンチパターン

仮説検証がいかに拠り所のない活動かわかってきたかと思う。類似のプロダクトがなく、新たな体験を提供しようとするプロダクトづくりになればなるほど、わからないことの方が当然多い。したがって検証活動は、わかることを少しでも増やすために、1回の探索の期間を短くして頻繁に計画づくりを行い、漸進的に進めることになる。あまりにも探索の度合いが強い場合は(6)、そうとわかったときにプロダクトづくりを続行するのかどうかを当然判断しなければならない(7)。このように不確実性の高い状況下での活動では、「わからないから」を枕詞にしてとる行動がアンチパターンである場合がある。いくつか紹介しておこう。

図2

検証活動におけるコンパス

自分たちの今現在理解していることの全容（現在地点）

＋

現在地点からビジョンに向かうために見えてくる「次にやること」

(6) わからないことが多すぎる、次から次へとわからないことが増える、など。

(7) 現在地点とビジョンまでの距離を測れること、つまりプロダクトの可能性について評価ができるようになることも、検証活動による重要な成果と言える。

アンチパターン１：わからないから、とにかく始める

１つ目は、「わからないから、とにかく始める」パターン。まだわかっていないことの方が多い状況では、何をやってもわかることが増えていく。外へ出てインタビューをする、アンケートを取る、エキスパートに会いに行く。外だけではなく、チームや組織の中でディスカッションする、テーマと親和性のあるメンバーへヒアリングする。また、インターネット上で探索するだけでも理解が広がっていく。

こうした活動ひとつひとつに問題はなく、当然のように取り組んでいくべきだが、自分たちの現在地点を把握せずに始めようとするのは推奨できない。何がわかっていないかがわからないまま活動を始め、広げても、自分たちが手に入れた知識がどんな意味があるのか評価することができないからだ。

情報は多ければ多いほど良いというものではない。**情報と知識は違う**。情報とは事実であり、データに過ぎない。それが意味があると識別できてこそ有用な知識になる。獲得した情報の中から自分たちが必要な情報を識別し、取り出すのは、対象が多くなればなるほど当然困難になる。[8]

検証は、最小限の活動で学びが最大となることを指針としたい。そうでなければ、検証活動に果てしなく時間とコストを要してしまうからだ。獲得した情報には、できるかぎりノイズ（結果的に不要で、整理の邪魔にしかならないもの）が混じらないようにしたい。そのためには、ただやみくもに動くのではなく、現時点でわかっていることを踏まえた計画づくりが前提となる。

（8）この意味で、情報も在庫のようなものだ。何かを生産するにあたって、ただやみくもに作り続けることはないだろう。必要以上に作り続けても、ほとんどがムダな在庫になるしかない。知識を得ているつもりで、ムダな情報をせっせと集めているほどプロダクトづくりに余裕はない。

アンチパターン2：わからないから、教科書どおりに進める

2つ目は、「わからないから、教科書どおりに進める」で、「とにかく始める」パターンに近い。インタビューのやり方やアンケートのとり方など、どのように検証活動を行うとよいかについては、世の中に多くの情報が流通している。その教えどおりに進めることが何が悪いのか？と思うかもしれない。どういう準備をいつ誰が行うかの計画づくりだってきっちりやる、と。

だが、いくらやり方が正しく、かつそれを計画的に進めていたとしても、その検証活動で**「何を学ぶつもりなのか」**がなければ、その活動自体の意義は乏しい。何のために検証活動をしているのかわかっていないという点で、このパターンも「とにかく始める」と大差ない。いずれのパターンも、どれだけ検証を重ねても、何ひとつ学びとならない可能性が高い。

必要なのは、情報を獲得する活動自体の精査だ。この検証活動を行うことで何がわかる想定なのか。それによって、次にどんな判断ができるようになるのか。こういった判断の積み重ねによって、プロダクトに対する確信を高めていくことを目指さなければならない。

アンチパターン3：わからないから、唯一わかっていることだけを頼りに進む

3つ目のアンチパターンは、「わからないから、唯一わかっていることだけを頼りに進む」だ。これも一見、当然の判断のように思える。わからないことをわからないままにして判断を重ねるから方向性を誤るのではないか。そんななかで、わかっていることを頼りに進めていくのは当然ではないか。そう思うかもしれない。

この判断で忘れてはならないのは、今わかっていることを前提とした意思決定は、そのわかっている範囲内での判断でしかないということだ。そのことを認識したうえでの意思決定と、その認識が抜け落ちているのでは大きな差がある。今わかっていることとは、偶然先にわかっただけかもしれない。プロダクトづくりに必要な情報のうち、氷山の一角でしかない可能性がある。その一角でもって全体を見通せたとして、意思決定してしまってよいだろうか。今たまたま手にしている一握りの情報で、これから先のプロダクトづくりの前提を作るのはあまりにも無謀だ。

自分たちは**「何がわかっていないかが、わかっていない」**という可能性がある前提に立ってプロダクトづくりに臨みたい。この前提に立てば、常に今見えている以外の仮説はないのか、選択肢はないのか、というアンテナを立たせることができる。初期段階のプロダクトの輪郭を描けるまで、可能性の幅はできる限り広くとって進むようにしよう**(図3)**。

仮説検証の前に行う状況調査(エスノグラフィー)

なお、仮説自体を挙げる前段階として、想定ユーザーに対する情報の収集、状況の把握が必要になることももちろんある。状況やユーザーへの理解が不足しているならば、まずエスノグラフィー調査が必要になるだろう。

「エスノグラフィー」とは文化人類学の調査手法であり、もともとは民族や文化の特徴を詳細に記述する方法のことを言う。実際に現地・現場に赴いて、その状況・生活に立ち入り、行動を共にして、記録を行うことを「参与観察」と呼ぶ。参与観察を通じて得られた

図3

仮説検証のアンチパターン

① わからないから、とにかく始める
② わからないから、教科書どおりに進める
③ わからないから、唯一わかっていることだけを頼りに進む

詳細な記録がエスノグラフィー(民族誌、研究結果)ということになる。

プロダクトづくりにおけるユーザーの調査も、参与観察が可能であるならば対象の状況に身を置いた方がよい。人からただ話を聴くよりも、まとめられた言葉をただ読むよりも、対象者がとる行動の背景を理解できる可能性がある。

ただしこうした活動は仮説検証ではない。実際には、仮説を立てて参与観察に臨むこともあるが、状況を理解するためという目的であれば、それは検証ではなく調査だ。調査によって得られた情報にもとづき、次に最初の仮説を立てることになる。

もし、調査結果から正解を定義してプロダクトバックログを決めてしまったら、何が正しいのか(何が必要なのか)という基準を作らずにプロダクトづくりを始めてしまうのと変わりがない。これでは、なぜ必要なのかが誰もわからないままとなり、作っていく過程で、あるいはユーザーにプロダクトを届け広げていくところで、行き詰まってしまうだろう。

検証によって得られる反応を頼りにする

仮説検証によってプロダクトの基準の信頼性を高めるというと、「正しい回答」を探すことと考えてしまうかもしれないが、本書を通じて繰り返し書いているように、不確実性の高いプロダクトづくりにおいては正解があらかじめ得られるということはない。この前提に立たなければ、意思決定を誤り続けるリスクが高い。

仮説検証で正解を見つけにいこうとするのではなく、自分たちが捉えられていないことを見つけるつもりでいくのがよい。どれだけ多くの人間にインタビューしたとしても、その他の誰にでも通用するような絶対的な正解を得られたと証明することはできないし、そもそもインタビュー相手がどれほど自分自身について正確に捉え言葉にできているかを、他者が限られた時間の中で判断するのは難しい。正しさの精度を高めようとすると、膨大な確認と検証作業が必要となり、現実的ではなくなる。

一方、想定ユーザーである相手がある情報を与えられて、具体的な理由でもって対象のプロダクトを「不要」または「必要性が低い」と判断した場合、その理由から次にやるべきことを捉え、動くことができる。相手の挙げた理由がプロダクトを体験するうえで致命的な問題なのであれば、その解消に動き、改善して再度検証に臨む。想定していた課題感が相手になかった場合、対象セグメントの設定が誤っていると見なし、別のセグメントを想定ユーザーとして置き直して検証を再実施する。本当のところ、解決に値するようなテーマではなかったのであれば、検証およびプロダクトづくりを止めるということになる。

ネガティブな反応の積み重ねから、逆に確からしさを見出す

相手の反応がポジティブだったとしても、実際に利用するその瞬間になるまで本物かどうかはわからないので注意が必要だ。ポジティブな反応が得られた方がかえってプロダクトの調整が進まず、実際にプロダクトが提供されて利用しようとしたその瞬間に決定的な問題がフィードバックされ、手遅れになるという可能性がある。

一方ネガティブな反応は、それに対処し、条件を変えることで結果が変わるのか確かめる動きをすぐにとることができる。この積み重ねで、ある状況に置かれている人々にどのようなプロダクトを提供したら期待できる結果になるのか、絞り込みができるようになる。ポジティブ／ネガティブいずれの反応が得られたとしても、検証自体は1回きりで終わ

りではなく、段階的に行うため、相応の期間を要することになる。たとえインタビューでプロダクトについて想定ユーザーが良好な評価を口にしたとしても、実際に利用し、体験が成り立つまでは相手の想像のことでしかない。ゆえに、どれだけ実際の利用状況と近い検証ができるかが重要となる。とはいえ、いきなり実際の利用体験を提供することはできないため、(9)少しずつ利用体験が実際に近づくようプロトタイプの作り込みを行うことになる。これが、先ほど述べた「検証は段階的になる」という意味だ。

(9) それはもうプロダクトを完成させていることになる。

ここまでをまとめよう。ネガティブな結果、つまり「正しくないこと」の学びを積み重ねていき、そうした正しくないことを「除外」することで、結果的に正しさを残していく。これが、プロダクトづくりにおける仮説検証の戦略となる。すなわち、**「正しくないものを作らない」**だ(図4)。「プロダクトとして何が正しいのか」に対するチームの基準(共通理解)とは、正しいものを見つけようとして見定めるものではない。正しくないものの理解からこそ、その基準の輪郭を浮かび上がらせることができるということだ。次からは、そのための原則を示していこう。

図4

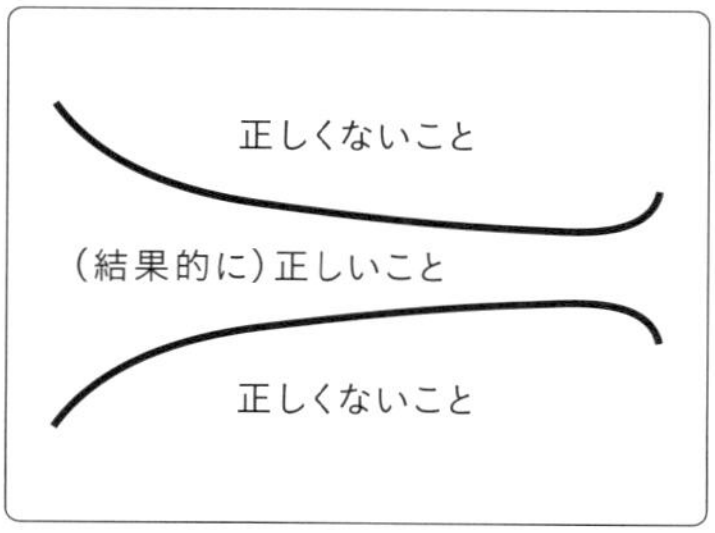

5-2 —— 正しくないものを作らないための原則

「正しくないものを作らない」という戦略の根底にあるのは、意思決定の選択肢には幅があり、初期段階はその幅が最も広く、検証活動などによって間違いを除去しながら幅を狭めていく、という考え方だ。時間の経過とともに選択肢を絞り込む活動を行い、少しずつ探索的に選択の幅を少なくしていく。

なお、こうした考え方を**「セットベース」**と呼ぶ。セットとは「集合」の意味だ。選択肢の集合を保ちながら作り進めていく有り様を表現している。

さて、選択の幅には、大きく分けると**「何のために必要なのか（目的選択の段階）」「実現のために何が必要なのか（実体選択の段階）」「どうやって実現するか（手段選択の段階）」**の3つの段階があり、この順に段階的に選択肢を絞っていくことになる（図5）。

目的選択の段階、実体選択の段階、手段選択の段階

まず第一に、何のためにプロダクトを作るのかという「目的」を探索する段階。この段階では、初期アイデアが人々の問題解決や欲求を充足するものとなるのかどうか、そのコンセプトの検証を行う。

次が、何を作るべきかという「実体」を探索する段階。ここで、数多あるユーザーの要

図5

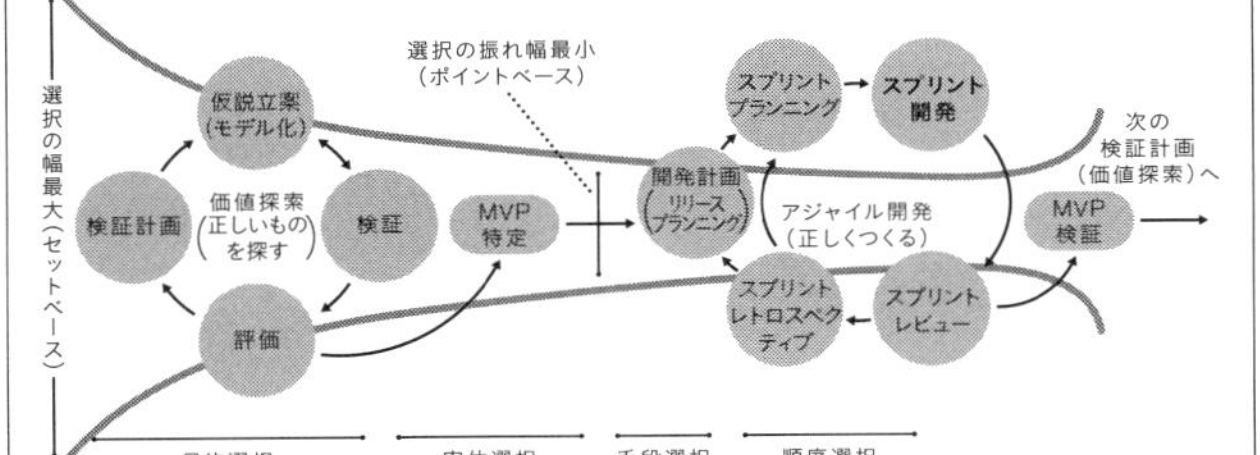

求から最初に取り組むべきものの選択と、そのために必要な機能の定義を行う。また、機能を届けるために適したインターフェースのあり方も決める。(10)目的レベルでのアイデア段階に比べると、扱う対象が詳細でユーザーが理解できるもの・手に触れるものに近づいていくのがわかる。この段階では、コンセプトをプロダクトに仕立てるために、ユーザーにとって有用かつ必要最小限の範囲の機能性を絞り込む。これまで見てきたユーザーストーリーマッピングによる要求の取り出しや、プロダクトバックログの創出、リファインメントの活動によって、この段階の選択肢が絞り込まれていく。

最後が、どうやって実現するかの手段を探索する段階。大きく、機能設計、UIデザイン、データ構造といった3つの観点で必要な選択を行っていく。まず第一に、作るべき機能性をどのように実装するか、プロダクトのアーキテクチャ選択や、設計の方針決めを行う。アーキテクチャ選択には、プロダクトを動作させるインフラストラクチャレイヤで何を利用するかという観点と、その上のアプリケーションのレイヤでの実装のためにどのようなフレームワークを採用するのかという観点がある。いずれも、プロダクト設計上の変更容易性や開発チームのパフォーマンスに大きな影響を与えるため、重要な選択となる。

機能面だけではなく、ユーザーがたどるプロダクトの構造も決める。プロダクトがスマホのアプリにせよ、ブラウザから使うウェブベースのサービスにせよ、機能との接点を作るためにどのようなＵＩで全体を構成するのか、ユーザーの行動フローにもとづいて設計する。ユーザーにとっての入り口は何で、その後どのようにプロダクトのなかを動いていってもらうのか、そのために必要なＵＩとそのつながりをまとめる。こうしたＵＩの全体的な構造を構想せずに、ただプロダクトバックログアイテムを端から作っていくだけで

(10) ユーザーがプロダクトに触れるための媒体（デバイス）を何にするかの構想。スマホなのか、タブレットなのか、ＰＣも利用用途なのか。あるいは全く別のデバイスなのか。ユーザーの体験上、最適となる手段をイメージする。

は、体験の整合性がとれなくなってしまう。

また、データに関する決定も必要だ。作るプロダクトによってはデータの重要性が高く、どのようなデータを生成したいのか、実体選択の段階からデータの構造を定義することになるだろう。人間にとって必要な概念的なデータの構造を実体選択の段階で設計し、それを実現するための物理構造[11]を手段選択の段階で決める、という流れだ[12]。

各段階はそれぞれ前段階の影響を受ける

こうした各段階での意思決定は、それぞれ、その**ひとつ前の段階での決定に特に影響を受ける。**手段の選択であれば、作るものが何か（実体）によって規定されるし、作るべき何か（実体）とは、何のためにプロダクトを作るのかという目的によって決まる。それぞれの選択を補足しておこう。

まず手段選択の段階では、作るうえでの効率性を求めるのか、作った後での変更容易性を重視するのか、ローンチ時の品質を極力高めるのか、といったプロダクトづくりに求める特性によって作り方について選択の幅がある。こうした特性を実現するためのアーキテクチャや開発プロセスを選択しなければならない。

一方、UIに関する選択も、機能（実体）がどういったものかがその前提となる。ユーザーに機能を提供するためには、そもそも認識してもらい、使ってもらえなければならない。想定しているユーザーの情報処理リテラシーに適したわかりやすさ、扱いやすさのデザインが求められる。**「形態は機能に従う[13]」**という古より伝わる言葉のとおり、実現する機能性が形態（UI）の選択肢を絞ることになる。

(11) こちらはプログラムコードがアクセスするために必要な設計だ。

(12) 概念的なデータ構造の捉え方はまずは粗いものになり、その後開発に着手する前に詳細化する。例えば、概念的には「注文」というモデルでざっくり捉えていたデータは、物理構造では「order」と「orderDetail」といった構造で捉え直す、というイメージになる。

(13) 20世紀のシカゴの建築家ルイス・サリヴァンの言葉に由来する。

次に実体選択の段階だが、手段を決める実体の選択とは、実現したいコンセプト（選択された目的）によって決まる。問題解決を可能とする機能を選ばなければ、プロダクトとして成立しない。そして、**コンセプトは人に選ばれる。**対象者が必要とするかどうかによって、コンセプトの価値が評価される。もちろんコンセプトはすべての意思決定に影響を与えるし、最終的な評価は動くプロダクトを体験して決まることにはなる。だが、意思決定上の誤りは各段階においてできるかぎり選択から落としておかなければならない。目的レベルの誤りを手段選択の段階で検出するのはあまりにも「決めすぎて」しまってきたと言える。そこまで費やした時間を取り戻すことはできない。

　こうして、時間の経過を横軸に取り、各段階での選択肢の幅を縦軸で表現すると、二等辺三角形に近いコーンのような形になる。これは、開発者であれば**「不確実性のコーン」**モデル（図6）として知っているかもしれない。不確実性のコーンは、スティーブ・マコネルが『ソフトウェア見積もり』[14]という書籍で提示した概念で、「ソフトウェアに対する規模の見積もりは決まり事が少ない初期の段階ほどばらつきが大きくなる」という考え方だ。見積もりには、その段階での不確実性が大きな影響を与え、幅となって現れてくるので、見積もりの幅の大きさによって不確実性の度合いを表現できると言える。

セットベースを支えるリーンの原則

　正しくないものを作らない戦略の下敷きとした「セットベース」という考え方について、もう少し詳しく見ていこう。セットベースは、「リーン製品開発」と呼ばれる開発手法を支える概念のひとつだ。

図6

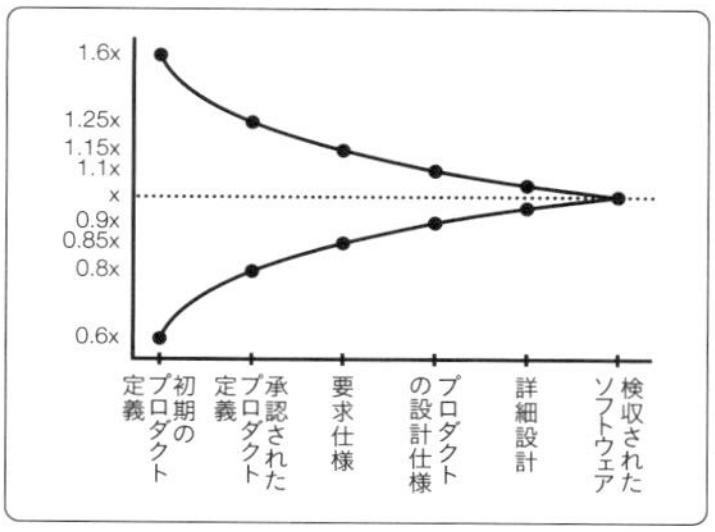

不確実性のコーン（『アジャイルな計画と見積もりづくり』からの引用をもとに作成）

(14)『ソフトウェア見積り』日経BP社、2006年まず最初に、**「リーン」**という言葉を少し整理しておこう。リーンの源流をたどると、「トヨタ生産方式（TPS）」に行き着く。日本の自動車生産手法が海外へと伝播し、リーンという言葉をもらってまた逆輸入されてきているという流れだ。トヨタ生産方式を海外の自動車生産に当てはめたのが「リーン生産方式」。リーン生産方式を自動車産業に限らず広くその考え方を適用しようと抽象度を高めて思考の枠組みとして整理されたのが「リーンシンキング」。このリーンシンキングが製品開発に適用され、「リーン製品開発」に至る。同じく、ソフトウェア開発に適用されたのが「リーンソフトウェア開発」という系譜になる。さらに、この系譜がエリック・リースの「リーンスタートアップ」へと続き、より不確実性の高いプロダクト開発においてもリーンの考え方が活用されるに至っている**（図7）**。

リーンソフトウェア開発は、アジャイル開発と同じ文脈で一緒に語られることが少なくない。しかし実際には、アジャイル開発とリーンソフトウェア開発は別の概念、系譜だ。ただし、TPSやリーンの考え方がXPやスクラムに影響を与えていることもあり、そのコンセプトは近しい。

リーンソフトウェア開発の中心には、次の7つの原則がある。

原則1：ムダをなくす
原則2：品質を作り込む
原則3：知識を作り出す
原則4：決定を遅らせる
原則5：速く提供する

図7

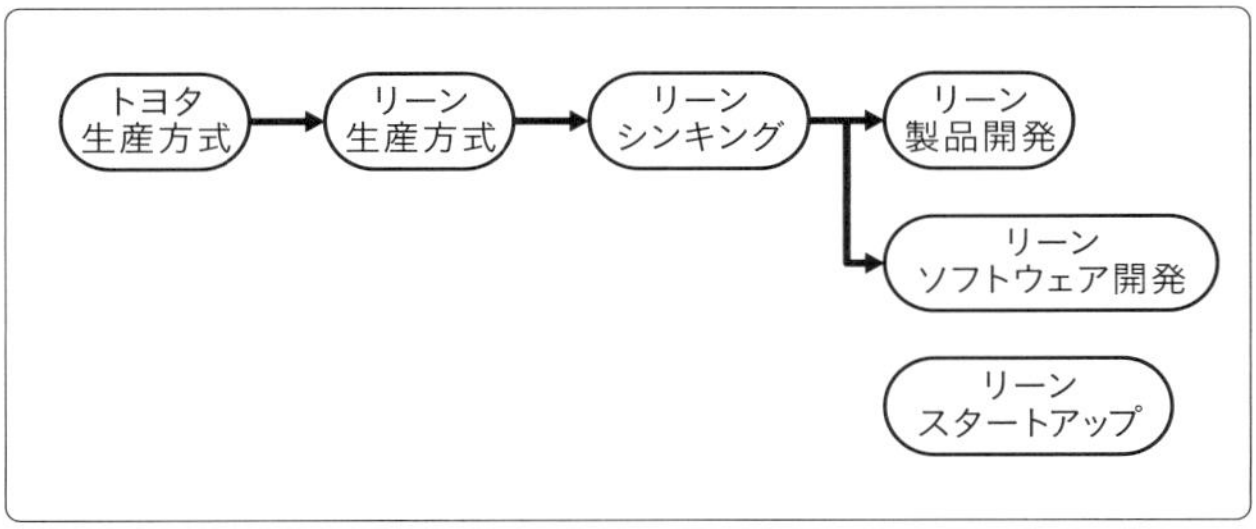

原則6：人を尊重する
原則7：全体を最適化する

これらの原則で、ソフトウェア開発で価値が生み出されるまでの流れを見えるようにして、その流れを滞らせることなく、より速められるようにする。そのためにボトルネックを特定し、解消する。スクラムでも、スプリントという期間を切ることで作りすぎないようにする（ムダをなくす、速く提供する）、レトロスペクティブによってチームの活動を最適化する（全体を最適化する）、といったやり方をとるように、原則に共通性がある。

この原則で、セットベースという考え方も説明することができる。**「意思決定の選択の幅を残しながら作り進める」**というのは、根拠なく作り過ぎないということだ。原則1「ムダをなくす」の適用にあたる。作り手の思い込みによって機能を作り込んでも、ユーザーにとっては必要のないものでしかなく、使われないということがありえる。

また、選択の幅を残しているのは、意思決定を可能な限り引き伸ばすためだ。取り返しのつかない意思決定[15]をしてしまう前に、可能な限り学習を得て最適な意思決定を下すようにする。原則4「決定を遅らせる」を適用しているということになる。

こうした戦略をとると、全体の進行には当然時間がかかる。したがって、選択肢を除外するための検証活動が選択の幅の分必要となる。ゆえに、決定を遅らせる方針を取りながら、その意思決定に必要な状況づくりをできるかぎり速くするという作戦が同時に必要となる。[16]これが、原則5「速く提供する」だ。意思決定のためにユーザーによる検証が必要であれば、ユーザー体験を実現する最小限の範囲の機能性だけ構築する、といった具合だ。

(15) 状況やプロダクトを変更するのに相当なコストを要するような。

(16) このように一つひとつは合意できる内容でも、2つ揃えようとすると矛盾を感じたり、トレードオフしたくなるような事案は様々ある。そこで思考停止したり回避したりするのではなく、両方を受け止めて、それぞれが成り立つような解釈、状況を作り出す行動がとれること。こうしたことが、不確実性の高いプロダクトづくりでは真に求められる。

なお、セットベースとは逆に、選択肢をあらかじめひとつに絞り込み、試行錯誤することなく作り進める考え方もある。これを**「ポイントベース」**と言う（図8）。集合（セット）に対して、選択肢がない一点（ポイント）のみの採用を表現している。セットベースを採用する戦略を紹介しているので、対極のポイントベースは間違った考え方なのかと思うかもしれないが、そういうわけではない。実際のところ、選択の幅を用意する必要がない状況、つまり不確実性が低い状況であれば、ポイントベースで進める方が当然効率的だ。セットベースで進めるということは、ある意味ブレながら進めることを許容するということであり、その分一点突破的に最短距離で進めるよりも時間を要することになる。セットベースとポイントベース、どちらの考え方を採用するのかは、プロダクトづくりの置かれている状況によって異なる。いずれかを決め打ちしてしまうこと自体が、リーンの原則に反すると言えるだろう。

セットベースからやがてMVPを特定する段階へ

不確実性のコーンの絵が示すように、プロダクトづくりの初期段階においては選択肢を十分にとり、セットベースで進める。その後、目的、実体選択の意思決定を経ていくことで、ユーザーに最初に提供すべき範囲のプロダクト、つまり最初に検証すべき範囲のプロダクト（MVP）の輪郭が見えてくることになる。

この範囲が特定された後は、目的、実体レベルでの幅の大きな振れは可能なかぎり起こさずに進めるようにしたい。[17] これは手段レベルにも当てはまる。ただし、プロダクト上の導線設計やデータのあり方など、詳細を作り進めることで全体への影響を及ぼす変更が発

図8

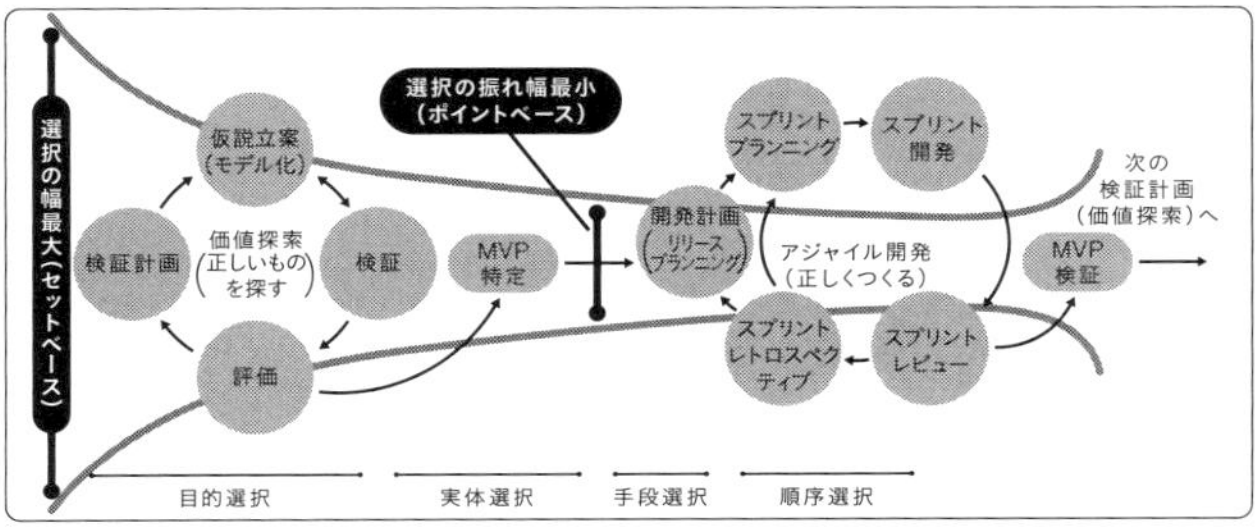

生することはありうる。余白の戦略である程度受け入れ可能ではあるが、度を過ぎると適応できなくなる。ゆえに、変更リスクの可能性が高いと考えられる部分についてはできるかぎり早めに意思決定できるよう実験（試作）をしたり、何から取り掛かるかの先後の順番(18)を工夫する。

最初は選択肢をあえて並べて、ＭＶＰ特定後は振れを抑えるようにする。(19) 後者の方針はポイントベース的であると言える。スプリントを重ねながらも目的レベルの方向性を変えるとなると、プロダクトづくりには相当大きな影響を与えることになる。それもプロダクトが形になってきたために判断できたことではあるので、学びにもとづく意思決定とは言えるが、プロダクトづくりが混沌へと振れるのは間違いない。なお、こうした目的レベルの方向転換を「ピボット」と呼ぶ。リーンスタートアップが提示する概念で、プロダクト開発のうえで時に必要になる意思決定だ。

探索＋アジャイル開発＝仮説検証型アジャイル開発

ＭＶＰの範囲を特定するのは、セットベースからポイントベースへの切り替わるタイミングになるわけだが、これはプロダクト開発について事業としての意思決定を行う節目でもある。具体的には、いくら投じるかの予算と、いつ頃までにプロダクトの準備を終えるのかという時期感を定める。

逆に言うと、予算を決める、時期感を決めるために、作る範囲を決める必要があり、その規模のあたりをつける必要があるわけだ。ソフトウェアとして作るべきＭＶＰの範囲を特定できないうちは、何を作るべきか、また想定するユーザーが求めるものは何かの探索

(17) これは「変更しないようにする」ということではない。プロダクトづくりを進めるどの局面においても「変更につながる学び」が得られたところで、その検討をすべきだ。このように、事実にもとづく判断ではなく、プロダクトづくりとは別のところでの根拠のない判断（思いつき）に左右されないように、先手を打ったり回避するようありたい。このあたりは第６章の「却下の失敗」「採用の失敗」という概念で説明する。

(18) 変更の可能性が高く、それでいてユーザー体験上重要ではないと見なされるものは、作る順番を後方に置いたり。リーン原則４：決定を遅らせる、だ。

(19) 実際のところ、作り進め形にしていくことで、作る範囲の変更は発生する。ここでもチームは選択をしていることになる。範囲の変更とは、何をいつ作るかの順序の選択だ。新たに優先度を高めたいプロダクトバックログを順序として上位に

を続ける必要がある。

この探索が**「ユーザーに体験してもらわないとこれ以上の検証はできない（検証してもわかることが増えない）」**という壁に当たり、なおかつ**「その検証のためにはソフトウェアを作る必要がある」**という判断に達したとき、初めてＭＶＰの開発を行うことになる。

わからないことをわかるようにしていく仮説検証という探索と、わかったことにもとづいてプロダクトをアジャイルに作る開発、２つの局面が存在することになる。この全体像**（図9）**を指して、本書では**「仮説検証型アジャイル開発」**と呼ぶ。

持ってくるのであれば、その分何かを遅らせる必要が出てくる。その意思決定を適宜繰り返し行い、変更に適応していく。

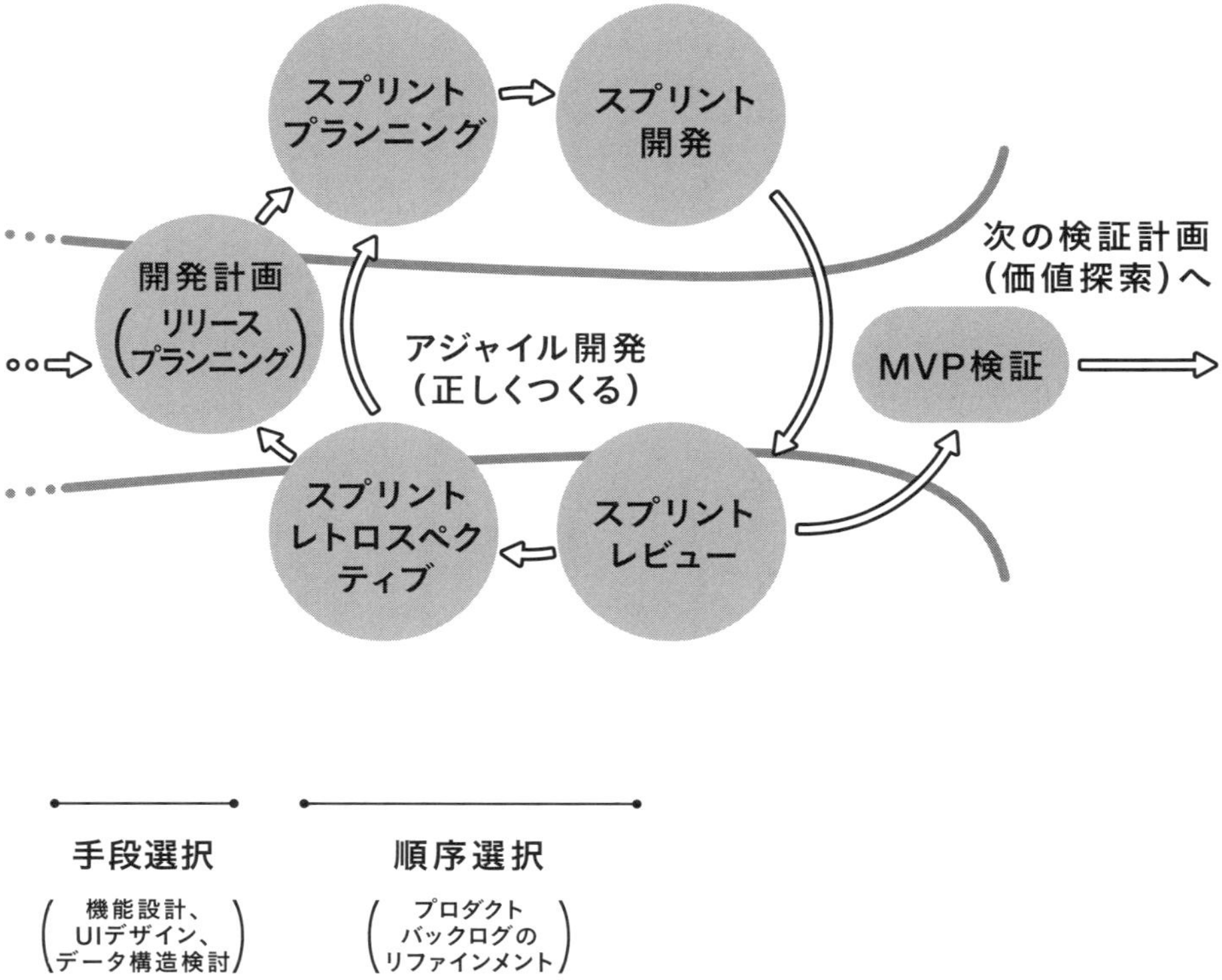
スプリント
プランニング
スプリント
開発
次の検証計画
(価値探索)へ
開発計画
(リリース
プランニング)
アジャイル開発
(正しくつくる)
MVP検証
スプリント
レトロスペク
ティブ
スプリント
レビュー
手段選択
(機能設計、
UIデザイン、
データ構造検討)
順序選択
(プロダクト
バックログの
リファインメント)

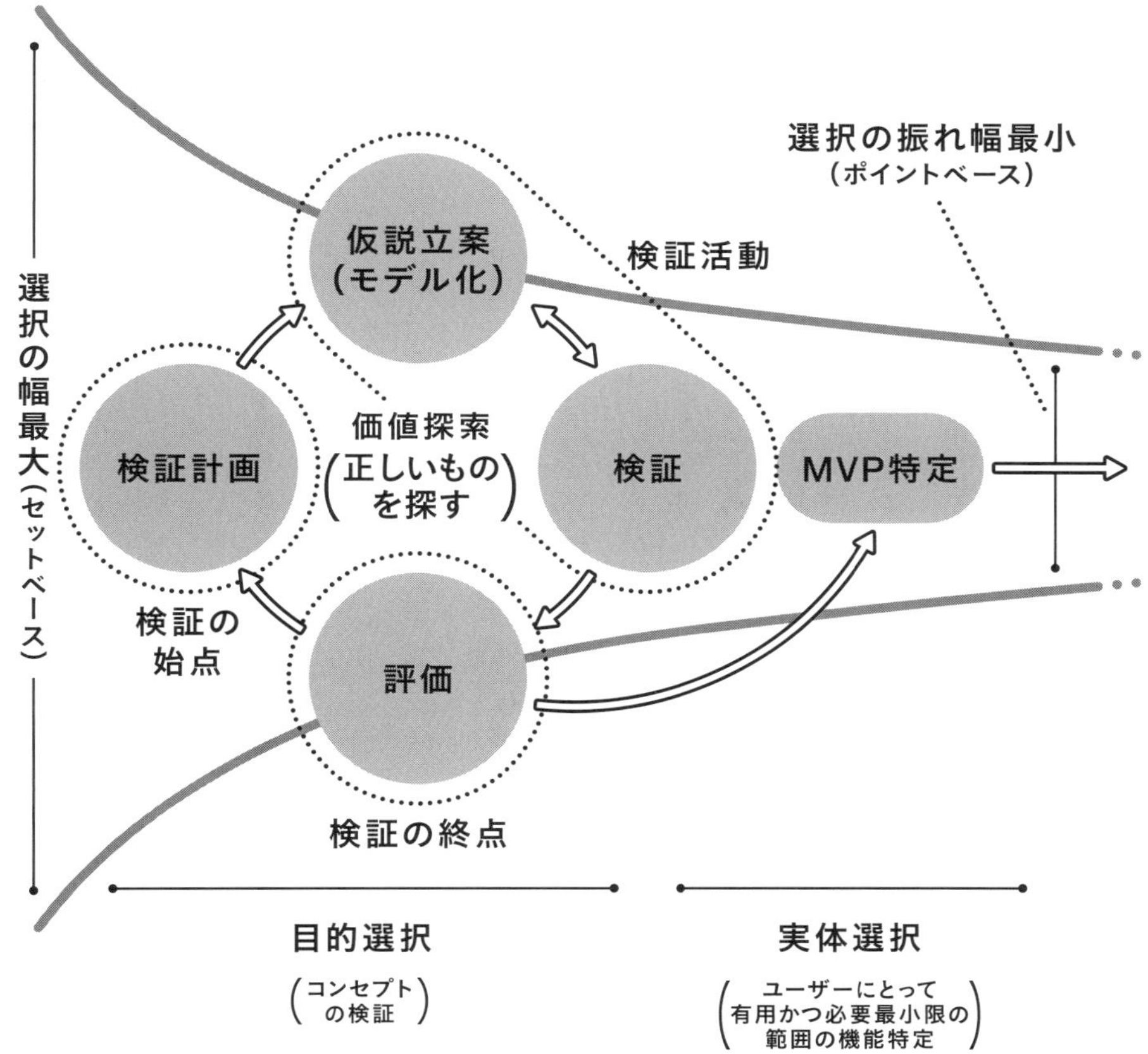
選択の振れ幅最小
（ポイントベース）
仮説立案
（モデル化）
検証活動
選択の幅最大（セットベース）
価値探索
（正しいものを探す）
検証計画
検証
MVP特定
検証の始点
評価
検証の終点
目的選択
（コンセプトの検証）
実体選択
（ユーザーにとって有用かつ必要最小限の範囲の機能特定）

図9

5-3 仮説検証型アジャイル開発における価値探索

ここからは、どのようにして仮説検証を実践するのかを示していく。**「仮説検証」**といっても、その言葉が指す内容は人や文脈によってさまざまあるため、特にＭＶＰの範囲を決めてプロダクト開発とつなげていく検証活動のことを、本書では**「価値探索」**と呼称する。何がユーザーにとって価値と仮説立てられるのかの検証とは、筋書きのない旅、あるいは探検のようなものになる。ゆえに「価値探索」と呼びたい。

モデル化と検証の繰り返し

価値探索の基本は、**モデル化とその検証の繰り返し**になる。「モデル化」とは、わかっていることの棚卸、つまり整理し図式化・言語化する活動である。(20) 検証活動によって得られた一つひとつの事実をもとに、対象者やその状況に共通して適用が可能と考えられる仮説を立てる。仮説を立てる際には、初期の頃ほど類推を用いて事実の補完を行うことが多いため、検証とセットになる。

そしてそのモデルを「検証」することで、新たにわかることが増える。この理解をもとに、またモデルを組み立て直す。これを繰り返しながら、少しずつわかっている領域を増やし、プロダクトのコンセプトの的確度を高めていく。(21)

(20) 仮説キャンバス、カスタマージャーニーマップ、プロトタイプなど、モデルにも選択肢があり、具体的な例示と説明を本章後半で行う。

(21) ユーザーにとって必要かどうかの適格さの度合い。

モデル化のパターンは1つに限らず、複数の方法を用いる。これは、仮説検証の対象に対してさまざまな角度からライトを当てるようなものだ。ライトを当てたところはよく見えるようになり、わかることが増える。どのような角度から照らすとよりわかることが増えるか、この角度がモデル化の選択肢だ。当然、ライトの当て方を複数使えるようになっていると、検証活動は効率的かつ効果的になる。

ライトを当てると、今までわからなかった細部が見えるようになる。もっと言うと、見え過ぎてしまう。ライトが当たっていない部分は逆に影ができて見えにくくなる。これは、検証によって得られるわかりやすい結果1つで勢いすべてを判断しようとする力学が働いてしまうことを意味する。

検証を進めていくと、何人に話を聞いても、イメージを伝えるビジュアル資料を見せても、動作の限定的なプロトタイプを触ってもらっても、新しい理解がほぼ増えない段階に達する。検証を行うコストに対して得られることが少なくなるところ[22]が、次の段階の検証に移る時期だ。想定ユーザーに、よりリアルな体験を提供する検証へと移行する。

検証の始点、検証活動、検証の終点

価値探索の活動プランは、**「検証の始点」「検証活動」「検証の終点」**の3つに分けて組み立てる。

まず、検証の始点では、初期仮説の立案を行う。価値探索とは、終わりをあらかじめ決められないプロジェクトのようなものだ。だが、プロジェクトではあるゆえに、始まりの段階で何をするかは重要だ。繰り返し述べてきたように、自分たちがどこまでわかってい

(22) 検証のコストパフォーマンスが落ちてくるところ。

て、どこからはわかっていないのかを把握するために、初期仮説の立案は必ず行うべきだ。

この初期仮説の内容に応じて、次の検証活動のプランを組み立てる。どの程度仮説が練れているか（わかっていることにもとづいて組み立てられているか）によって、検証手段を決める。例えば、既に想定ユーザーにヒアリングを実施しており、ある程度声が集まっているようであれば、次に行う検証では言葉だけではなくイメージをユーザーに伝えたうえでの反応を得るようにしよう、という判断をする。プロダクトのイメージを想起しやすい手段を検討し、その準備を行う。逆にあまりにもわからないことが多いようであれば、検証の前に理解を増やすための調査を行うことになる。

仮説検証の発散と収束

このように、検証の始点では、初期仮説立案と、それにもとづく検証活動の組み立てまでを行い、関係者とプランの合意を行う。検証活動も、少なくとも2回は実施することをあらかじめ想定しておく。2回になるのは、発散と収束という2つの観点を織り込むためだ。最初の検証では、より事実を広く集める方に重きを置いた活動にする。モデル化を挟んで、2回目の検証活動では、確認や裏付けにより重きを置く。

仮説検証における発散とは、想定ユーザーの状況をより深く知り、課題を拾い集めることだ。そして、拾い集めた課題から、対象者の最も切実な課題、つまり最も解決を望んでいる課題を仮説立てる。一方、収束とは、検出した課題の仮説に対して適したソリューション（解決策）を特定することだ。ソリューションが特定できなければ、ＭＶＰの範囲を決めることができない。ポイントベースへとつながる意味から、探索活動としては収束にあたる。

課題仮説とソリューション仮説

このように、「仮説」と一口に言っても複数の分類がある。その仮説が、**想定ユーザーの課題に関する仮説（課題仮説）**を指しているのか、**どのようなソリューションが有効なのかというソリューション仮説**を指しているのかで大きく意味が異なる。

1回目の検証は課題仮説の検証、2回目の検証はソリューション仮説の検証、という組み立てが基本となる。当然だが、課題仮説の検証が1回で終わらなければ複数回実施することになる。「ユーザーインタビューをしたものの、どうもわかったことが少ない。ユーザーのペルソナを間違えていた可能性がある。新たにユーザー像を立て直して再びユーザーインタビューを行う必要がある」といった場合は、課題仮説の検証が続くことになる。

ゆえに、検証活動をあらかじめ何回実施すれば終わる、ということを決めることはできない。検証の始点では、せいぜい最低限2回の検証を実施する想定があるということをプラン上可視化しておく。これだけでも、仮説検証に慣れていない関係者にとっては、これから何を実施することになるのかの理解の助けになる。

PSfitしているか？

さて、複数回の検証活動を経て、価値探索としていずれ検証の終点を迎える。各検証活動を終えたときに、わかったことで再モデル化するわけだが、モデル化した際にまだ検証を行う必要があるかどうか判断を行う。その判断の基準は、少なくともPSfitしているかどうかが挙げられる。**「PSfit (Problem-Solution-Fit)」**とは、解決すべき課題仮説に対してどのソリューション仮説が適しているかという適合度合いのことを言う。検証活動の結果として、PSfitしていると判断できなければ検証活動を追加、もしくは逆にPSunfitが明確に判断できた場合は探索活動を打ち切る。

PSfitしている／していないの判断について絶対的な基準を定義するのは難しい。検証の結果から割合を見て判断する。例えば、ユーザーインタビューを実施して、想定ユーザーに当てはまる10名の被験者のうち、7から8割がソリューションへの好評価を行ったとすればPSfitの期待を高めに持つ。一方、5割程度ではまだ判断はできないし、4割を切るようではまずPSfitの期待を持つことはできない。検証を続けるか探索を打ち切ることになるだろう。

ところで、10人や20人程度の検証で、PSfitを判断してよいのかという疑問が湧いてくるだろう。PSfitのための検証では、あくまで問題解決の構造(課題とソリューション組み合わせ)がどのように成り立つかを判断するために行う。プロダクトが市場に広く受け入れられ、期待するビジネスとなるかどうかは別の検証が必要だ。こちらの判断基準は、PSfitではなくて、**「PMfit (Product-Market-fit)」**と呼ばれる。(23)

検証の終点では、探索の結論として以下の観点での分析整理を行う。

- 課題仮説の定義(結論)
- 課題解決のために必要な機能性の定義

(23) PMfitについては、チャネルを含めた検証が必要となり、これについては後述する。

●機能性を想定ユーザーに届けるためのインターフェースの方針

いずれも、正しくないものを作らない戦略での実体選択、手段選択の意思決定を行う際のインプットになるものだ。

価値探索で最後に整理する機能性は、プロダクトバックログよりももっと粗いものになる。開発可能な粒度ではない。ただし、この情報を元にプロダクトの規模感を、探索を終了した時点で概算レベルで算出しておく（逆に言うと、そのレベルの詳細さは必要である）。検証した結果何が必要かはわかったが、結局それを実現するのに予算的に全く検討もつかないとなると、その先の意思決定ができないためだ。

探索から得られた機能仮説のリストから、ＭＶＰとしてさらに絞り込みを行うか判断することになるだろう。探索に続いて、実体選択の段階の意思決定のために、ＭＶＰの範囲特定、開発を開始するための機能の詳細化、より精緻な規模算出を行う。

価値探索の基本的な構造は以上として、次からは価値探索で用いる具体的なプラクティスをとりあげていくことにする。プラクティスは、モデル化のパターンと検証活動のパターンに分けられる。まず、価値探索の基本的な流れに沿って各プラクティスを紹介し、最後にそれ以外のパターンを補足する。

5-4
1回目のモデル化（仮説キャンバス）

最初のモデル化として、検証の始点で必ず作るのが「仮説キャンバス」だ。仮説キャンバスは初期の仮説を立てるために使用するものであり、これを用いて自分たちの現在地点、今何がわかっているのか、そしてその可視化によって逆に何がわかっていないのかを理解する。とはいえ一口に「仮説を立てる」と言っても、どういう観点でどれだけ立てればよいのかわからないものだ。仮説キャンバスの各エリアはまさに向き合うべき観点であり、これに答えていくことで初期段階としては必要十分な仮説を立てられるようになっている。

仮説キャンバスの構造

仮説キャンバスの構造は上中下の3階層になっており（図10）、上段は**「目的」**と**「ビジョン」**。目的はこれから考える事業なり、**「プロダクトを、なぜ、何のために始めるのか？」**という取り組み理由にあたる。一方ビジョンは、事業やプロダクトで対象とする人たちに**「中長期的にどうなってもらいたいか？」**という観点で表現する。中段で掲示される問題解決を繰り返し実施し、積み重ねたときに、対象者たちの世界はどう変わるのか構想する。

中段の右半分で、**「課題（顕在課題、潜在課題）」「代替手段」「チャネル」「状況」**を提示している。状況では、対象者たちが置かれている現在の状況をまとめる。どんな人たちが対象

図10

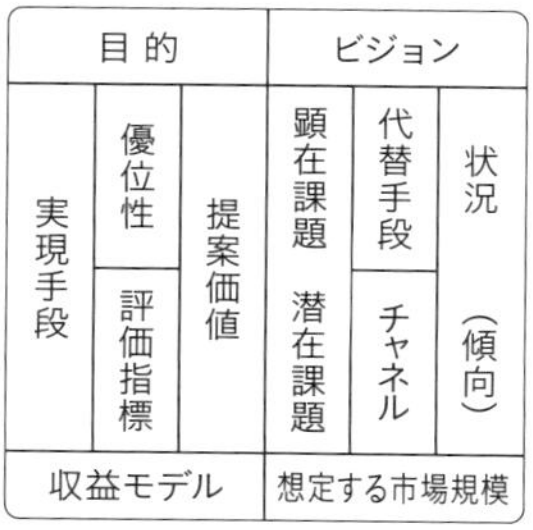

なのか、年齢や性別、地域、職業といった属性を表現するためにあるエリアではない。課題が生まれる背景として、その状況を明らかにするエリアだ。この意味で、属性情報であっても、課題を誘発する要因であると特定できるならば加えてもよい。また、想定対象者のイメージを関係者間で共通の理解とするためにあえて属性例を挙げることもある。

課題は2つの観点で書き分けるようにする。対象者が既に自ら認識している課題、これを「顕在課題」と捉える。一方、対象者の多くが自分で認識できていない課題、こちらは「潜在課題」とする。顕在課題は明らかになっている課題なため、対象者が何らかの解決行動をとっている場合が多い。この現状の解決行動、解決手段を代替手段のエリアで表現する。もし、何らかのデジタルプロダクトを作るのであれば、同じ課題を扱う競合製品がここに挙げられるだろう。

右半分の最後のエリアはチャネルだ。ここでは、状況エリアで挙げた対象者にどうやって出会うのか、あるいはプロダクトをどうやって認知してもらうのか、その作戦を立てる。チャネルの確保のために投じるマーケティングコストは、プロダクト開発のコストに匹敵したり凌駕する。予算への影響が大きく、チャネルをどのように見立てられるか、つまりコストパフォーマンスの期待できるチャネルが設計できるかが、事業を進捗させるうえで要所となることが多い。

続いて、中段左。**「実現手段」「優位性」「評価指標」「提案価値」**で構成される。仮説キャンバスの中央にあって、課題と対を成しているのが提案価値のエリアだ。提案価値は、課題と同様に仮説キャンバスの主役と言える。課題を踏まえて、対象者をどのような解決状態にするのかを表現する。課題の解決状態ということは、何かが**「できるようになってい**

る」ことが想像される。プロダクトの提供によってできるようになったこととは、対象者に生まれた価値にほかならない。

この提案価値を実現する手段を、実現手段エリアに挙げていく。ここで挙げる内容が、具体的なプロダクトの機能性になる。提案価値をもたらすのは機能だけではないだろう。採用するデバイスや、特徴的なインターフェース、人の手によるサポートなど、提案価値の実現を支える手段は幅広く考えられる。

こうした実現手段の獲得やチャネルの形成、提案価値の実現を後押しすることにつながる、既に保有しているリソースがあれば、優位性に挙げる。プロダクトの機能をただ開発するだけであれば、時間と予算があれば提供者を選ばないだろう。だが、既にある別の自社サービスと連携し、活用することで実現手段の提供が速く実現する、あるいは自社で既に保有しているデータからチャネルの形成がコストを抑えて実現できるというのは、事業を優位に進める自社の独自性と言える。

評価指標には、キャンバスで描いている構想が進捗していることを測るための指標を挙げる。また、その指標が具体的にどのような水準になっていれば企てとして期待どおり進んでいると言えるのか、その基準もあわせて示すようにする。例えば何らかのマッチングサービスであれば、プロダクト上で実現したマッチング回数はトレースする指標になるだろう。その指標が、初期の段階ではどの程度達していたいか、また将来的にどういう水準に達すればビジネスとして成り立つのかまとめる。評価指標は、事業活動におけるスプリントゴールのようなものだ。上段に挙げた目的やビジョンにたどり着くにはいくつかのステージ(24)を乗り越えていくことになるだろう。事業としてどういう状態になっていたいかは、

(24) ユーザーの獲得（Acquisition）や利用を始めてもらうこと（Activation）を重視する段階。ユーザーの利用継続（Retention）を重視する段階。既存ユーザーによる新規ユーザー誘導の発生（Referral）や、収益化（Revenue）を重視する段階。これらの評価指標軸の頭文字を取ってAARRRモデルと呼ぶ。

ステージごとに異なるはずだ。事業活動のゴールを、ステージを踏まえて評価指標に設定し、適宜アップデートしていく。

最後に下段で**「収益モデル」**、**「想定する市場規模」**を表す。収益モデルは具体的なビジネスモデルとそれを実現するために必要なコストを表現するものだ。一回限りの売り切りなのか、あるいはサブスクリプションサービスなのか、という提供の仕方によって、当然収益の弾き方は変わる。そうした売り方の仮説を立て、収益の目論見を立てる。

想定する市場規模は、その言葉のとおりどの程度の市場を対象とした事業なのかを可視化するために記載する。状況に示した対象者たちが紐づく市場セグメントをいくつか挙げて、その規模から事業のポテンシャルを仮説立てる。事業で目指す規模感から、検証活動や実現手段の構築などをどの程度大掛かりに進めるのか判断する。例えば、事業可能性の上限として市場的にそれほどの大きさではないにもかかわらず実現手段の構築に多額の予算を必要とするのは、選択する作戦として間違えていると言える。基本形は以上12のエリアからなる。

仮説キャンバスは「問い」：左半分右半分で答える主語が異なる

キャンバスは、中央線で見ると左右に分かれている。左側は目的、実現手段、優位性、評価指標、提案価値、収益モデル。右側はビジョン、状況、代替手段、チャネル、課題、市場規模。これはつまり、**左側は提供者側の目線に立つエリア**、**右側は対象者側の目線に立つエリア**、と分けられている。左右それぞれ関心事が提供者と対象者で異なるということだ。各エリアを考えるうえで、**主語**がどちらなのかに注意してほしい。「状況」とはあくまで対象者が主語の状況のことであり、実現手段を構築するのは対象者ではなくもちろん提供側だ。左右両者が噛み合うことで、初めて事業が成り立つ(図11)。

さて、これらの12のエリアは、事業を進めるうえで答えるべき**「問い」**にあたる。例えば課題のエリアでは、「どのような課題を解決するのか？」と問われていることになる。事業づくりとは、数多くの問い(顧客はいるのか？　役に立つのか？　どうやって実現するのか？　売れるのか？など)に答えていく活動にほかならない。答えるべき問いは12個では済まない。

ただ、一度に数多くの問い答えられるほどわかっていることは多くはない。想定の回答をただ積み上げているほど時間の余裕もない。ゆえに、仮説キャンバスの提示する12のエリアはあくまで最初に答えるべき問いと捉え、事業検証が進んでいくなかで適宜向き合う問いを広げてほしい。

例えば、事業をより進展させるためにパートナーとのアライアンスを組むべきではないか、という考えが出ることがある。こうした可能性を誘発する問いは、仮説キャンバスには明確に用意されてはいない。PSfitの手応えを感じられたあたりで、仮説キャンバスを思考の上限とせずに問いを拡張することを考えた方がよい。

どこから仮説を立てるべきか？

この12個の問いのうちどこから考え始めるべきだろうか？　仮説キャンバス上では、6つのケースがある。

プロダクトづくりにおいて最も基本的なケースは、「課題」から捉えるものだ。人はなぜプロダクトを利用するのか。何らかのやるべきこと、やりたいことを成し遂げるためだ。

図11

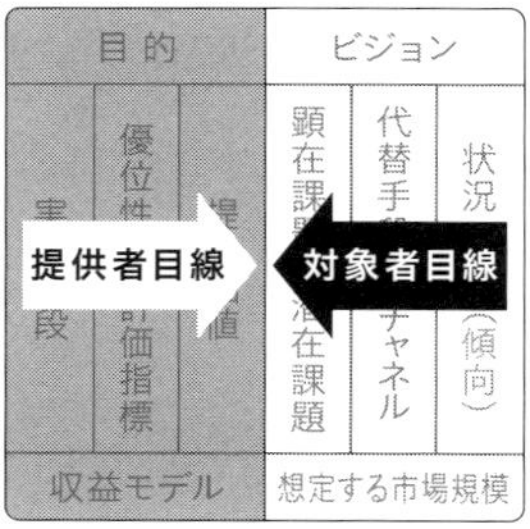

クリステンセンの『ジョブ理論』[25]では、人は何らかの「用事」を片付けるために製品やサービスを「雇う」のだという。ゆえに、成し遂げたい用事（Job To Be Done）に着目して、製品・サービス設計を行う。

課題に着目してプロダクトを構想すると、対象者が誰なのかはその次の関心事になる。対象者を先に決めると、その対象者が抱えている課題が構想のスコープとなる（図12）。プロダクトの構想を広く検討するならば、「状況」（対象者）ではなく「課題」から捉えるべきだろう。そして、この「課題」が最も切実な課題となる「状況」を想定する。その状況に当てはまる人たちが、プロダクトの早期採用者（アーリーアダプター）の候補となるだろう。

2つ目のケースは、その「状況」から考え始めるものだ。例えば、事業として対象としたい顧客が先に決まっている場合がある。既存事業の次の展開として、既存とは異なるセグメントにあたる新たな顧客を開発したいというケース。あるいは逆に、既存顧客に対して新たな価値提案を行いたいというケース。こうした場合は、プロダクトが対象とする「状況」の棚卸から始める（図13）。

3つ目のケースは、「実現手段」からだ（図14）。課題でもなく対象者でもなく、実現手段すなわちプロダクトの機能性から構想を出発するのはプロダクト・アウトの考え方だ。これも既存事業からの展開、組織のトップダウンなどから、先にプロダクトがあり、これをどのように活用するのか？という探索を行うケースは珍しいことではない。そのプロダクトはおそらく組織の何らかの優位性、これまで培ってきた強みを活かしたものであろう。ただし、このケースは探索に苦戦する可能性が高い。課題仮説が立てにくい、あるいは立てられたとしても切実な課題にまでならない、という壁に直面してしまうことがある。既

(25)『ジョブ理論 イノベーションを予測可能にする消費のメカニズム』ハーパーコリンズ・ジャパン、2017年

図12

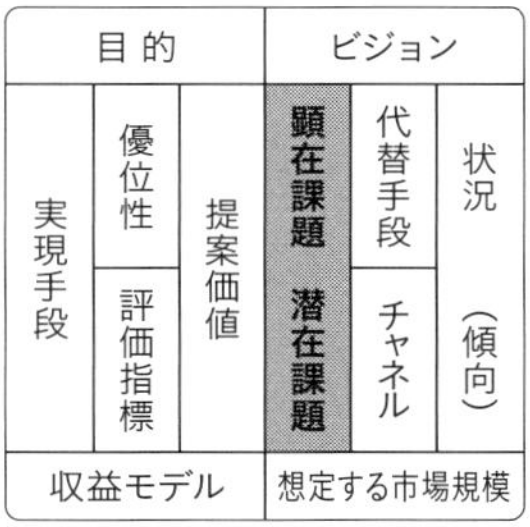

図13

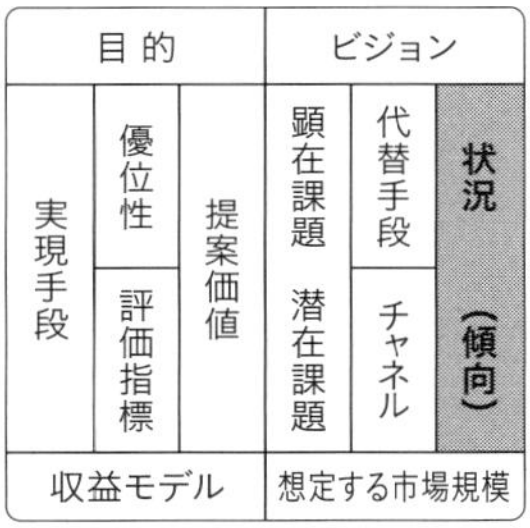

にプロダクトの方向性ができているので、たいていの場合劇的な方向転換は効かせにくく、断崖絶壁（クリフハンガー）[26]に追い込まれて身動きが取れなくなってしまうリスクがある。

４つ目のケースは、「優位性」の棚卸しから始めることだ（図15）。自社組織の強みとは何か、活用できるリソースとは何か、意外と自分たちが気づいていないことも多い。まずはどういうリソースがあるのかを洗い出し、そのリソースがどのような価値につながるのかを構想する。このように、組織のリソースを競争優位につなげる考え方を「リソース・ベースト・ビュー（ＲＢＶ）」と呼ぶ。ゲイリー・ハメルとプラハラードが提唱した「コアコンピタンス」という概念も、ＲＢＶの範疇に入るものである。コアコンピタンスは以下の３つの能力を備えているリソースのことを言う。

- 顧客に何らかの利益をもたらす自社能力
- 競合相手に真似されにくい自社能力
- 複数の商品・市場に推進できる自社能力

こうした能力を備えた自社のコアコンピタンスを特定し、関連がありそうな課題を構想するという流れだ。

５つ目のケースは、「目的」から始めることだ（図16）。２章で紹介したゴールデン・サークルの概念に沿えば、「なぜこの事業またはプロダクトを他ならぬ自分たちが手がけるのか」というWhy（目的）から始めるのはパワフルな構想になりうる。いくら課題解決のロジックが成立していたところで、自分たちが取り組む理由がないと事業を続けることは難し

図14

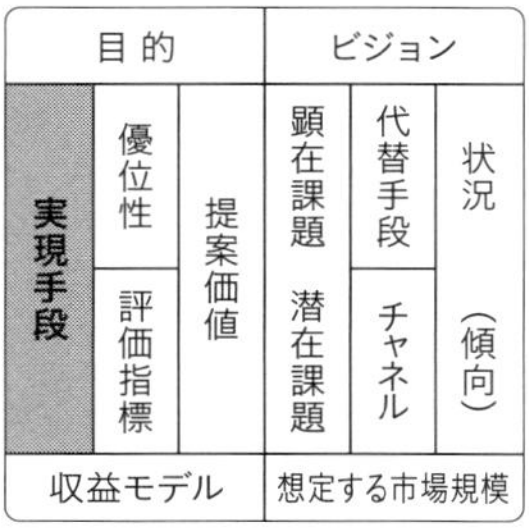

(26)『ストーリーマッピングをはじめよう』ドナ・リシャウ、ＢＮＮ、２０１６年

図15

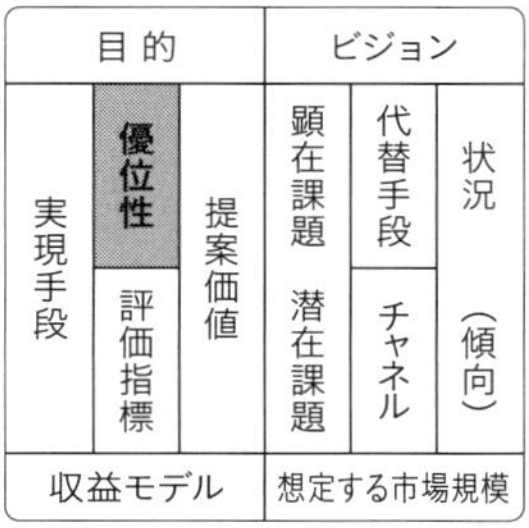

い。事業への動機の度合いは、組織の優先度に影響を与える。すぐ始められそうな表層的な取り組みは、そのまますぐに終えられもするということだ。

最後の6つ目のケースは、「ビジョン」だ(図17)。人の生活をどのように変えたいか、地域や国の状況をより良くしたいなど、向かいたい将来像を先に描くところから始める。関わるチームメンバーの思いを組み込み、合意形成を踏まえた理想像が言語化されているのは、事業づくりの強力な後押しになりうる。一方で、ビジョンの形成には相応の時間を要する可能性がある。じっくりと腰をすえて取り組む覚悟を持った方がよいだろう。

以上、6つのケースはそれぞれ特徴がある一方で、構想の最初の入り口でしかないという見方もできる。入り口は6通りあるが、実際に構想を進めていくと、何が入り口だったか思い出せないくらい行きつ戻りつ、キャンバスのエリア上で思考を巡らせることになる。6つのケースのどれが正解というわけではない。ただし、何らかのデジタルプロダクトがテーマならば、最初に書いたとおり「課題」を入り口として選ぶとやりやすいだろう。

「キャンバス」である2つの意味

事業の仮説を立てるうえで、厚みのある企画書やMECEなリストではなく仮説キャンバスのようなA４一枚程度の面にまとめるのは、２つの意味がある。１つは、すみずみまで一度に視界に収められる点だ。仮説は、他の観点の仮説とのつながりや整合性を見ることが多い。ある「課題」を最も切実な課題としてしてしまう「状況」。ある「状況」の対象者に最もアクセスしやすい「チャネル」。「課題」をどのような解決状態「提案価値」に変

図16

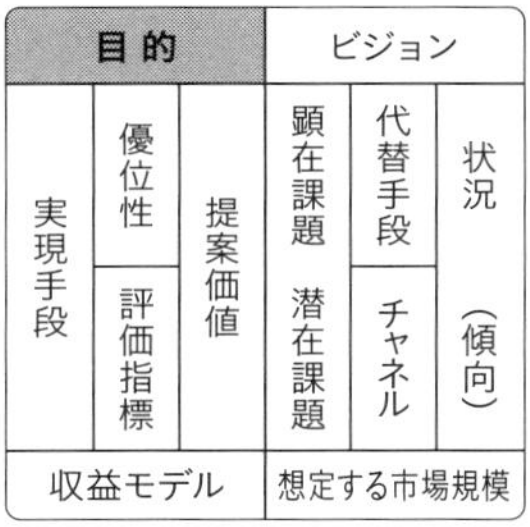

図17

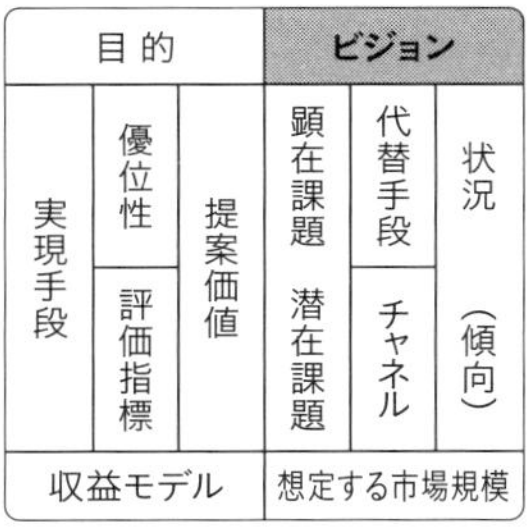

えるのか。課題は挙がっているが提案価値にはない、提案価値はあるが課題にはない、といった関係性になっていても問題はないのか。対象とする「課題」、実現する「提案価値」で自分たちの「目的」は果たせるのか。といった具合に、各エリア間のつながりから構想を発展させる、あるいは整合性に問題がないかをチェックする際に、リストやドキュメントではやりにくい。一度の視界に収まっている方が考えを巡らせやすいはずだ。

もう1つは、その面の狭さにある。いくらでも領域が増やせるリストや紙数を増やせる企画書だと、洗い出しや机上の検討にその分簡単に時間を費やせてしまう。要は思考を打ち切りにくいのだ。仮説は、いくら考えたところで検証しなければ言語化された夢想でしかない。仮説キャンバスはたかだかA４一枚程度の広さでしかないため、そこに記載できることには物理的な限界がある。何もかも書くわけにもいかないし、やたら細かく書けるわけでもない。面の広さが記述を適度な抽象度に上げてくれる。そして、たかだか12のエリアを埋めてしまったら、もう検証へ出る合図となるのだ。

仮説の1本線

仮説キャンバス上で見るべき仮説の構造は、課題－代替手段－不満－提案価値－実現手段という観点がつながっているかどうかで、その構想の筋の良さを判断することができる。これを**「仮説の1本線」**と呼ぶ（図18）。

1本線の始まりは課題仮説だ。顕在課題と潜在課題の両方が挙がっているかをまず見る。顕在課題だけだと構想は表層的になっている場合が多い。わかりきっている課題のため、誰かが既にソリューションを提供している可能性がある。市場に対して競合がいないブ

図18

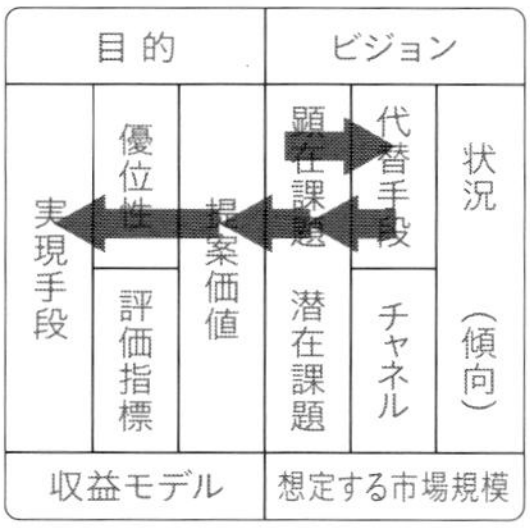

ルー・オーシャン(27)と捉えているのは自分たちだけで、実はレッド・オーシャン(28)になっているのに気づいていないだけ、調査不足なだけなのかもしれない。あるいは、わかりきっているのに課題が残り続けているのは、解決不可能な可能性もある。

潜在課題を仮説立てできると、その事業またはプロダクトの構想には奥行きが出る。まだ誰も解決できていない課題を扱い、市場で先行者優位を確保できる可能性がある。(29)

さて次は代替手段を見る。放置できない課題であればあるほど、現状の代替手段が何らかとられているはずだ。代替手段が挙がっていない場合は、課題の切実さが足りないのではないかと想像する。あるいは現状とれる手段がないということもある。この場合、まだ誰も解決手段を見出せていないかと、解決できない課題に取り組んでいるのではないかという疑いの両面がありえる。

次に、代替手段があるとして、そこに対象者の不満が存在するかが問われる。明確に不満を感じているのであれば、顕在課題に追加する。一方、不満はあるものの、慣習的あるいは環境的に不満の解消を諦めていて、「こういうものだ」という認識に押し込めているのであれば、それを潜在課題の方に挙げておく。いずれも現状の手段に満足しておらず、新しいソリューションの採用に動く可能性がある。

ここまで挙げた課題をどのような解決状態にするのか、提案価値を挙げる。現状の手段に対する不満に対応した提案価値があるか。この不満の解消を捉えていなければ、新しいソリューションへ乗り換えるコストを対象者が払ってくれることを期待するのは難しい。このコストを**「スイッチングコスト」**と呼ぶ。金銭的な費用だけではなく、使い慣れているという惰性を断ち切らなければならないのも、対象者にとっては大きなコストになりう

(27) 競争相手のいない未開拓の市場のこと。『[新版]ブルー・オーシャン戦略　競争のない世界を創造する』W・チャン・キム、ダイヤモンド社、2015年

(28) ブルー・オーシャンの逆で、競争相手がひしめく市場のこと。

(29) ただし、潜在課題は最初は提供者の想像に依るところが大きいこともある。それゆえに検証が必要となるのだが、潜在課題だけに対象者が問題と認識しておらず、検証しづらいことが多い。

る。提案価値には、既存の手段を凌駕する魅力がなければならない。

最後に、提案価値を現実にする実現手段が用意できるかを見る。課題、代替手段、不満、提案価値、実現手段。これらが1本の線でつなげられるかが、立てている仮説の筋の良さを判断する基準となる。仮説の1本線がどこかで途絶えていると、仮説の立案としてはまだ十分とは言えない。

自分たちに適したキャンバスを作る

そろそろ仮説キャンバスの説明を終えよう。最後に、仮説キャンバスがなぜこのような形になっているのかの経緯を踏まえて、その扱いについての注意を述べておく。

価値探索の活動で筆者は、最初はビジネスモデルキャンバスの系譜に連なる**リーンキャンバス**を利用していた。リーンキャンバスを使っているうちに、他にも欲しいエリアや、キャンバスから落としたいエリアが出てきたり、エリアを並び替えたいという要望を持つようになった。そうして独自のキャンバスを定義することになり、さらにアップデートし続けて今の形になっている。

例えば、目的とビジョンという上段のエリアが追加されているのは、中段の課題解決の構造に集中し続けると仮説は明確に具体的になっていくが、だんだんと内容が現実的でニッチなものに変わってしまうことが多かったためだ。結果、ビジネス的に成り立たないところ(要はやっても儲からない)へ行ってしまったり、本当にこういう内容を実現したかったのだっけ?という、最初に掲げた大義がどこかへ行ってしまっていたりした。だから、現実的な課題解決の構造を追いかけながらも、目的やビジョンといったそもそもの理念との整合性を常にとるべく上段を追加している。

また近頃では、状況に**「傾向」**を加えることが多い。ある状況において、多くの人が同じように持ってしまう思考や行動を「傾向」として捉える。ユーザーインタビューを重ねると、別々の人が示し合わせたように同じ行動をとっているという事実に遭遇することがあるが、こうした傾向は、プロダクトの機能性やユーザーへの届け方に大きく影響する。傾向を捉えられていると、そうした意思決定の強力な根拠になりうる。

このように、キャンバスは検証活動を経て、自分が必要と思う形に変えていってほしい。1つの形だけで通用するほど人の世界は簡単ではない。

5-5 ― 1回目の検証（ユーザーインタビュー）

仮説キャンバスで最初のモデル化をした後は、早速その検証を行うことになる。手段は、テーマや仮説の練り具合によって決める。たいていの場合は、想定しているユーザーの反応をまず取りにいくべくユーザーインタビューを行う。ここで挙げる**「ユーザーインタビュー」**とは、仮説キャンバスで挙げた状況に当てはまるインタビューイを複数人集めて、直接的な対話を行う活動を指している。なお、ユーザーインタビューの準備や具体的な実施内容については本書では多くは触れない。こうしたテーマについては既にまとまった情報[30]があるため、そちらを参照してほしい。

ユーザーインタビューによる結果判断

ユーザーインタビューは、仮説キャンバスで立てた仮説の1本線（課題→代替手段→不満→提案価値）が、想定しているユーザー（＝状況）に当てはまるのかどうかを見るための基本的な手段と言える。仮説の1本線が構造として成り立つのか、成り立たない場合はいずれかの仮説を見立て直せば成立するのか、ユーザーの反応から判断する。

また、仮説の1本線自体が成り立たないのではなく、目の前のインタビューイの状況が該当しないということも考えられる。つまり、課題仮説が発生する状況として想定がずれていた場合だ。この場合は、再度想定される状況を仮説立てて、適したインタビューイを選び直し、ユーザーインタビューをやり直す。

こうして、立てた課題仮説が切実な課題として現れる状況を探索する、また状況から課題仮説の方を捉え直すという活動を繰り返し実施し、状況と課題の両サイドを調節していく。インタビューによってわかったことを踏まえて、新たに立てる仮説はもちろん仮説キャンバスに反映させていく。

インタビューを繰り返し実施した結果、課題仮説に当てはまる状況が見出せないという結論に達することはもちろんある。課題仮説についての大きな方向転換が求められる場合、価値探索のプロジェクトとしてそのまま続行すべきかの判断を入れる。

こうしたユーザーインタビューをどの程度行えばよいのか？というのは、段取りの段階

（30）『マーケティング／商品企画のための ユーザーインタビューの教科書』奥泉直子、山崎真湖人、三澤直加、古田一義、伊藤英明／マイナビ出版／2016年

で迷うところだろう。ひとつの目安として、10名程度を1セットとし、1セット終えるたびに次のユーザーインタビューを企画すべきか判断を行うのがよいだろう。1セットこなして、わかったことが少なく、仮説の方向性を決められるほど顕著な反応が見られなかった場合、もう1セット追加して検証を行う。検証すべき状況が複数の場合は、その分ユーザーインタビューを行う。

例えば、ユーザーがマルチサイドで存在する何らかのマッチングサービスなどでは、何かをオファーしたい側とオファーされる側が考えられる。両者ともサービスのユーザーにあたるため、ユーザーインタビューは両者に対して行うことになるだろう。それぞれ1セットずつ行う。

状況と課題仮説が合致するところまで見出せると、その後の流れは作りやすい。課題が存在するならば、それをどのような解決状態にしたいのかは課題自体が教えてくれる。何らかの情報保有についての非対称性が課題につながっているのであれば、その解消が解決状態と言えるだろう。想定ユーザーの不便、不都合、不満、なんらかの「不」を解消し、便利、好都合、満足という解決状態を描く。

問題は、仮説の1本線が成り立つとしても、想定ユーザーがこちらからの課題解決のオファー、提供するサービスの構想を拒否する場合だ。**課題の切実さ**が足りない（課題ではあるが優先度が最も高いわけではない）、あるいは課題解決に払うコスト（費用、時間）が見合わないなど、採用にまではしないという判断がなされる場合がある。この場合、対象状況や課題の見直しも含めて、やはり仮説の立て直しを行うことになる。

ユーザーインタビューの注意点1：判断の根拠を確かめる

ユーザーインタビューの注意点についていくつか触れておきたい（図19）。まず第一に、ユーザーインタビューでは想定ユーザーの声を聴くことが主な活動となるが、ただしこれは相手に正解を語ってもらうことを目的としたものではないということだ。「課題に対して提供するサービスが有効かどうか」という質問は、インタビューイとの会話の中に織り込まれることにはなる。

だが、有効か否かという直接的な言葉を得たところで、その根拠が得られなければ価値ある情報とは言えない。あくまで仮説の1本線が、想定ユーザーから聞き出した状況や行動と照らし合わせて妥当と言えるかどうかの見立てができることの方が意義深い。仮に相手が有効であると回答したとしても、その判断理由が曖昧であったり、仮説の1本線に照らしたときに判断に疑義を感じられるのであれば、PSfitの根拠にその声を数えるのは危うい。

インタビューイのタイプによっては、その場の雰囲気に迎合して、自分のこととしてではなく、想像でインタビュアー側の期待に無意識に応えるように回答してしまう場合が珍しくない。ゆえに、その回答の根拠に、相手の「思う」「感じる」といったその場の判断ではなく、過去の行動や事例をできるだけ挙げてもらうようにする。例えば、あることについて問題に感じていると答えたならば、実際のところ「どういう時に感じるのか？　最近はいつそれを感じたのか？　1ヶ月で考えるとどのくらいの頻度で発生するのか？」など、いわゆる5W1Hに落とし込んだり定量的な表現を求めよう。

図19

ユーザーインタビューの注意点

① 判断の根拠を確かめる
② 同じ質問を繰り返し行う
③ 主語を確かめる
④ 比較による回答を得る
⑤ インタビュー自体の仮説を立てる

ユーザーインタビューの注意点2：同じ質問を繰り返し行う

あえて同じ質問を繰り返すということも行う。これも、その場の流れで答えてしまっている可能性を減らすための工夫だ。言葉の表現だけ変えて、要は同じことを聞いているという質問を、間を置いて聴く。例えばソリューションの説明をして、その直後にまずそのコメントを求めるようにする。その後、ソリューションの個別の機能性について反応を得る質問を複数行い、最後にもう一度ソリューションへの評価を求める。最初のコメントの段階は整ってなくてもよいので、とにかくファーストインプレッションを言葉にしてもらう。2回目は定量的に判断してもらうべく、ファイブフィンガー形式で5点満点での評価とともにその根拠を言語化してもらう、といった具合にだ。

そもそも、インタビューイがこちらの質問を受け止めるのに時間を要することもある。直感的、瞬発的に捉えることと、よく考え、想像したうえで認識、理解することの間には時間的な距離がある。この両方を捉えて、その差分を見るようにしたい。

ユーザーインタビューの注意点3：主語を確かめる

次に、回答を得るときは、その言葉の主語が誰なのかを確かめるようにしたい。インタビューイ自身のこととして最初は回答していても、いつの間にか**「(自分ではない誰かは)こうなんじゃないか」**とすり替わっている場合がある。これは自分自身は質問に当てはまらないが、相手の期待に応えたいために肯定的な回答をするための方便として無意識にとられていることがある。時折、主語をインタビューイ自身に戻すよう相手に促したい。

ユーザーインタビューの注意点4：比較による回答を得る

相手に判断を求める場合、何かと比較してもらう方がインタビューイの回答の精度を高められる可能性が高い。例えば、課題解決の手段としてこちらの提案がどの程度有効なのかは、既存の代替手段や、他の競合手段とひとつずつ比べてもらうことで表現することができる。あるいは複数の課題が挙がったとき、どれが最も解決したいことなのかは、ひとつずつ比べることでより鮮明に特定ができる。絶対的な基準があると想定して判断を迫るより、相対的に比較した方が人は自然な判断ができる。

ユーザーインタビューの注意点5：インタビュー自体の仮説を立てる

インタビューは多くの場合が初見の相手との会話になる。相手との関係性が全く構築されていないところから始めて、1時間程度で質の良い会話に仕立てていくには場数をこなす必要がある。1回のインタビューが終わるたびにふりかえりをして、どういう質問をどんな順番でどんな表情で聴くべきなのか、インタビュー自体の仮説を立て、そのカイゼンを重ねるようにしよう。(31)

(31) インタビューのテクニックは参考文献などをあたってもらいたい。相手が口にした言葉を質問者がそのままおうむ返しに使う「バックトラッキング」、相手の声の調子に質問者もリズムを合わせる「ページング」など、様々な知見がある。

5-6 2回目のモデル化（ユーザー行動フローのモデル化）

ユーザーインタビューを繰り返すことによって、想定ユーザーの状況、行動、思考がかなり理解できるようになる。インタビューの結果を踏まえて、まず仮説キャンバスをアップデートする。

この際、仮説として成り立たなかったもの（棄却すべきもの）も、キャンバス上から消し去るのではなく、**不成立として残す**ようにしよう。どのような仮説を立てていたのか、その軌跡を残しておくことで、後々まで意思決定の情報として参考にするためだ。

動的なフローによるモデル化

さて、価値探索は、モデル化と検証の繰り返しであると述べた。検証を行ったので、次は再びモデル化のターンだ。ユーザーインタビューで得た情報を元にして、**ユーザーの行動フロー**をモデル化する。(32) 仮説キャンバスが構造を表現することに特化した**静的なモデル**なら、ユーザーの行動フローはその言葉のとおり**動的なモデル**となる。

人は常に1つのところにあるのではなく、行動や出来事によって思考や感情が変化し、また次の行動へと変化していくものだ。こうした時系列による変化を仮説キャンバスでは表現しにくい。別途フロー（流れ）として整理し、可視化された流れから仮説を見直したり

(32) 第3章で述べた余白の戦略ー調整の余白で、「実現すべき要求の広さについて想定がつけること」という条件を示した。ここまで第5章を読み進めたことで、過去の経験にのみ依らず、想定ユーザーについての理解を深める流れと方法が掴めたと思う。仮説検証で得られた知識は、プロダクトのためのものではない。一部の関係者のためのものではない。開発者はプロダクトの姿を捉えるために、ここに関与すべきだ。

次の仮説を立てるようにする必要がある。

こういったユーザーの行動フローを表現するにはいくつかの選択肢がある。代表的なものは、カスタマージャーニーマップだ。カスタマージャーニーマップ自体その書き方には幅があるし、その他にもサービスブループリント、先に解説しているユーザーストーリーマッピングもユーザーの行動フローを表現できる。(33)

いずれも共通するのは、左から右にユーザーの行動を洗い出していく点だ。フローは横に長くなる可能性が高いので、ホワイトボードをつなげるか、いっそ壁を使った方がよいだろう。壁に模造紙を貼り出してその上に描いたり、あるいは直接壁に付箋を貼って、フローを作っていく。

この時、フローづくりには複数の視点を持ち込みたい。ユーザーインタビューを複数のインタビュアーで実施していた場合は、それぞれのメンバーに参加してもらいたい。また、プロダクトのテーマや、想定ユーザーについての専門家が存在する場合、同じようにこのワークに参加してもらおう。それぞれの経験、知識から、フローに対する意見やアイデアを出してもらう。例えば、大学生を対象とした求人バイトの検索サービスなどであれば、類似のサービスをこれまで作ったことのある経験者であったり、もっと言うと大学生自身を巻き込んで、想定ユーザーがとる行動について意見を述べてもらう。

参加者の知見を大いに活かすようにしたいが、出てくる内容が妥当かどうか、有効と見るかどうかの判断基準は、ユーザーインタビューで得られた事実を第一と置く。もし、ユーザーインタビューで得てきた内容で判断がつかないような場合は、採択も拒否もせず保留にし、必要に応じて次の検証活動に事実確認の対象として挙げるようにする。

(33) 少しややこしいが、ユーザーストーリーマッピングとは別に、ストーリーマッピングという手法もある。

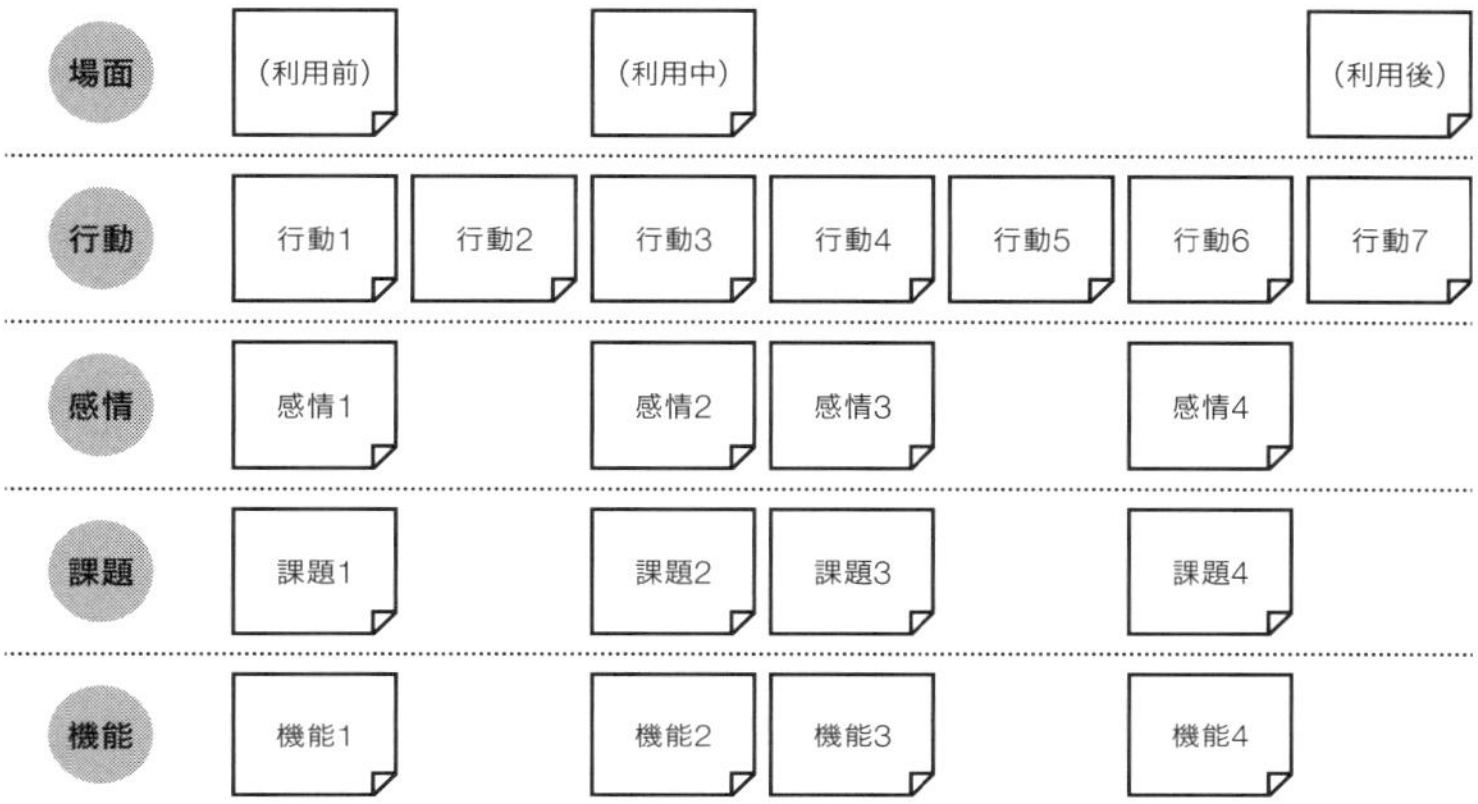

図20

ユーザー行動フローの描き方

ユーザーの行動フロー（図20）を描く手順は2通りある。ソリューションを適用する前の現状のフロー（AsIs）を描いてからソリューション適用後のフローを見立てるか、いきなり新しいソリューションありきでフロー（ToBe）を描くかである。前者は、適用前後でフロー自体が大きく変わらない場合、ソリューションによってフローを部分的にアップデートするような場合、またユーザーの現状行動の理解に不安がある場合などに採用するとよいだろう。後者はその逆の場合に、または新たなソリューションを構想するのに既存の行動に引っ張られたくない場合に選択する。

行動フローを構成する要素は、利用するツールによって幅がある。基本軸はユーザーの行動であるが、これを導きやすいように場面を先に出してもよい。具体的には、ソリューションの利用前、利用中、利用後といった観点を置いてから、行動を挙げていくようにする。
利用前の場面では、どのようにして想定ユーザーが新たなソリューションに出会うことになるのかを見立てる。利用中では、もちろんソリューションをどのように扱っていくのかが行動に現れる。次に利用後の場面とは、ソリューションの利用をいったん終えて、想定ユーザーがソリューションから離れた後の段階である。この場面では、ソリューションの利用をリピートしてもらうために、どのような行動をとってもらうのかを考える。

丁寧にフローを表すならば、行動に伴って発生する感情も挙げる。感情の可視化は、その次に挙げる課題の重み（どのくらい解決したい課題なのか？）を理解する助けとなる。行動に対してネガティブな感情が伴うなら、解決したい課題として優先度が高くなる可能性がある。また、感情を可視化しておくようにすると、ソリューションによってそれがどのように変遷するかシミュレートでき、ソリューションの有用性をチェックできる。

次に、行動や感情を踏まえて課題を洗い出す。洗い終えたら、仮説キャンバスに挙げている課題仮説がフロー上に登場するか確認しておく。肝心の課題が挙がっていなければ、フローとしてはまだ完成度が低いと見ることができる。あるいは逆に、フロー上で「課題が出てこない」ということが仮説キャンバスへのフィードバックにもなりうる。仮説の立て方に誤りがあった可能性もある。

最後に、課題に対してソリューションが持つ機能性をマッピングしていく。仮説キャンバス上の実現手段エリアで、ある程度機能性を想定しているはずだ。課題に対して有効と考えられる機能性を対応づけしていく。課題仮説のチェック同様、このマッピングでも、もしフローに出てこない機能性があった場合は、本当に必要なのか検討する。

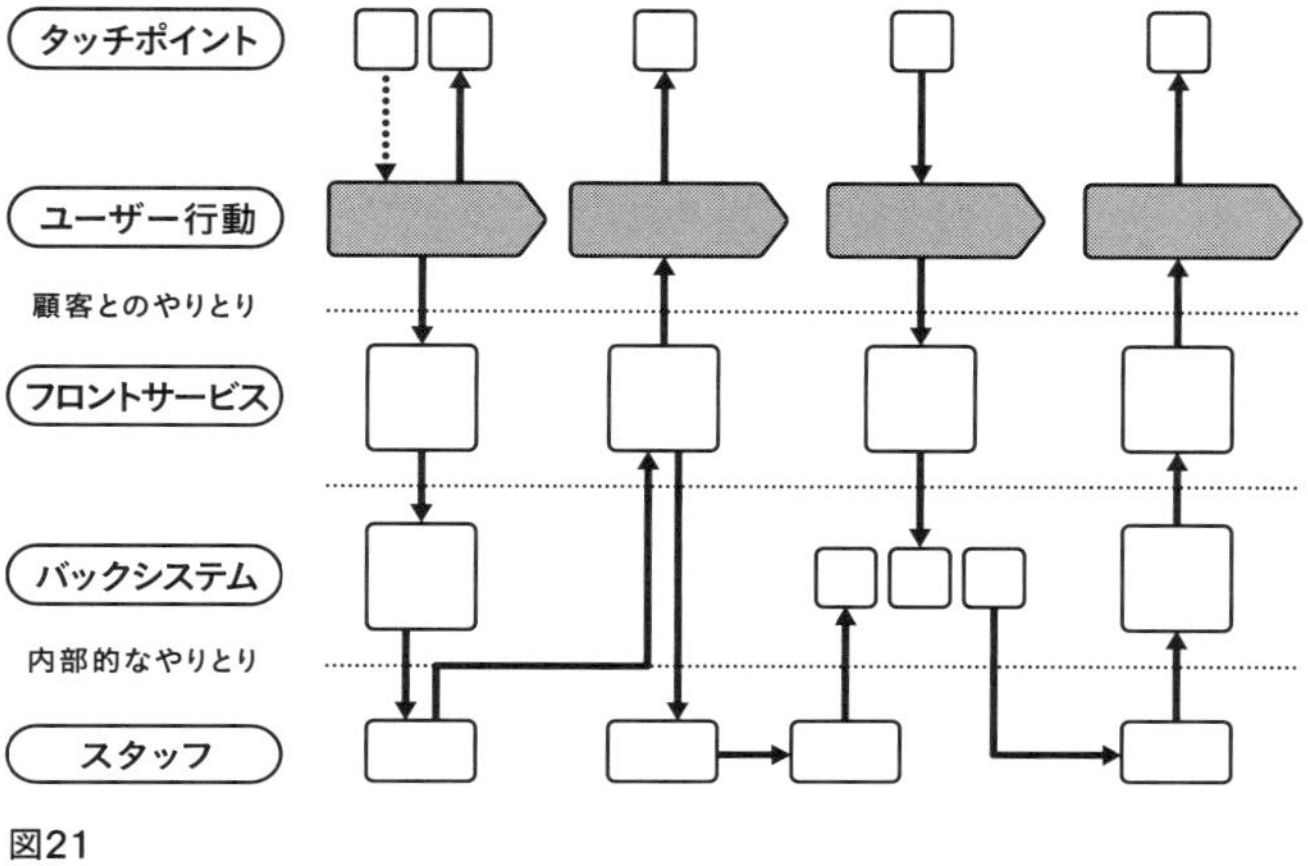

図21

このように、フローという動的なモデルを作ることによって新たにわかることが出てくることもあるし、静的なモデルのアップデートにもつながる。課題解決のあり方を正しく捉えるために、構造（仮説キャンバス）と流れ（ユーザーの行動フロー）の両方の観点を用いたい。

複数あるユーザー行動フローの使い分け

なお、いくつかあるマップの使い分けにも触れておこう。**サービスブループリント**（図21）は、ユーザーに見える領域だけではなく、それを支える裏方部分も可視化するモデルだ。サービスを実現したり支えるスタッフやシステムの動きも、ユーザーの行動フローに合わせて描く。もともと存在する基幹業務システムの存在がサービス実現に不可欠な場合など、ＳｏＥだけではなくＳｏＲも含めて構想を練る必要があるときには、サービスブループリ

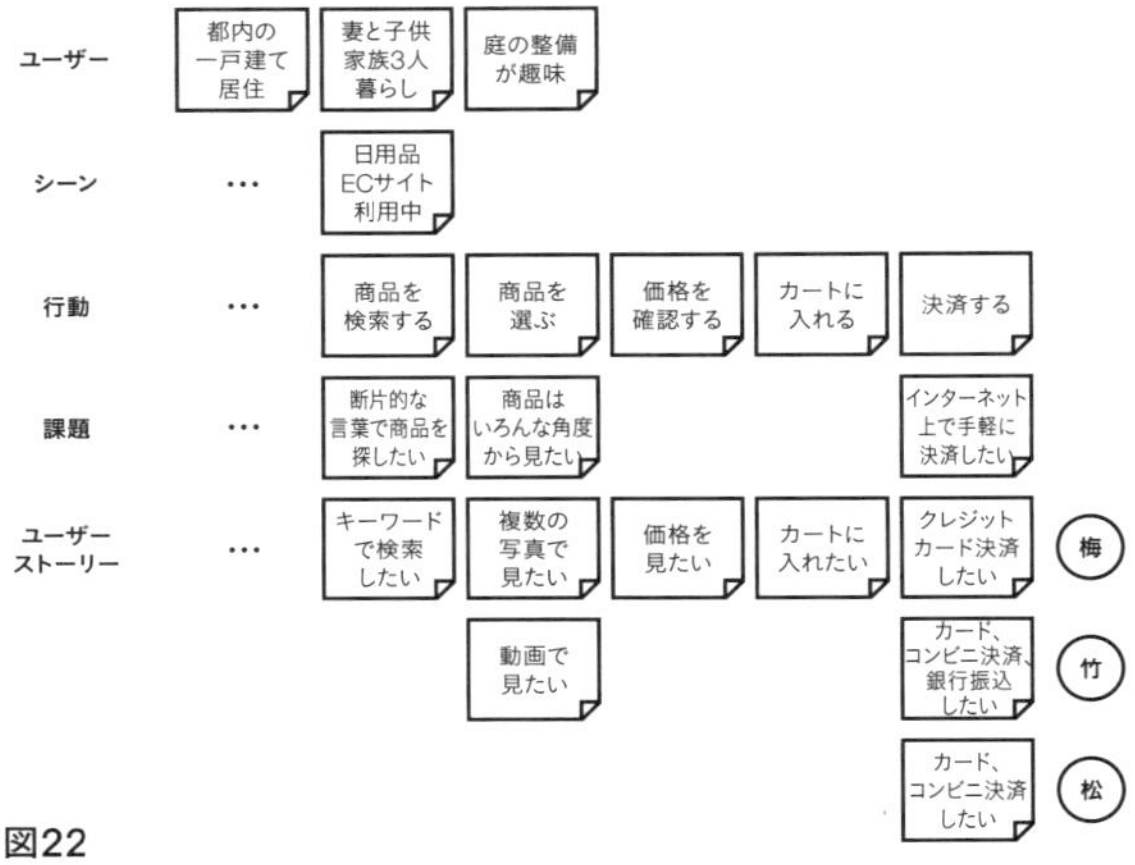

図22

ントのような書き方は参考になる。

ユーザーストーリーマッピング（図22）は、その名が表すとおり、マップという成果物以上にマッピングという行為を重視する。マッピングを通じて関係者の共通理解を育むのが狙いだ。カスタマージャーニーマップと見た目は近くなるかもしれない。先に解説しているとおりで、プロダクトバックログを取り出すための手段として、機能開発を意識している段階で用いるとよいだろう。

ストーリーマッピングは、プロダクトのコンセプトを練るためにあらかじめ観点（「プロット」と呼ぶ）が提示されており、それに沿ってフローを描くものだ。プロットは、状況説明、事件や問題の発生、盛り上げ、危機、クライマックス、落とし込み、エンディングと7つある。物語の脚本を考えるように、ユーザーの状況をプロットを追って構想する。ス

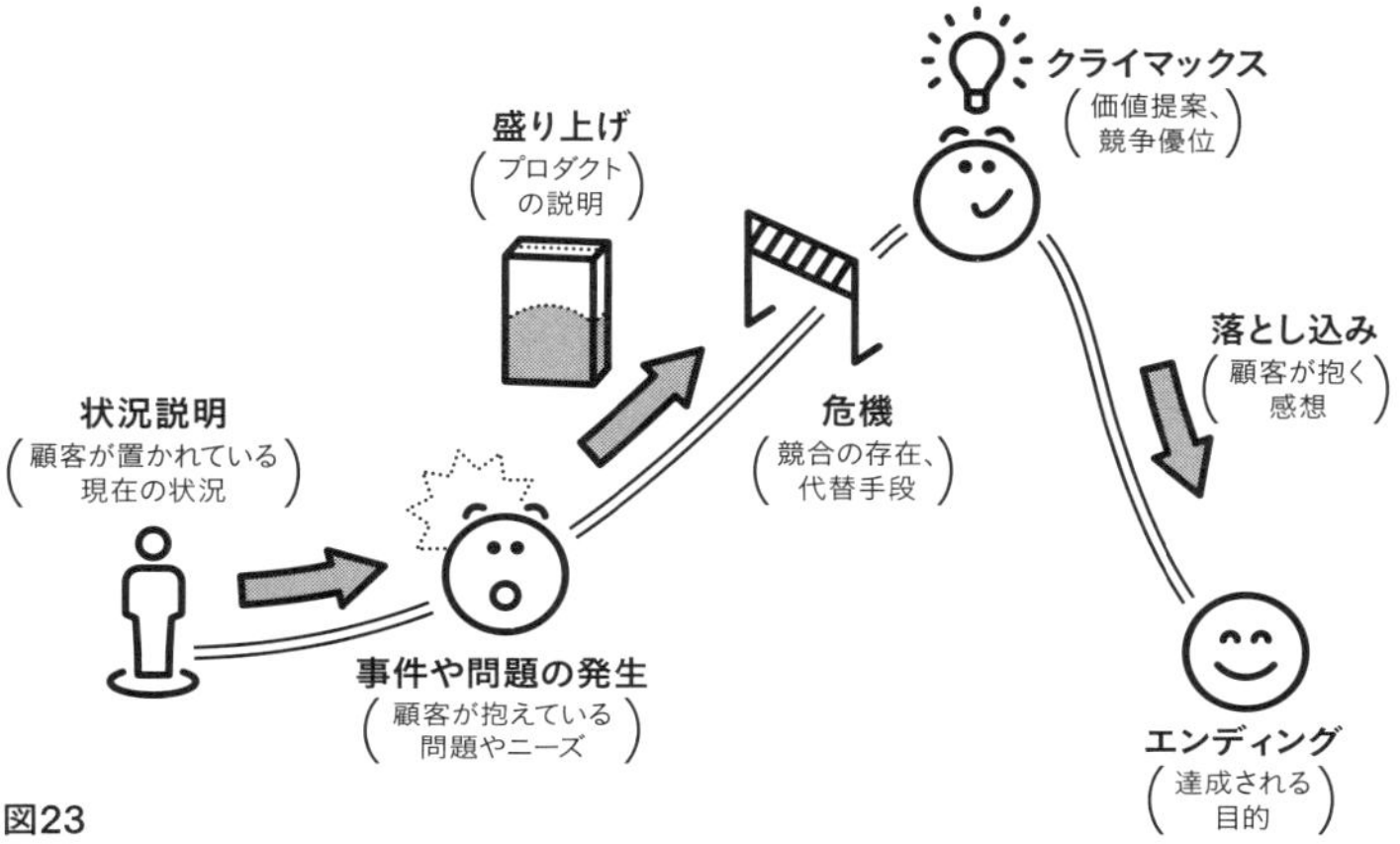

図23

トーリーマッピングは3種類存在し、それぞれ「コンセプトストーリー」「オリジンストーリー」「ユーセージストーリー」と呼ぶ。

コンセプトストーリー（図23）は、行動フローというよりは概念の整理に近い。各プロットは、以下のように仮説キャンバスと対応づけることができる。

- 状況説明（顧客が置かれている現在の状況）→状況
- 事件や問題の発生（顧客が抱えている問題やニーズ）→課題
- 盛り上げ（プロダクトの説明）→提案価値
- 危機（競合の存在、代替手段）→代替手段
- クライマックス（価値提案、競争優位）→提案価値、優位性
- 落とし込み（顧客が抱く感想）→該当なし
- エンディング（達成される目的）→該当なし、ビジョンが近い

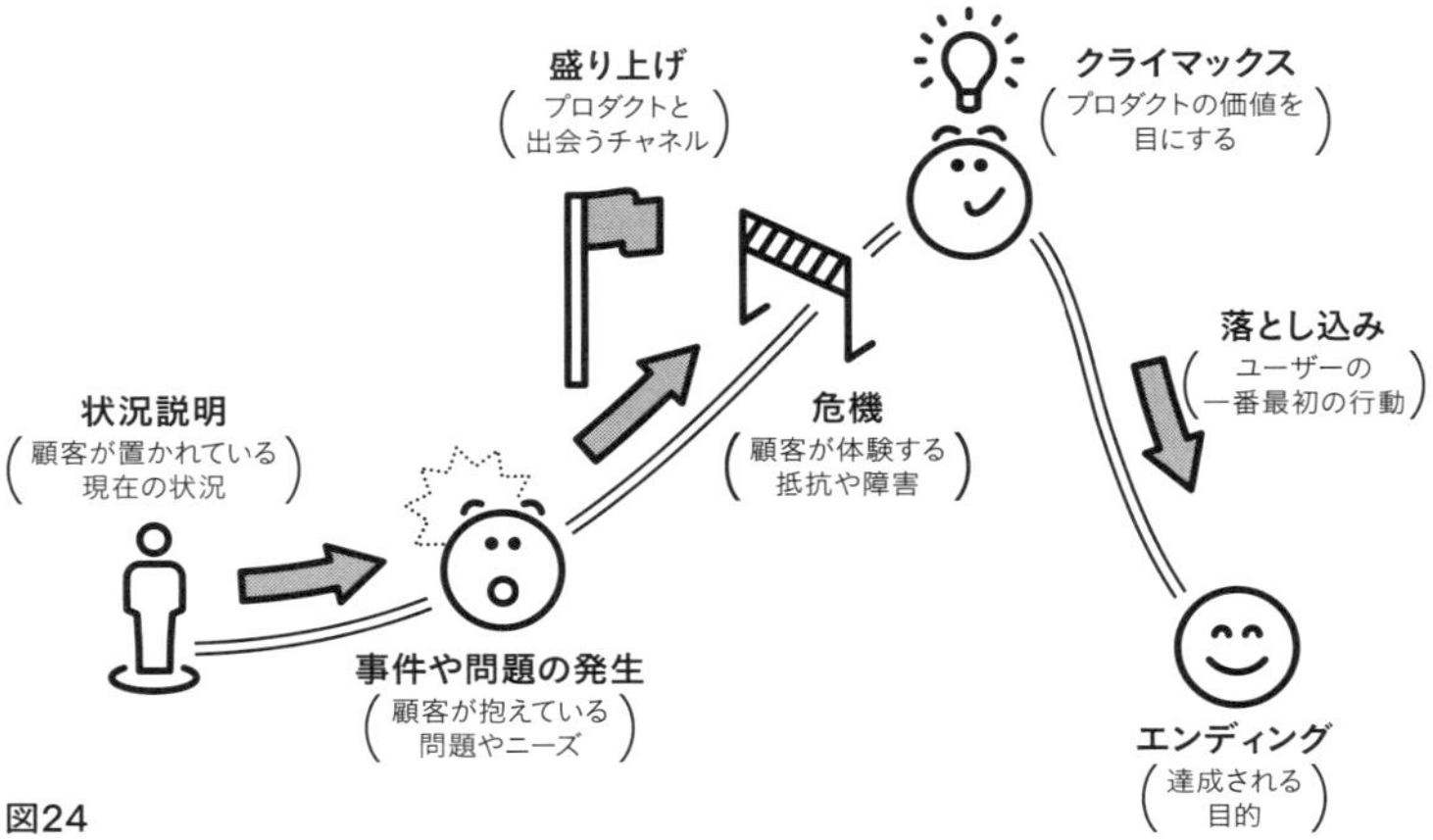

図24

仮説キャンバスの12のエリアを前にして難しさを感じるようであれば、まずコンセプトストーリーを描いてみるのは良いステップだろう。

続いてオリジンストーリー（図24）は、想定ユーザーがプロダクトと出会って利用し始めるまでの流れを表現する。

- 状況説明（顧客が置かれている現在の状況）
- 事件や問題の発生（顧客が抱えている問題やニーズ）
- 盛り上げ（プロダクトと出会うチャネル）
- 危機（顧客が体験する抵抗や障害）
- クライマックス（プロダクトの価値を目にする）
- 落とし込み（ユーザーの一番最初の行動）
- エンディング（達成される目的）

ユーセージストーリー（図25）は、オリジン

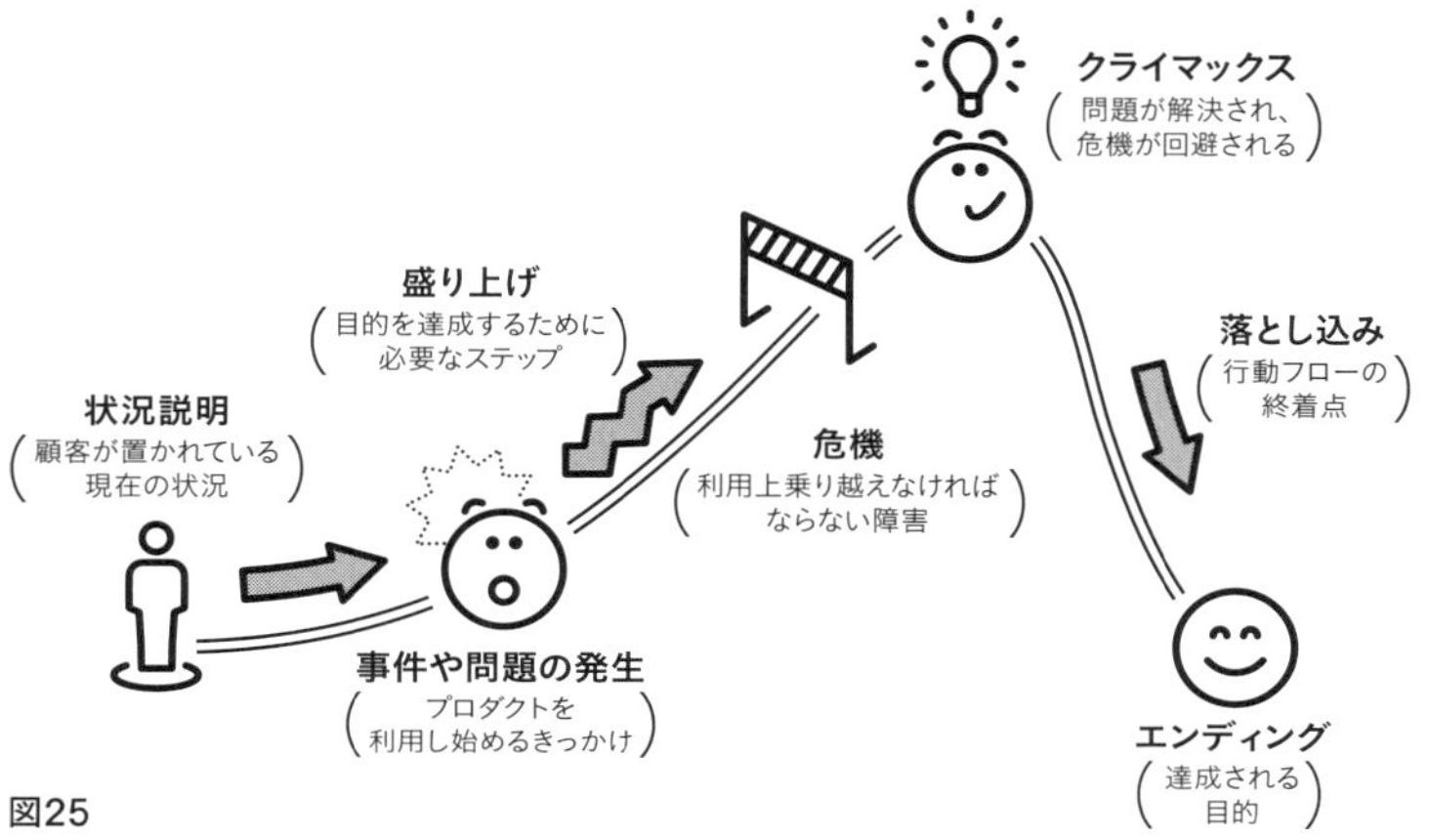

図25

ストーリーの後、想定ユーザーがプロダクトをステップバイステップで使っていく過程を表す。

- 状況説明（顧客が置かれている現在の状況）
- 事件や問題の発生（プロダクトを利用し始めるきっかけ）
- 盛り上げ（目的を達成するために必要なステップ）
- 危機（利用上乗り越えなければならない障害）
- クライマックス（問題が解決され、危機が回避される）
- 落とし込み（行動フローの終着点）
- エンディング（達成される目的）

カスタマージャーニーマップを何もないところから左から右へとスラスラと書き上げていくのは容易ではない。オリジンストーリーやユーセージストーリーを7つのプロットに沿って描いてみて、ユーザーの行動フローをやや解像度低く粗い目で理解したうえで、カスタマージャーニーマップを描くのも手だ。

5-7 ── 2回目の検証（プロトタイプによる検証）

次の検証は、プロトタイプによるものだ。ユーザーインタビューで課題仮説の存在と切実さの度合いが確かめられたのを踏まえて、想定しているソリューションが有効なのかの検証を進める。

プロトタイプによる体験を伴う検証

ユーザーインタビューは、あくまで言葉に頼った検証と言える。質問をして、回答を得る。インタビューイの理解を支援するために何らか資料を用意することはあるだろうが、役割的には補助輪のようなものだ。

ゆえに、次の段階として、言葉だけの検証から視覚を利用した検証、やや体験を伴う検証を行う。最初のユーザーインタビューより一歩プロダクトの利用に近づけることで、よりリアリティのある反応を観るのが狙いだ。具体的には、ソリューション利用のイメージがより想起できるようビジュアル資料を用意したり、プロトタイピングツールを用いてタップやクリックすれば進んでいく紙芝居のようなＵＩを準備する。紙（ペーパー）で作ったプロトタイプを用いるのも選択肢のひとつだ。

もちろん、より実際の体験に近いものが用意できた方が、より精度の高い反応が得られる。だが、その準備に時間をかけたりコストをかけることが段階として正しいのかを見極め判断する必要がある。初期段階の検証は、「わかることが増える」スピードを優先して検証方法を選びたい。まだ方向性への確信が弱い段階での作り込みは、コストパフォーマンスが悪い可能性が高い(34)。

プロトタイピングの対象は、ユーザーの行動フローを元に決める。ユーザーの基本的な行動の流れを表現しつつ、プロダクトとして特にコアな価値を提案するところを織り込む。作り込みの度合いについては2つの考え方がある。ひとつは、ビジュアルの良し悪しでプロダクトの良し悪しを判断されてしまわないように、ビジュアル性を抜いてしまうようにするもの。最初から見た目の良し悪しという評価対象が増えないようにすることで、純粋に提案価値だけを見てもらうようにする。手書きのペーパープロトがこの場合の代表例だ。ただし、ビジュアル要素がないために、プロダクトのイメージが湧かないということが起こりうる。結果、よく理解できていない状態での精度の低い評価を得るに留まり、ソリューション仮説の検証にならない場合もある。これは、特に情報の処理に対するリテラシーが低い被験者で発生する可能性がある。

ゆえに、もうひとつの考え方としては、逆にビジュアルを丁寧に作り込むというものだ。ビジュアル面が特に問題視されない程度に作り込み、プロダクトイメージを持ってもらったうえで課題解決の有効性を判断してもらう。もちろんこちらの場合は、それでもビジュ

(34) リーンの原則「ムダをなくす」を思い出したい。

アルの良し悪しが判断の先に立つ可能性がある。どちらの考え方を採用するかは、被験者の想定リテラシーがどの程度か、またプロトタイプの準備にどの程度パワーをかけられるかによって決めよう。

代替プロトタイプ

プロトタイプは、自分で作るだけが選択肢ではない。想定しているプロダクトに類似するプロダクトや、競合プロダクトを用いて検証を行う作戦もある。例えば、構想しているプロダクトのカテゴリがプロジェクト管理で、想定ユーザーが建物の工事施工の現場だとする。抽象度を高めて捉えると、要はプロジェクトの管理が目的であり、想定ユーザーのセグメントが違うだけでソフトウェア開発の現場で利用している既存のプロジェクト管理ツールをプロトタイプに見立てることができる。これを代替のプロトタイプとして工事施工の現場に持ち込み検証する。

当然、異なるセグメントなのでコアな機能性が抜け落ちていることもある。その場合は逆に、「コアな機能性がないため、ある課題が解決できずに残る」という想定ができる。想定どおりになれば、やはりコアな機能実装によって価値が出せそうだという期待が持てる。そして、次はそのコアな機能性を中心としたプロトタイプを自前で用意して検証すればよい。

このように、代替プロトタイプの利点とは、ある程度の機能性を備えた、製品として完成度の高いプロトタイプを一瞬で用意できることだ。想定ユーザーのリアリティのある反応をすぐに得ることができて、次にやることの作戦が立てやすい。

プロトタイプによる検証では、目の前で被験者に使ってもらいながら、やはりインタビューを行う。観点は、「PSfitが可能かどうか」である。よりリアルなイメージのもと、ソリューションについて判断をしてもらう。その結果を踏まえて、仮説キャンバスをアップデートする。そして、被験者のPSfitの割合によって検証を終結するか判断する。

5-8 ── その他の検証手段

その他の検証手段についても見ておこう。アンケート、ランディングページ、観察、アクティングアウトの4つを挙げる。

アンケートによるセグメント絞り込み

課題仮説が挙げられない、想定ユーザーの状況を絞り込めない、といった段階で検証の方向性を決めるために、まずアンケートを打つというやり方がある。複数のセグメントでアンケートを取り、より反応のあるセグメントを想定ユーザーとして置き、仮説の構造を決めていく。仮説を立てるうえでの最初の足がかりとなる。(35)

こうした観点から、プロダクトのテーマや想定セグメントについて、既に統計データが

(35) なお、アンケートの回答精度は完全に相手に委ねられるため、その結果についてどの程度信憑性があるかは判断ができない。意思決定の参考情報という位置づけになる。

ある場合は利用しない手はない。国や省庁による白書やその他資料を通じて公開されているデータ、または民間企業が公開あるいは販売している調査データから、課題仮説の裏付けや市場規模の見立てを行う。

アンケートは自前で実施するほか、調査会社に依頼して行うこともできる。これはユーザーインタビューも同様だが、インタビューイのリクルーティングを外部に依頼したとしても、インタビュー自体についてはプロダクトの構想者が自ら行うか、インタビュー現場に参加するようにはしたい。想定しているユーザーのリアルな反応を見ずにプロダクトの詳細を作り込むことは難しい。

ランディングページによるチャネル検証

ユーザーインタビューによって、仮説の1本線についてある程度検証ができたとする。次は、その仮説の構造が母集団を広げたときにどの程度成り立つのかを検証したいとする。[36] そのような場合は、ランディングページによる検証が考えられるだろう。

一枚のWebページ上で、どんな課題をどのようにして解決するのか、簡潔にまとめて表現する。これを、想定しているチャネルに展開して、その反応を見る。例えばネットに公開し、広告で誘導して、そのクリック率、さらにランディングページ上でのコンバージョン率を計測する。前者は広告による誘導の効率性を測り、後者はソリューションの魅力度合いやどの程度関心を持ってもらえるのかを測る。

こうしたチャネルの検証がかなり後回しになり、プロダクト開発の方を先行させてしまったことで、ローンチするタイミングで想定しているチャネルからの反応が薄く、愕然

(36) 母集団を広げての検証は、PSfitの次の段階として、PMfitの期待度合いを測る狙いがある。

するケースもある。ユーザーに届けるのは、プロダクト自体を作るよりもよほど思うようにはならない。PSfitが判断できた後は、チャネルの検証を行うようにしたい。

ユーザーや現場の観察

観察は、想定ユーザーの現状を知るための手段として選択肢に持っておきたい。ユーザーインタビューにおける情報を捉える主な手段が聴覚ならば、観察は視覚と言える。想定ユーザーが日常の活動を行っている現場に赴き、その振る舞いを見る。

物理的な活動ではなく、PCやスマホ上での活動がメインとなる領域についても、背後から直接的に観察したり、画面共有、画面上の動作を記録しておいて後から眺めるというやり方がとれる。観察したい活動がいつ行われるか予測しにくい場合は、疑似的な状況を作り出し、再現してもらう方法も考えられる。あらかじめ準備された環境下において目の前で対象活動を行ってもらうため、観察というよりはユーザーテストに近い。

観察の狙いは、素の状態での相手の行動を把握、確認することにある。ユーザーインタビューは、被験者が口にする言葉が頼りとなる。普段の行動とその場での思考が乖離しているかどうかを判断するのが難しい。観察は、言葉ではなく振る舞いを情報源とするため、被験者の思考を通した結果の誤りが入りにくい。それゆえに、観察の状況はできるだけ普段どおりとするのが望ましい。人為的に作り出した環境での振る舞いは、被験者の誤りが働いてしまう可能性が残る。

観察をする場合も、仮説を立てておくことが基本だ。想定ユーザーについての調査であればどれだけ情報が得られるかが主眼となるが、仮説検証として観察を行うならば何を観るべきか、どういう振る舞いを取っていると想定するかをあらかじめ準備しておきたい。現場は、日常に近いほど、外から来た者にとっては錯綜気味に感じられるし、スピードも速い。当事者たちは普段どおりだが、それだけにルーチンワークは待ったなしで進行していく。どこで何が起きているか、情報として認識するのにハードルが高い場合がある。せっかくの観察が空振りに終わってしまうことは容易に起こりうる。現場を想像し、観察のシミュレーションを事前にやっておきたい。

アクティングアウト

アクティングアウトは、現場の再現による検証と言える。ユーザーインタビューや観察を行い、現場状況や人の振る舞いを把握していることが前提だ。狙いは、ソリューションの有用性を自分たちで確認することだ。実際の現場でテストする方が得られる情報の精度は最も高くなるが、リアルな現場のテストのコストが高い場合は機会が限られてしまう。このコストには、時間や費用、それにテストに協力してもらう相手にとってのコストも含まれる。

疑似的な環境を作り、想定ユーザーのロールを関係者で分担し、自分たちでユーザーの行為を再現してみる。この再現は、もちろんリアリティがあることが望ましい。アクティングアウトに取り組む際は、ユーザーになりきって演じる必要がある。なりきれるために、ユーザーインタビューや観察を通じてユーザーの行動、思考を掴んでおくというわけだ。

再現の中で、ソリューションのプロトタイプを用いて、実際に課題解決ができるか検証する。環境を再現するというのも、場合によってはコストを要するだろう。例えば魚市場のせりで用いるプロダクトを検証したいとする。どこまで魚市場を再現すればよいだろうか？　魚市場といえば、発泡スチロールが積み上がり、その中には鮮魚がわんさかとある状況だ。プロダクトの検証したい機能性によって準備するものは変わるだろうが、発泡スチロールのケースをダンボール、鮮魚は魚の写真を引き伸ばした紙を用いれば、魚市場の擬似的な環境を作ることはできる（図26）。ダンボールや紙、日用品を使って、安価に時間をかけずに環境を再現する工夫をとろう。

図26

なお、アクティングアウトでは動画や写真を撮るのを忘れずに。記録係を定め、再現状況を残すようにする。再現行為を行った後、ユーザーのロールを務めたそれぞれから、やってみての気づき、また記録動画を眺めての気づきを得るなど、ふりかえりを行おう。

検証キャンバス

最後に、**検証キャンバス**を紹介しよう（図27）。検証キャンバスは、仮説キャンバスと対をなすものだ。立てた仮説を踏まえて何をどのように検証するのか、プランをまとめるために使う。

構造は3段構成。上段では何を検証すべき

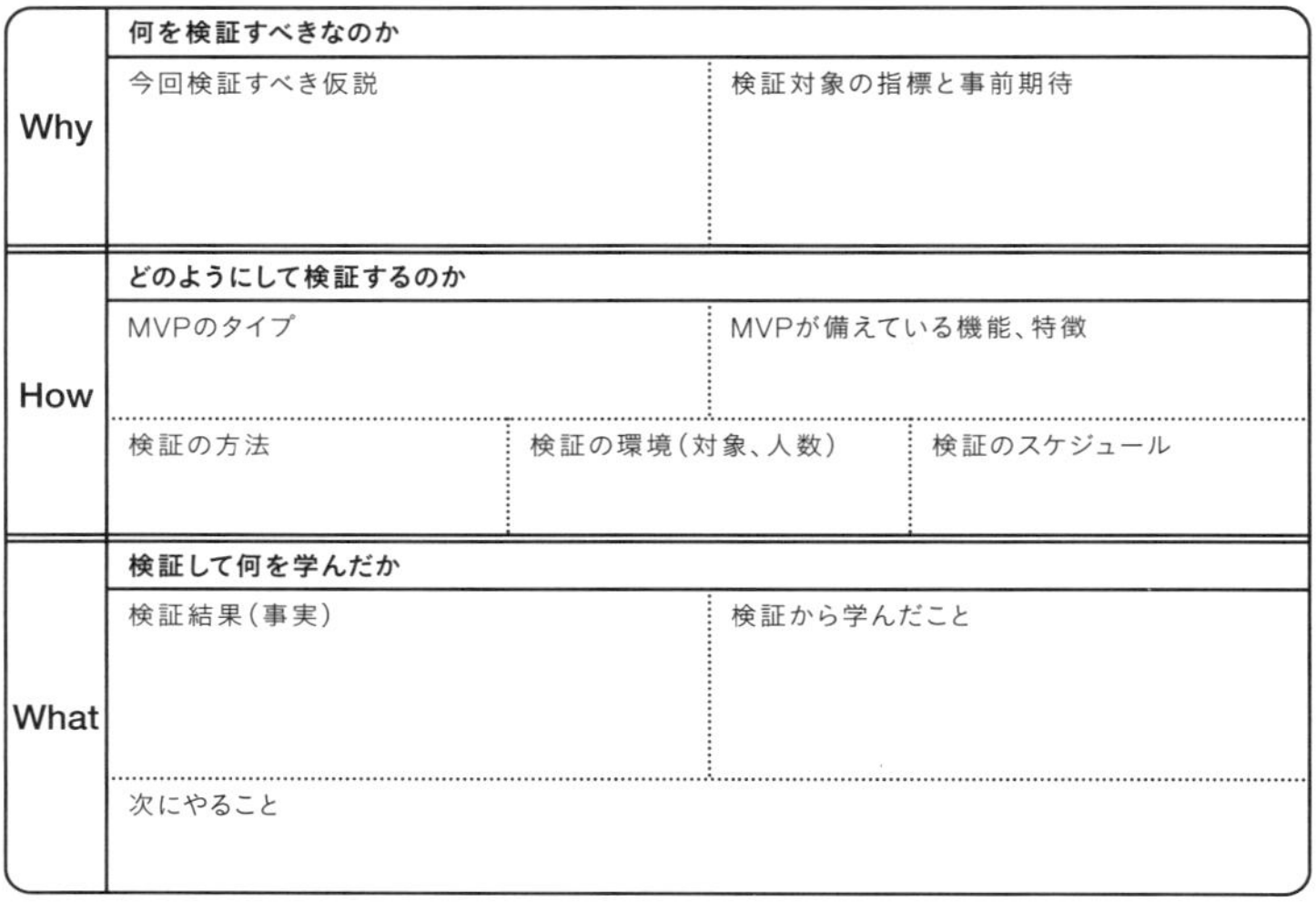

Why
何を検証すべきなのか
今回検証すべき仮説
検証対象の指標と事前期待
How
どのようにして検証するのか
MVPのタイプ
MVPが備えている機能、特徴
検証の方法
検証の環境(対象、人数)
検証のスケジュール
What
検証して何を学んだか
検証結果(事実)
検証から学んだこと
次にやること

図27

なのか、検証すべき仮説とその指標、事前期待を掲げる。これらは何のために、何を得たいために検証活動を行うのか、というWhyにあたる。

中段は、それをどのように検証するのかのエリアだ。検証の方法(ユーザーインタビュー、プロトタイプ検証、アクティングアウトなど)、想定または準備する環境、検証スケジュールを整理する。MVPを用いる検証の場合は、MVPのタイプ、MVPが備えている特徴、機能も挙げる。MVPのタイプとは、その表現、実現方法を指す。ランディングページ、代替品(代替プロトタイプ)、限定的な体験が可能なソフトウェアなど、実現の方法には選択肢がある。このように、中段は検証活動のHowのためにある。

下段は、プランニングの段階では

空けておく。検証結果（What）を記載するところだ。検証して何を学んだか、記録する。まず事実として起きたことと結果を書き、それからわかったことを挙げていく。さらに、わかったことから次にやることを検討する。

初めて仮説検証をする場合などは、検証キャンバスで言語化し、関係者と認識を共通した方がよい。また、動くソフトウェアを作って検証するなどＭＶＰ開発に突入するような場合、その準備期間が数ヶ月に及んだりと長くなる。準備が長くなり、開発を行っていると、つい機能を追加し始めてしまう流れも起こりうる。何のためにＭＶＰを作っているのか問い直せるように検証キャンバスを用意しておこう(37)。あくまで検証を主眼においたプロダクト開発であり、本格的に運用に乗せるようなプロダクトを作ろうというものではまだないからだ。

価値探索の引き出しを増やす

以上のように、価値探索で用いる手段は幅広い。どのようなときにどの手段を用いれば狙いの結果が得られるか整理しておきたい。また、その手段自体の効果が高まるよう必要に応じて練習を行っておきたい。ユーザーインタビューなど、被験者との間で限られた機会となるものは、ぶっつけ本番でうまくやろうと考えず、事前にチームや関係者の中でテストしておこう。

価値探索の構造は、モデル化とその検証の繰り返しであると述べてきた。モデル化と検証の手段に何を用いるかは、獲得したい情報や狙いによって適切に選択したい。イメージは、引き出しの中にいくつかの道具が入っていて、状況に応じて取り出し、組み合わせる

(37) ＭＶＰによる検証の狙いには、体験を伴う検証によって価値仮説が成り立つかどうかのほかに、プロダクトのコストの検証（ＭＶＰ開発にかかったコスト実績から、構想しているプロダクト全体のコスト感を類推できるようにする）、ビジネスモデルの検証（ＭＶＰを用いてビジネスモデルがなりたつかどうか）もありえる。

ような感じだ。日頃から引き出しを広げられるよう学習は欠かせない。職人が道具を磨いて本番に備えるように、日常での練習は前提と言える。

ただし、あくまで重要なのは、どうすれば「何がわかっていないか」を把握できるようになるか、わかっていないことがどうすれば「わかるようになるのか」という実践知だ。プロセスやプラクティスは、どのようなケースでも必ず成果が得られるような銀の弾丸ではない。道具に集中するあまり、道具の型にはまらないように気をつけたい。それでは道具を使うのではなく道具に使われることになり、本来得たい成果にはたどり着けないだろう。手段に恋してはならない。**忠誠を誓う先はあくまで目的である。**

5-9 仮説検証の補足 —— 本質、実体、形態

本章の最後に、価値探索を補完する考え方をいくつか述べておきたい。仮説の種類について、それから仮説検証が必要となる前提の状況についてだ。

仮説検証とは、わからないことをわかるようにする活動だと述べてきた。詳しく見ると、そのわからないことには種類があり、どんな性質の仮説を検証しようとしているかを適切に把握していなければ、検証プロジェクト全体が的外れな方向に進んでしまいかねない。

仮説の種類

仮説の種類は3つある。「課題仮説」「機能(ソリューション)仮説」「インターフェース仮説」だ。課題仮説、ソリューション仮説については既に述べてきたが、この3つの仮説の関係性について捉えておきたいことがある。課題仮説、機能仮説、インターフェース仮説はそれぞれ何を捉えているかというと、順に**「本質」「実体」「形態」**だと言える。

- 課題仮説→本質
- 機能仮説→実体
- インターフェース仮説→形態

何かのプロダクトを必要とするのは、何らかの課題を解決するためだ。ゆえに、課題仮説で捉えたいこととは、ある領域における「本質」である。本質とは、導きたい望ましい状況のことであり、概念的である。その本質を形にするためには、何らかの手段が必要であり、機能仮説とは「実体」にあたる。その実体に触れるためには、インターフェースが必要となる。インターフェースの仮説とは、必要な「形態」を捉えるために立てる。

こうした理解には何の利点があるのだろうか。**自分たちがプロダクトのどこまでを捉えられているのかという深みを測る**のと、**これから始める検証活動が実現したいことと合致しているのかを捉え直す**ことに活きるのだ。つまり、本質、実体、形態のどこまで検証が進んでいるのか、実体までの検証で終えて、プロダクトづくりに入ってよいのか(形態を捉える検証は不要なのか)、また、本質を捉えたいのに形態の検証を行っていないか、といった具合にだ。

何がわかっていないのか分別がついていないために、仮説検証としてまずUIの作り込みとそのテストから始めてしまっているということは実際によくあるケースだ。目に見えるところは理解がしやすい。ゆえに、目に見えるところを軸にプランを組み立ててしまう。

こうした仮説の捉え方は、『代謝建築論』(38)を参考にしている。「人が対象を認識し、理解するプロセスは、形態から始まり、実体、本質へと至る」という考え方だ。一方、構築のプロセスは、本質から捉え、実体、そして形態という順に構想する。

こうした構造を捉えていると、形態(=インターフェース)ありきから考え始め、本質を捉えずにそのままプロダクトを作りきろうとすることへの危うさが感じ取れるだろう。

採用の失敗、却下の失敗

仮説検証が必要となる状況には、「2つの失敗」のいずれかが起きている場合がある。2つの失敗とは、**「採用の失敗」**と**「却下の失敗」**だ(39)(図28)。採用の失敗とは、基準なく事業やプロダクトの構想を進めてしまうことで誤った選択肢を簡単に採用してしまい、結果として失敗に終わることを指す。セットベースのモデルで言えば、ファネルが全く萎んでいかないイメージだ。いつまで経っても選択肢が残り続けるため、プロダクトづくりの後方になっても思いつきで根こそぎ方向転換してしまう可能性がある。根拠ある転換はピボットと呼んでよいが、採用の失敗はピボットとは呼べない。基準がないだけに、組織内で権力のある者の一声で根拠なく変わってしまうこともありえる(40)。プロダクトづくりは非常に不安定となり、プロジェクトの遂行者は不安に苛まされることになるだろう。これは、

(38)『代謝建築論　か・かた・かたち』菊竹清訓、彰国社、2008年

(39)セットベースと失敗パターンの組み合わせは『イノベーションを巻き起こす「ダイナミック組織」戦略』(原田 勉、日本実業出版社、2016年)を参考にしている。採用の失敗、却下の失敗について詳説されている。

(40)特に経営者によって引き起こされる。

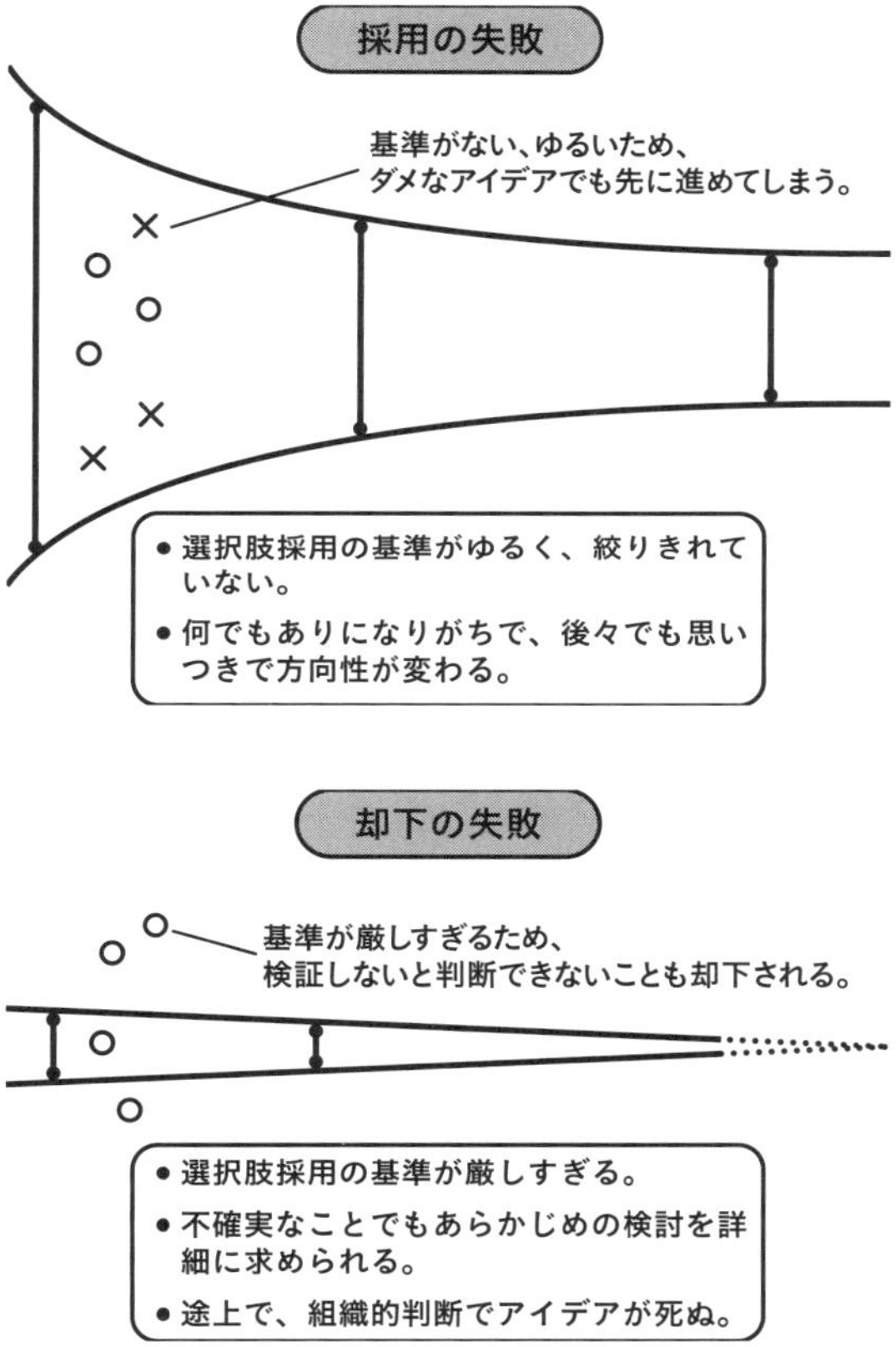
採用の失敗
基準がない、ゆるいため、
ダメなアイデアでも先に進めてしまう。
● 選択肢採用の基準がゆるく、絞りきれていない。
● 何でもありになりがちで、後々でも思いつきで方向性が変わる。
却下の失敗
基準が厳しすぎるため、
検証しないと判断できないことも却下される。
● 選択肢採用の基準が厳しすぎる。
● 不確実なことでもあらかじめの検討を詳細に求められる。
● 途上で、組織的判断でアイデアが死ぬ。

図28

組織が比較的若く、フラットな構造にある場合に起きやすい。

一方、却下の失敗は、逆に選択肢を絞りすぎることによって起きてしまう選択の誤りだ。これは、プロダクトの構造の初期段階からポイントベースを採用してしまうようなものだ。採用の失敗と共通するのは、やはり基準がないことである。むしろ、組織のこれまでの基準、既存事業での判断基準を持ち込んでしまい、誤ることもありえる。不確実性の高いプロダクトづくりにおいて、既存事業では有効な「事前に予測がつく（はずだ）」という考え方を持ち込むと、不用意に選択肢を絞ってしまったり、結果について精緻な予測を現場に求めることになる。根拠のない予測とは予言である。当たるか当たらないかという賭けに等しい。

却下の失敗は、組織に歴史があり、既に成功体験が存在するようなケースや、フラットではなく意思決定が多段階になっているような組織構造で起こりうる。老舗の企業や大企業が当てはまりやすい。

それぞれの失敗に対するアプローチは異なったものになる。採用の失敗に対しては、基準がなく、セットベースが絞られていないということで、まさに仮説検証の考え方「正しくないものを作らない」を持ち込む。一方、却下の失敗に対しては、まず不確実性に向き合うための前提を整える必要がある。事前に予測しきれるというマインドセットから離れて、わからないものはわかっていない、何もしなければわからないままである、という至極当然な事実を受け入れる必要がある。そのうえで、やはり基準づくりのために仮説検証の作戦を立てる。

ここまで仮説検証の実践について詳しく見てきた。検証して、それからどうするのか。もちろん、ソフトウェア的なプロダクトづくりへとつなげていくことになる。検証結果からプロダクトバックログを整理し、開発可能なように詳細化する行為が必要になる。仮説検証からアジャイル開発へどのようにつなげるのか。次の最終章で、再びプロダクトづくりへと向き合うことにしよう。

まとめ

○「プロダクトとして何が正しいのか」という見立て（基準）をチームの共通理解とする活動が、仮説検証である。

○仮説検証では「正しくないものを作らない」戦略を取る。「正しくないもの」の理解から、プロダクトについての基準の輪郭を浮かび上がらせる。

○「正しくないものを作らない」戦略にある3つの選択は、①何のために必要なのか（目的選択の段階）、②実現のために何が必要なのか（実体選択の段階）、③どうやって実現するか（手段選択の段階）。

○ＭＶＰ開発へと進む判断基準は、「ユーザーに体験してもらわないとこれ以上の検証はできない（検証してもわかることが増えない）」かつ「その検証のためにはソフトウェアを作る必要がある」。

○ＭＶＰの範囲を決めてプロダクト開発とつなげていく検証活動＝価値探索において、モデル化とその検証を繰り返す。具体的には、検証の始点、検証活動、検証の終点から探索活動を構成する。

○モデル化の手段：仮説キャンバス（静的モデル）、ユーザー行動フロー（動的モデル）

○検証の手段：ユーザーインタビュー、プロトタイプ、ランディングページ、アクティングアウト他

○仮説の種類は、課題仮説、ソリューション仮説、インターフェース仮説。それぞれ、本質、実体、形態にあたる。

○仮説検証が必要となる状況では、採用の失敗や却下の失敗が起きている。

第6章

ともにつくる
――正しいものを正しくつくる

前章で、プロダクトについての基準をチームで作り、育てていく仮説検証のあり方について詳しく解説してきた。そしてこの最終章では、仮説検証での学びをアジャイル開発へとつなぎ、プロダクトづくりのジャーニーを完成させる。このジャーニーの根底には、「正しいものを正しく作れているか?」という常に向き合うべき「問い」が存在する。チームでこの問いに答えるために、ここまで述べてきたプロダクトづくりのあり方を越境していく。

6-1 ― 正しいものを正しく作る

前章において、検証を経て、想定ユーザーに受け入れられる確度の高まったプロダクトイメージが掴めたはずだ。だが、そこで検証が終わるわけではない。その後も検証は続く。というよりも、**検証はプロダクトが成長するかぎり続いていく。**

プロダクトを作るというのは、時間とコストがかかる行為だ。作らずに検証できるのであれば、それをできるかぎり優先した方がよい（リーンの原則４「決定を遅らせる」）。いきなり、「利用の拡大に耐えうるプロダクト」のイメージでプロトタイプを作ろうとしてはいけない。(1)

作る以外の検証の手立てを尽くし、その段階でのPSfitが判断できるのであれば、体験可能なプロダクトを作っていくという段階に入る。目安は「体験による検証」が必要になったタイミングだ。想定ユーザーにまとまった単位で体験をしてもらい、その結果でもって次の展開を決める、という状態だ。ここで作るプロダクトの範囲は、実用的で最小限（MVP）となる。体験による検証結果から、MVPの範囲を広げていく、あるいはより多くのユーザーに届けるべくプロダクトのPRやマーケティングを始める、といった展開につながっていく。

仮説検証から体験可能なプロダクトづくりへ。作るべきものは何なのかという探索（正

(1) ただし、部分的に機能実装して検証ができるならば（妥当な時間とコストで済むならば）、むしろ形を作りモノに触れられるようにすることで想定ユーザーを積極的に巻き込んでいきたい。

しいものを探す）から、それにもとづいてプロダクトを作り上げていく（正しく作る）。この接続について、3つの観点を示したい（図1）。1つ目は、仮説検証の段階から開発可能な状態へと落とし込むための**「プロダクトバックログ詳細化への段階設計」**。

2つ目は、仮説検証の**「精度と頻度の戦略」**。探索にどの程度時間をかけて開発へとつなげるのか、また開発もどの程度プロダクトの作り込みを行うべきなのか。その重み付けの戦略を示す。

3つ目として、**「わかったことを正しく作る」**という仮説検証型アジャイル開発の全体に通じる方針を挙げる。仮説検証型アジャイル開発の根底には**「正しいものを正しく作る」**という理想がある。これは、想定ユーザーに必要とされない間違ったものを作っていないか、想定で一気に大きなプロダクトを作りきろうと間違った作り方をしていないかと、チームがやり方とあり方に向き合い続けるための**「問い」**にほかならない。(2)「正しいものを正しく作る」という問いへの向き合い方を示そう。それは、「わかったことを正しく作る」に読み替えるところから始まる。

プロダクトバックログ詳細化への段階設計

検証を終えた段階では、プロダクトバックログとして開発が始められるような粒度にまではなっていないだろうし、具体的な内容の洗い出しまでは行えていないだろう。体験可能なプロダクトを作るためには詳細化が必要だ。詳細化の段階設計はプロダクトのテーマ

図1

「正しいものを探す」から
「正しくつくる」への接続、3つの観点

① プロダクトバックログ詳細化への段階設計
② 仮説検証の「精度と頻度の戦略」
③ わかったことを正しくつくる

(2) 正しいものを正しく作るという理念をただ掲げることが大事なのではなく、これを問いに置き換え「正しいものを正しく作れているか？」と自分たちを問い直し続けることに意味がある。

やチームの習熟度によって異なるであろうが、目安として3つの段階を提案しておきたい（図2）。

第一段階：機能仮説の段階

最初は、検証後に作る最も粗い機能仮説のリストの段階。仮説キャンバスから実用手段を引っ張り出してきて、少し整形したようなレベルだ。[3] この段階でも予算確保のために必要なコストの概算見立てを行ったりする。リストの内容が粗いので、もちろん見立て内容も粗くはなる。しかし、始めようとしている事業のコスト感にあたりをつけるため、この段階での見立てを行っておいた方がよい。[4] 組織として事業を進めていくために必要な合意形成が必ずあるものだ。そこでの意思決定の材料のひとつにコストは必ず挙がる。

この段階での概算見立ての方法は、詳細がわからないものを想像によって補完し、もっともらしく見える数字を作ろうとしたところでムダが多くなる。そのため過去の経験から各機能仮説ごとに数字を大きめに見立てるか、過去開発したプロダクトでテーマの分類が同じだったり内容が類似するものを引っ張り出してきて、おおよそ規模感として相対的に何倍になるかで測るやり方になる。機能が多少加わるので1.5倍、範囲が大きく増えるので2倍、あるいはぐっと機能を絞って始めるので半分、といった具合だ。

第二段階：MVPを特定する段階

次に、ユーザーストーリーマッピングを行ってMVPの特定へと入る段階。ユーザーストーリーマッピングで取り出せる機能群は機能仮説よりは具体的な記述だが、まだ開発が

図2

プロダクトバックログ
詳細化の段階設計

- 第一段階　機能仮説の段階
- 第二段階　MVPを特定する段階
- 第三段階　スプリント開発前夜（スプリントプランニングの段階）

(3) 大きめの粒度の機能の名前が洗い出せているくらいのレベルだ。

(4) 見立てには、もちろん開発者も巻き込む。見立てる対象の情報の粒度はかなり粗いが、それでも見立ての正確度を少しでも上げるために経験豊かな開発者とともに見立てたい。まだこの段階では開発チームのビルドもできていないだろう。開発者は、これから作ることになるであろうプロダクトのテーマ、領域に近いところでの経験を有している者を巻き込みたい。

可能なものではない。これをリスト化してユーザーストーリー形式（Xとして、Yしたい、なぜならZだから）で整える。これが第2段階だ。

ここから先は、いよいよスプリントを始め、プロダクトづくりへと入っていく。この段階で、開発予算の確定を行うことが多くなるだろう。ユーザーストーリーのリストをもとに、再度規模の見立てを行う。第3章で述べたとおり、プランニングポーカーなどの手法を用いて、プロダクト開発チームへの参加を予定しているメンバーで見積もりする。これは、ただ規模を算出するために行う作業ではない。この見立てを通じて、チームメンバーのプロダクトに対する理解を高めたりリスクの検出も行う、学習の時間とも言える。

余白の戦略の説明の中で「広さでコミットし、深さを調整する」という考え方を提示したが、その前提として、作る機能について実現性が全く読めないという状態では戦略の遂行は難しい。それどころか何日もかけることなく規模を見立てられるようでありたい。当然、開発チームの経験が求められることになるが、もうひとつ見立ての正確性や速度を高められる方法がある。それは、**プロダクトオーナー代行**をチーム内に設置することだ。

プロダクトオーナー代行の役割

プロダクトオーナー代行とは、名前のとおりプロダクトオーナーの仕事を一部代行するイメージだ。第4章で見たように、プロダクトオーナーに求められる職能は幅広い。すべての経験を一人で持っていることはまれだろう。また、プロダクトオーナーが十分に開発チームとのコミュニケーションに時間が割けない場合が現実的にはままある。そうした場合に、特にエンジニアリング面の補完を主な役割としてプロダクトオーナー代行を置く。

第4章で述べたように、コンセプトデザインを握るプロダクトオーナーは、エンジニアリング知識を経験的に持ち合わせていない場合が多い。それゆえ、この部分の補完が効果的になる。

「補佐」ではなく「代行」と書いたのは、意思決定の一部を行うためだ。開発チームとの規模見積もりにおいては、エンジニアリング上の制約やリスクを考慮した見立てが必要となる。プロダクトの狙いを果たしつつ、あまりにも重たい作り込みを想定した見立てや、逆にリスクを軽視した見立てとならないよう、代行がプロダクト上どこに力を入れてどこは優先度が落ちるのか、濃淡に関する方向性を提供する。開発チームとのこうした会話のためには、やはりプロダクト開発の経験があった方が望ましい。

「広さでコミットし、深さを調整する」を実現するために、広さがどこからどこまでなのか、その細部について、また深さの選択肢はどこからどこまであり、どの選択まで許容なのか、この見立ての代行を行う場合、代行は正規のプロダクトオーナーの意思決定に踏み込んでいることになる。ゆえに、代行の見立てが誤っていると、プロダクトオーナーとのその後の会話で大きな手戻りが起きる可能性がある。こうしたリスクを最小限とするため、代行は正規のプロダクトオーナーと同じ基準を自身に宿している必要が前提となる。

つまり、前段の仮説検証の主体者、参画者が、プロダクトオーナー代行を務めるべきである。前章で、仮説検証とは基準づくりであると述べた。まさにこの活動を通じて、ユーザーとプロダクトについて学び、プロダクトオーナーと等しい基準を宿した者が見積もりに参画することで、その精度は高まる。

こうしたプロダクトオーナー代行という考え方が必要になるのは、プロダクトオーナーの負担分散以外に別の事情がある。リモートワークで開発するメンバーや、副業のような形態で開発に関わるメンバーが現場に増えてきたことで、現代においてチームは分散する傾向にあるという点だ。チームの分散化は、お互いの分断を生み、コミュニケーションの複雑化につながる。ひとところに一度に人が集まるのが困難で、スクラムイベントすら開催できない場合もある。そういう状況下で、プロダクトオーナーという役割を一個人で務めていくには限界がある。

また、プロダクトオーナー代行は、プロダクトバックログをどこまでどのように実現するかについてはその意思決定を代行するが、仮説キャンバスレベルでの意思決定までは単独で行うべきではない。仮説キャンバスこそ、仮説検証を通じて得られた共通の理解、すなわち基準だ。このレベルでの意思決定は、プロダクトオーナーとともに行うべきである。代行のような存在は、「プロダクトオーナーは一個人である」とするスクラムでは許されない。だが、仮説検証による学びの共有ができれば、この原則は突破できる。プロダクトオーナーなる唯一絶対の存在の民主化。こうした行為は、アジャイルを越える挑戦と言えるだろう。

第三段階：スプリント開発前夜（スプリントプランニングの段階）

プロダクトバックログの詳細化の第3段階は、スプリント開発を始めるのに必要なレベルへの到達だ。これは既に第3章で詳しく述べている。プロダクトバックログに対する受け入れ条件をまとめる活動だ。第1段階、第2段階で行ってきた規模の見立ては、第3段階ではスプリントプランニングにあたる。つまり、スプリントごとに行う「この範囲でタイムボックスに収まるか?」という見立てが該当する。こうして見てきたように、規模の見立てはどの段階でも行われることになる。

仮説検証の精度と頻度の戦略

仮説からプロダクトバックログへ、また、全くプロダクトが存在しない状態からプロトタイプを作り、運用可能なプロダクトへと到達する。このように、仮説検証型アジャイル開発は段階の運用が重要になる。あたかも**旅（ジャーニー）**をするように、ある地点に来たとき次の地点はどこにあるか見立て、そのために最適な手段を講じるのだ。これを繰り返し実施していく旅程となる。こうした段階のデザインも、指針がないと空を掴むようになる。仮説検証型アジャイル開発のジャーニーを決める**「精度と頻度の戦略」**（図3）について述べておきたい。

どのような仮説検証をどの程度行うのか、またそれに応じて開発の方はどの程度行うのか。これを決める変数は2つある。それが、仮説検証の頻度と精度だ。**「頻度」**とは、どのくらい頻繁に検証を行うのかを決めるものであり、**「精度」**とは、検証に利用する模擬プロダクトの精密さを決めるものだ。プロダクトの構想の状態に合わせて、この頻度と精度のバランスを取るようにする（図4）。

図3

「正しいものを探す」から
「正しくつくる」への接続、3つの観点

① プロダクトバックログ詳細化への段階設計

② **仮説検証の「精度と頻度の戦略」**

③ わかったことを正しくつくる

図4

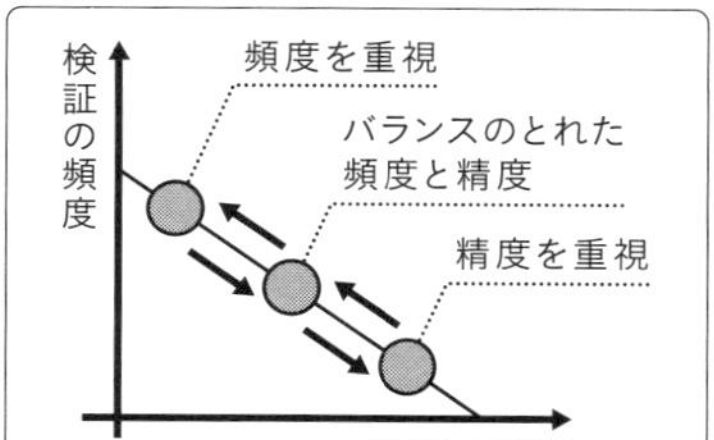

頻度

頻度をより重視する段階とは、プロダクトの構想がまだ固まっていない状態のときだ。この段階では、精密な模擬プロダクトを作っている場合ではない。何が正しいのかほとんどわかっていない状況で作り込みをするのはムダである。精密なプロダクトではなくて、検証の回数をできるだけ重ねるようにする。最も早い検証とは、作らないことだ。ユーザーインタビューなら、仮説キャンバスを書いた次の日には検証を始められる身軽さがある。まだ、どの仮説が確からしいか見立てがついていないため、インタビューをできるだけ行い、認識の間違いや事実をより多く重ねられるよう努める。

仮説検証型アジャイル開発は、企画を立てたらいきなりプロダクトを作り始めるポイントベースな進め方に比べると格段に時間がかかる。ゆえに、できるかぎり短期間で数多くの検証の実施、つまり学びを得られるような段取りを組むのが要と言える。

精度

一方、精度をより重視するのは、基本的に一通り最初の検証を終えた段階だ。断片的な検証結果しか出ていない状態で、それを踏まえていきなり精度の高いモノを作り込まないように気をつけたい。

頻度を高めた検証を実施した後、ユーザーの状況仮説の想定がある程度ついたところで、プロダクトについてよりリアルに近い反応を得られるよう疑似プロダクトの精密さを上げるようにする。といっても、いきなり動くプロダクトを作ることはまれだ。作り込みのムダとならないよう、最初はビジュアルイメージで伝える資料であったり、タップするだけ進む紙芝居のようなプロトタイプを準備して、想定ユーザーに臨む。

到底リアルなプロダクトに比べると精密なものではない。ハリボテだ。それでも、相対する想定ユーザーは格段にリアルなイメージを頭に湧かせることができる。こうしてハリボテから始めて、段階的にプロトタイプを充実させていく。[5] ユーザーが体験できる範囲を広げ、深める。これを繰り返し実施していくと、その最終段階として動くソフトウェア、つまり最も精密なプロトタイプであるプロダクトを作るところまで到達することになる。

こうした頻度と精度にもとづく仮説検証をどのような時間軸で行っていくのかを見えるようにするために、線表に落とすようにしよう。ただし、立てたプランどおりに進めることは目的ではない。検証を進めていった結果、ジャーニーの青写真はもちろん変わる。

このようなジャーニーの段取りを可視化する意味とは、関係者の理解を得るためだ。プロダクトチームがどのような作戦をどのくらいの時間軸で考えているのかについての、関係者に対する表明にあたる。こうした表明が出ていないと、周囲が憶測でもってチームに干渉してしまう場合がある。度合いによるが、マイクロマネジメントへと発展しないよう先手を打つ意味もある。

わかったことを正しく作る

「正しいものを正しく作る」というと、前提として絶対的な正しさがあり、それを探し求

(5) 頻度から精度重視への切り替えは、課題仮説の確からしさが得られて、ソリューション仮説の検証に活動の重心を移し始めるところで起きる。これ以上ソリューションについてユーザーインタビューを続けても、ユーザーから得られるのは想像による感想でしかないという段階に近づいてきたら、精度を上げる必要がある。

めるようなイメージがあるだろう。だが、そのようなスタンスで探索したところで絶対的に正しいという証明はできないため、意思決定ができない状態に陥ってしまう。ゆえに、仮説検証型アジャイル開発では、「正しくないものを作らない」という戦略になると第5章で述べた。検証を行うと、「対象ではない」「(仮説と)合致しない」という情報が獲得できていく。そうした、正しくないと判断できる情報を蓄積しつつ、その反面から確からしいと考えられる仮説を立てる。この両軸で、プロダクトづくりの方向性を見定めていく。

とはいえ、正しい、正しくないという言葉の捉え方は主観が大きく、その判断は明確さに欠ける。プロダクトの方向性を決めていくうえでわかりにくい。特にチームで共通理解を作っていくうえでは別の表現があった方がよいだろう。

ここまで見てきたように、仮説検証型アジャイル開発という活動の中心にあるのは、「わからないものをわかるようにする、わかったことを形にする」ことだ。検証結果が正しいか正しくないかで理解を共通させるのは難しいが、わかったこと、まだわかっていないことという軸での結果評価は会話がしやすいはずだ。チームはわかったと言えるのか、まだわかっていないのか、わかる必要があるのか、といった問いの方が議論を進められる。「正しいものを正しく作る」を、**「わかったことを正しく作る」**(**図5**)と読み替えて、チームの活動を方向づけよう。

わかることを増やせば正解にたどり着けるわけではない

わかることを増やそう、そのための活動を行おう、というのは、チームの目標を設定しやすくする。一方で、その明確さが別の影響を与えることも捉えておかなければならない。

図5

「正しいものを探す」から
「正しくつくる」への接続、3つの観点

① プロダクトバックログ詳細化への段階設計

② 仮説検証の「精度と頻度の戦略」

③ わかったことを正しくつくる

それは、わかることを増やしさえすれば正解にたどり着ける、というわけではないということだ。目標がわかりやすくなると、活動が本質から切り離されて作業と化してしまいやすい。わかることを増やすという作業の実施が目的にすり替わらないようにしたい。

わかったことを正しく作るという方針がチームを誤った方向へと導いてしまうことには、もうひとつの背景がある。それは、不明瞭なもの、わからないものを無意識に回避してしまうという人間の傾向性だ。わかりにくいもの、わからないものに対峙したとき、はっきりとしないため、気持ちの悪さを感じてしまう。明確な判断ができないというのは、ストレスにつながる。だから、わかりやすい方をとってしまう。結果として、安易な判断をしてしまう。もちろん、その判断が本質へとたどり着ける選択肢を潰してしまっている可能性がある。

わからないことをわかりやすい理屈で手短な解釈をするのではなく、わからないまま受け止めるようにしよう。仮説検証では、事実と希望を区別しなければならない。わからないことへの解釈が、気持ち悪さから脱却するための「こうであったらいいのに」という希望でしかない場合、判断を誤る。

同調圧力、確証バイアスに負けてはならない

このスタンスをチームで維持するのは実に難しい。わからないという気持ち悪さをとりあえずで対処したい、つまり手短な解釈でわかったことにするのが多数派になりやすい。こうなると、わからないことをわからないまま受け止めようという一派はたいてい少数派となり、**同調圧力**が働きやすい。集団の中で暗黙的に少数意見を多数意見で押し潰してし

まう動きだ。

同調圧力に加えて、仮説検証では確証バイアスが働きやすい。**「確証バイアス」**とは、自分たちが信じたい仮説を支持する情報を集め、反証を行わない、または反証につながる情報を無視してしまう認知現象だ。確証バイアスが働いていると、信じたい仮説につながることであれば、それが極めてまれな確率で発生することでも判断材料にしてしまう。わからないものに対して、この確証バイアスが働いてしまうことで認識の外へと置かれてしまう。そのうえで、同調圧力がその判断を強化してしまう。かくして、わからないものを受け入れるというスタンスはあっさりとチームから排除されてしまう。

こうした確証バイアス、同調圧力に対抗する手段は、チームに直感ではなく論理での判断を働かせるよう促すことだ。しかし、ただ論理の判断を求めても確証バイアスを破れない可能性がある。このような場合は、**判断を保留し時間を置く**ことを勧める。意思決定までの時間をあえてとることで、直感に押し倒される機会を奪うのだ。まず、わかっていないこと、わからないことを事実としてとりあげ、議論のテーブルの上に乗せる。そのうえで、わかっていることだけで意思決定してしまわず判断を保留する。意思決定を別の機会に設定する。そうやって間を置くことで、チームに論理で考える猶予を作ることができる。(6)

あえて、わからないことを増やしにいく

わからないものも、仮説検証を進めるうえではわかるものと同様「情報」だ。わかっていることが重要で、わからないものに価値がないわけではない。わかっていることを並べてみて、そのうえでプロダクトの構想に行き詰まりを感じたら、それは今わかっているこ

(6) 曖昧な状態を許容できる度合いを示す言葉として「曖昧さ耐性」がある。わからないことへの気持ち悪さにチームで向き合うことを呼びかける際に、こうした言葉を利用するのもひとつの手だ。名前付けがされていると、自分たちの状況を自覚する助けになるからだ(「いまは曖昧さ耐性が低いが、それで本当によいのか?」など)。

とだけではもっと先へ進んでよいのか判断できないということだ。そんな時はむしろ、**「わからないことを増やす」**活動を始めよう。守破離に則って表現するならば、「わからないことをわかるようにする」が「守」であり、「わからないことを増やす」は「破」にあたる。

わかることを増やすようにありながら、その片方ではわからないことを増やす。一見矛盾したスタンスに気持ち悪さを感じるかもしれない。しかし、わかっていることでは先々への期待が感じられないのであれば、まだ誰もわかっていない領域、わからないところに可能性を求め、探索を広げるのは妥当な方針と言えるはずだ。

あえてわからなくする。わからないものを増やす。それは、具体的には対象ユーザーの状況仮説をずらすということであるし、課題仮説を広げたり逆に捨てたりすることだ。ここに、乗り越えるべき壁が新たに存在する。第4章で、チームが直面する2つの壁について述べた。理想的な開発（アジャイル）への移行を阻む壁、プロダクトオーナーと開発チームの間にある壁、そして新たな3つ目の壁が、**自分自身の現状への理解**だ。**わからないものを増やすためには、自分の理解しているところから外へ出なければならない**のだ。

6-2 ― 視座、視野を越境する

壁を越える行為、つまり**越境**は、ここまで述べてきたとおり3回ある。1回目は、チームがプロダクトづくりをアジャイルにしていくこと。アジャイルにプロダクトを作ることがそもそも不確実性を招き、それにどう向き合うかを第3章で述べた。

2回目は、プロダクトオーナーの領域、そして開発チームの領域それぞれを相互に越えること。作る／作らないの境界、アウトプットとアウトカムの境界を第4章で見てきた。そして、アウトカムにたどり着くための仮説検証の方法を第5章で詳しく解説した。

3回目の越境は、自分たちが見えている風景を変えること、つまり**自分たちが捉えている現状への理解から離れて、新たな理解の獲得へと進むこと**だ。自ら不確実性を高めにいくような行為には強い意思が求められる。現状の理解に留まることは、コンフォートゾーン（安全領域）に身を置くのと近い。そこから出ていこうとすると、自分たちのこれまでの理解や経験が通じない可能性が高い。

この越境で求められる活動は、より高いアジリティでの実験と、そこから得られる学習への適応だ。不確実性がより高い状況では、実験と適応のサイクルを短く、そして速めたい。間違っている（可能性のある）時間を限りなく小さくするためだ。そのためには検証の範囲を小さくして、実験から適応までのリードタイムを可能な限り短くしよう。方向性へのあてがついてないところで多くの時間を投じることは、リスクが高い。頻度と精度のコントロールは、頻度重視に舵を切る。

守破離の「破」によって、現状への理解という境界を越えていく

こうした状況では、プラクティスをお手本どおりに正しく実施することの優先度は低い。型どおり実施できていることより、目的が果たせるかどうかが重要だ。振る舞いとして、守破離の「破」が求められる。この段階では、方法や手段の中身を変えていく。例えば、仮説キャンバスのエリアを必要に応じて変え、ユーザーストーリーマッピングの軸も自分たちで決め直す。

それまでの活動を通じて[7]、それぞれのプラクティスの何が大事なのかは、体験による実践知となっているはずだ。仮説キャンバスは、各エリアの論理的整合性を表し、構想の簡潔さを保つために一枚絵になっている。ユーザーストーリーマッピングは、想定ユーザーの行動という動的観点から新たな仮説を見出すこと、制作を通じて共通理解を作ることにその本質がある。こうした原則に則ったうえで、中身を変える。場合によってはその原則すら越えていくだろう。[8]自ら手段を作り出す段階へと至る。

現状への理解という境界を越えていくためには、どの方向へ踏み出すのか、何を実験するのかのあたりをつける必要がある。現状への理解とは、そもそもどういう境界なのだろうか？　この境界は、自分たちのこれまでの知識や経験で置いた認識である。この境界を越えるとは、**自分たちの認識を変えること**にほかならない。

では、自分たちの認識を変えるためには何が必要か。それは、**視座と視野の位置、範囲**

(7) 守破離の「守」にあたる。

(8) 守破離の「離」にあたる。

を動かすことだ。「視座」とはすなわち、目線の高低だ。一方「視野」は、見る範囲のことだ。プロダクトづくりにおいて、それぞれは何を意味するのだろうか。

視座の高低

視座は目的にあたる。つまり、「どういう目的に立って対象を見るか」だ。最も手元にある基準とは、(検証)プロジェクトの目的になるだろう。何のために検証を行っているのか、プロダクトの構想が人に受け入れられるものかを測るためだ。プロジェクトという視座でのみ意思決定を行おうとすると、プロジェクトとして決めた作業を終わらせることが目的になってしまう。「わからないことをわかるようにする」ことが活動のすべてとなり、これをこなすだけの作業で終わってしまう。

プロジェクトの上の視座は、プロダクトの目的が該当する。ただし、プロダクトの目的といっても、想定ユーザーの目的、ビジネスとしての目的、ファーストローンチやその先での目的など、目線の置き方は複数ある。自組織のビジネスからの目的でプロダクトを捉え続けていると、肝心のユーザーの目的が置き去りになってしまっているということも実際にある。

また、検証プロジェクトを進めていくと、課題仮説がなかった、あるいはあるにしても切実なものではなかったという結果が得られることがある。仮説とはいえ、最初の見立てに自信があった関係者の間には微妙な空気が流れるだろう。変に焦りを感じて、ひとつ結果が出ているにもかかわらず、最初の課題仮説に固執してしまうことがある(これこそ確証バイアスだ)。そんな時こそ、視座をプロジェクトからプロダクトへと高めて捉え直したい。

当初の課題仮説に必ず固執しなければならないのか。プロダクトの目的に照らせば別の仮説も見立てられるはずだ。

あるいは、ビジネスとして、ユーザーとして、それぞれの観点から理想を描こうとしてうまくいかないことがある。理想が大きすぎて、手元で何を作ったらよいかわからなくなるような状況だ。そんな時は、時間軸を切る観点で捉え直してみよう。最終の理想形ですべてを見通そうとするのではなく、ファーストローンチでの目的から考えるのだ。何が提供できれば立ち上げとして望ましいのか。あらゆる機能、あらゆる検証が最初から必要になることはない。

では、プロダクトの上の視座とは何だろう。それは事業である。スタートアップや立ち上がったばかりの事業部、ある製品に特化している場合など、事業とプロダクトの範囲が同等となっていることもある。だが、事業とプロダクトは異なる概念だ。プロダクトは、事業の構想を支えるひとつにあたる。実際には、プロダクトがありさえすれば事業が回っていくものではなく、マーケティングやアライアンスなど推進する機能が必要になる。また、事業の目的を果たすために複数のプロダクトを要する場合もある。そうなると、どれにどういう狙いでリソースを投下するか、事業としてプロダクト・ポートフォリオを組む必要がある。

プロダクトのあり方として方向性に迷うならば、事業の目的へと立ち返る。この目的の立ち返りとは、いわば基準を見失ったときの手立てでもある。例えば、捉えた課題仮説をより特定し、深掘りしていったことで、確かにユーザーに必要とされるプロダクトの構想は描けたが、課題のサイズがそれほど大きくない、つまり市場規模が想定より小さいということがわかったとする。そのまま課題解決まで進めていくのか、それとも立ち止まるべきなのか？

こうした時に、事業の目的に立ち返り、このプロダクトを通じて何を実現したかったのかを問い直すようにしよう。事業の狙いによって、目先の課題解決を追いかけていくのか、プロダクトの構想をやり直すのか、判断するわけだ。プロダクトレベルでは「正しいもの を見出した」と言えるかもしれない。だが、事業の観点からは、そんな規模のビジネスを構想しているわけではない、といった判断もありえる。

どんどん遡っていこう。事業の上には何があるか。組織だ。この段階も、小さな組織の場合は組織と事業がほぼ一致する場合もある。何のために事業を行っているのか？ それは組織の理念を実現するためだ。ゆえに、事業上の判断も、組織の目的に照らし合わせて行う。そして、組織はその外側にある社会に価値をもたらすために存在する。社会に必要とされない組織は、やがて滅びる。

このような構造で捉えると、世の中の要請に応えるために組織があり、組織はそのために事業を立ち上げ、事業の中核にはプロダクトがあり、プロダクトを形づくっていくためにプロジェクトを立ち上げる、という入れ子が成り立つ。この縦構造を行き来して[9]、適宜意思決定の基準を手に入れるのだ。

視野の広狭

次に視野を見よう。視野は、ある視座に立ったときに何を見るのか、である。事業やプロダクトのテーマ、あるいは置かれている状況によって見るべきものは変わるかもしれな

（9）チームの中や、チームの外の他チームや他部署との議論や調整でコンフリクトが発生した場合などは、視座の移動の出番だ。あるいは、チームの活動に何か行き詰まりを感じたとき。違う確度から物事を考えるために視座を意識するとよい。そのためにはそもそも自分たちの視座が今どこにあるのか、捉えるところから始めよう。

い。ひとつは、人が挙げられる。(10) プロダクトづくりの局面では、どの人を見るかが多くの場合で問われることになるだろう。プロダクトは人のために作ることが多く、そして作る方も人だからだ。

視野はつまり、範囲ということになる。見る人の範囲をどこに置くか。まず当然、ユーザー(利用者)が考えられるだろう。想定しているユーザーがどのような状況にあるのか、ユーザーから目を離すことはほぼないはずだ。

ユーザーから、関係者は広がる。利用者と、利用のための購買者が別れている可能性がある。ある製品を利用するのは子供、購入するのはその親、といった例だ。購買者の状況や課題、思惑などを捉えなければ、いかに利用者に価値があると判断されても利用が進まないこともある。

想定ユーザーが複数になることもあるだろう。購入するユーザーに対して、販売するユーザー。働きたいユーザーに対して、仕事を提供するユーザー。いわゆるマルチサイド・プラットフォームと呼ばれるサービス形態にあたる。その場合は、一方のユーザーだけではなく両者のPSfitを探索する必要がある。

プロダクトづくりを受発注で行っている場合は、ユーザーの他に顧客(発注者)が存在することになる。この場合、プロダクトに関する意思決定はユーザーの基準だけにはならない。顧客の基準も汲み取る必要がある。どれほどユーザーの課題を捉えられていても、プロダクトの構想が顧客の方向性と合致していなければ棄却されるだろう。あるいは、この顧客をプロダクトオーナーやプロダクトマネージャーに読み替えてもよい。

さらに、サービスの提供側として運用者を見る必要もある。滞りなくサービスが運営さ

(10) 他には「状況」も視野の対象と言える。プロダクトの利用前、利用後の想定ユーザーの状況。時間軸を考慮して、その差分を見ようとすると新たな発見につながる可能性がある。

れるためには、運用者の状況と行動を把握しなければならない。構想としてユーザーの問題解決ができるとしても、その運用に多大なコストを要してしまうならば、現実的に運用ができないということになる。

見るべきは、作り手も含まれる。つまりチームもその対象になる。どれほどプロダクトの構想が磨けたとしても、チームが体をなしていなければプロダクトは形にならない。多大な時間を要してローンチ時期を逸してしまうことは容易にありえる。

そして、自分自身も見る範囲に加えよう。プロジェクトの視座から見たとき、自分はどういう役割をとるべきなのか。プロダクトの視座から見たときはどうか。自分自身の振る舞いを局面に合わせて変えていくことも、プロダクトづくりを進展させるうえで求められるだろう。

視座と視野を動かし、新たな視点を得る

どの視座からどこを視野に入れるか、具体的にどのように視点を動かすか、考えてみよう。ある想定ユーザーの状況にフォーカスして課題仮説の検証を行ってきたとする。その結果、先に述べたようにビジネスとして期待するほどの市場規模になりそうにないという結論に達したとき、どのような判断ができるだろうか。仮説キャンバス上で、状況は変えずに課題仮説を広げようとするかもしれない。あるいは課題仮説は変えずに対象者が広がらないかどうか状況仮説の見立てを変えようとするかもしれない。この場合、置いている視座が変わっていない。そのため、仮説の広がりは限定的になる。

そこで、視座をプロダクトから事業の観点へとひとつ上げてみる。このプロダクトは

いったいどういう事業の狙いの下で構想してきたのか。プロダクトは、事業からするとあくまでその狙いを実現する手段でしかない。つまり、手段は変えようがある。事業の狙いから捉え直すことで、全く異なる課題仮説、状況仮説を描くことが可能だ。もちろんそれは、思いつきなどではない。それまでの検証活動の結果を経て、つまり学びを得て立ち戻っているのだから。新たな構想は、おそらく出発地点では得られなかったもの、想定できなかったものになるだろう。より具体的には、仮説キャンバスの上部である目的を捉え直し、必要に応じて目的自体もアップデートする。目的を変えたら、仮説キャンバスの各エリアの関係の整合性を保つために、全体的なアップデートへと展開されるだろう。

こうした視点の移動は、プロダクトづくりの課題解決にも適用できる。例えば、開発チームとプロダクトオーナーがスプリントごとのアウトプットの量で対立していたとする。プロダクトオーナーはスプリントを終えたときにやり残しがあることに疑念を持っている。もっとアウトプットが出せてしかるべきではないかと考えている。一方、開発チームは、プロダクトコードの質を確保しながら進めていくためにはテストの整備が必要であり、今以上の速度にはならないどころか、いったん新しいプロダクトバックログの実装を止めて、リファクタリング(11)に活動を振るべきではないかと考えている。プロダクトオーナーは、当初のローンチプランを崩すべきではないと考えていて、そのことが受け入れられない。

このようなコンフリクトが起きていたとしよう。プロダクトオーナーは、この問題に関してはプロジェクトの視座に立っている。当初のローンチプランを崩したくなく、そのためにアウトプットを開発チームに求めている。開発チームは意識していない可能性もある

(11) 外部から見た振る舞いを変えずに、プロダクトコードの内部構造を整理すること。

が、目の前のプロジェクト制約ではなく、コードの質を取り戻すというプロダクトの視座に立っている。この視座の差があるままではコンフリクトは解消できない。視座をプロダクトに置いて、開発チームとプロダクトオーナーの両者を見る必要がある。

プロダクトの視座に立って開発チームの状況を見るならば、その主張には合理性がある。目の前のプロジェクトを乗り切ることよりも、長く運用していくことになるプロダクトの変更容易性を高めておくことを優先するのは妥当だ。このままプロダクトバックログを次から次へと積み上げていくと、ますますコードに手を入れにくくなり、ジェンガのような不安定な構造のプロダクトになってしまう。

同じく、プロダクトの視座からプロダクトオーナーの状況を考えてみると、これはそのプロダクトがどんな段階にあるかによって様々な見方が生まれるだろう。検証を重ねコンセプトが定まり、これから多くのユーザーを集め、安定的に利用し続けてもらうというプロダクトならば、その質を欠くわけにはいかない。開発チームの主張に耳を傾ける必要があるだろう。

そうではなく、まだPSfitが確認されておらず、これから作るプロダクトはあくまで最初のMVPであり、動くソフトウェアで体験の検証をしたうえでこのプロダクトを提供するのかを判断しなければならない、といった段階ならば、質より速度を選ぶ判断はありえる。プロダクトオーナーは、いま作っているモノの位置づけを開発チームに伝え、方向性について認識を揃える必要がある。

このように、開発チームとプロダクトオーナーという同じ範囲を見る場合でも、視座を変えることで見えるものは変わる。可視範囲の面積が広がり、意思決定の新たな基準を発

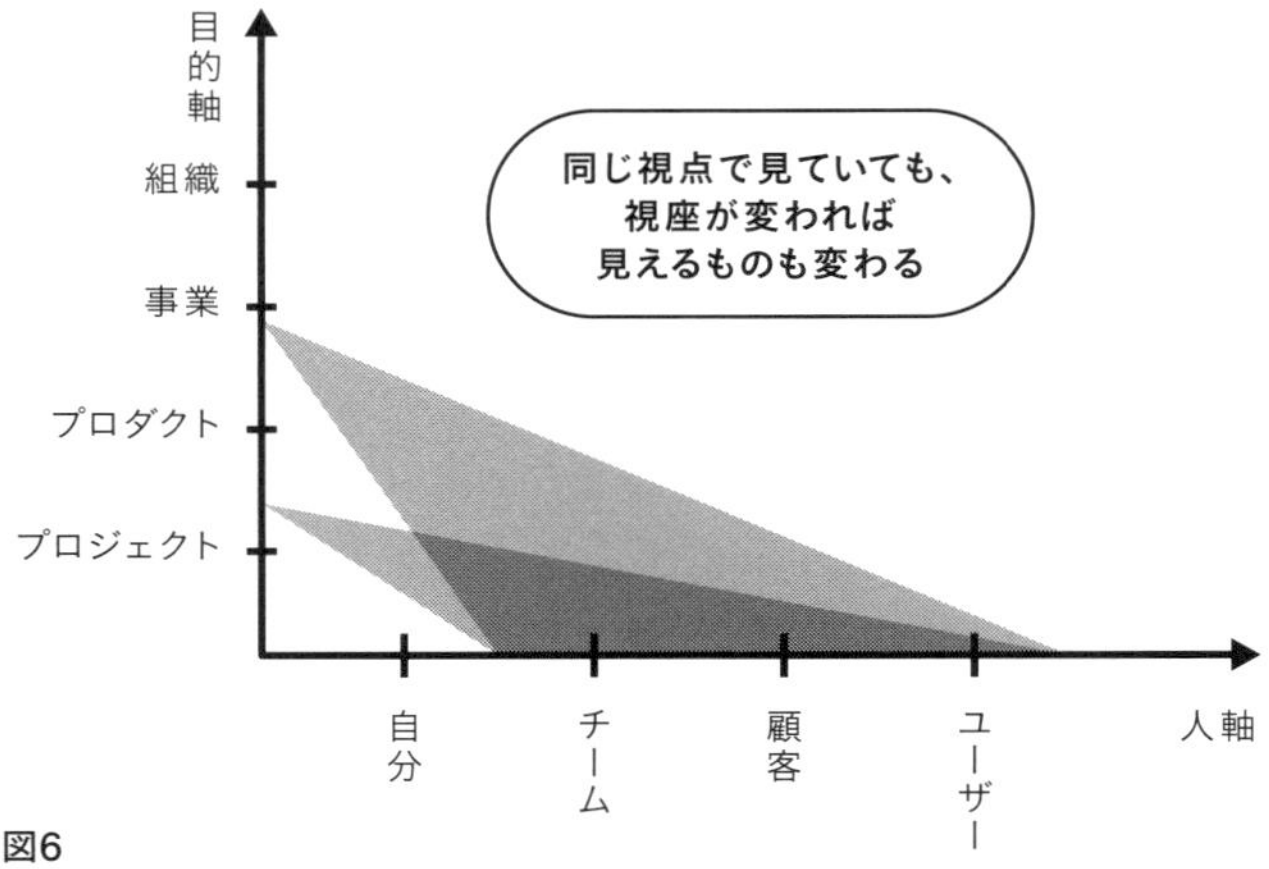

図6

見できる可能性があるのだ（図6）。

別の例でも考えてみよう。今度は、まずプロダクトの視座からユーザーの状況を見る。チームの苦労の甲斐もあって、カイゼンを重ねたプロダクトはユーザーにとって満足のいく体験が得られるものになっている。ユーザーの利用率は高まり始め、数字でも良好な反応を確認できてきた。開発チームとプロダクトオーナーの士気は高まり、活動に勢いが出てきた。というところで、プロダクトマネージャーから急遽プロダクトの展開プランと体制の見直しが呼びかけられた。開発チームとプロダクトオーナーは突然の決定に憤りを感じる。

だが、事業の視座からプロダクトマネージャーはじめ関係者（もちろん開発チームもプロダクトオーナーも含まれる）の置かれている状況を見ると、ミッションのクリアからは遠く離れたところにあることに気づく。いかに手元のプロジェクトの目的を果たしていようとも、プロダクトの満足度が高まっていても、事業という観点から見たとき、ビジネスとしては成り立たないという検証結果が得られたならば、それにもとづいた判断をする必要がある。「プロダクト開発チームなので、事業の観点を自分たちは持たないよ」というのは、プロダクトマネージャーとの間の役割分担として現実あることだが、それではプロダクトやプロジェクトの活動の最適化には限りがある。どの程度観点として持つようにするのかという度合いはあれ、プロダクト開発チームも自分たちの視座は自分たち自身で動かせるようでありたい。(12)

視座と視野に動きをもたらすフレーム

普段の主な役割にもとづく視座から上位の視座を得るということを、ごく当たり前にできることのように扱ってきたが、それほど容易なことではない。視座とは、普段の役割にもとづいて固定されやすいものだ。そこから視座を動かす際の難しさを特に2つ挙げておこう。

ひとつは、上位の視座での経験がないため想像できない場合だ。プロダクトづくりにフォーカスしてきた人に、「いきなり事業の観点に立って考えよ」というのは無理がある。経験がないところでの想像は、かなり精度が悪い。

別の視座を手に入れる手段は、自分で経験してみるというのを除くと、その立ち位置にある人との対話を通じて考え方に触れることだ。どういう時にどのように考え、何を優先基準として判断するのか、その見立てを学ぶ。学ぶとは「真似ぶ」ことだという。まずは、人の判断を真似るところからスタートしてもいいだろう。そして、できるかぎり多くの人

(12) なお、こうした視座と視野の捉え方は、プロダクトづくりに限ったことではない。それ以外の仕事でも、組織のあり方を考えるうえでも、適用できるものだ。例えば、大きな組織で、複数の部署があったとしよう。ある事業の視座に立ったとき、開発、セールス、デザインの各部署のコミュニケーションが円滑に取れていることを確認できたとして、組織(会社)の視座まで位置を高めたとき、事業部の間の壁が厚く、横断した知見の共有が全くできていないことに気づく。事業の視座であれば、それぞれの事業として問題があるとは見なされないが、組織の視座に立ったときには問題となる。それを問題と捉える理由が、組織の観点では十分にある。だから、組織として横断的な共有会を開催しようといった動きを、トップダウンに頼らず現場から始める、ということも考えられる。

と関わりを持ち、様々な考え方に触れるようにしてほしい。一人の人の視座をすべてとすると偏りがある。様々な見方から自分の視座を得るようにしよう。もちろん、その視座に実際に立って経験を積めるよう努めるのも必要だ(13)。

視座を動かす難しさのもうひとつは、たとえ上位の視座を経験的に持ち合わせていたとしても、人は目の前のことに集中してしまう傾向があるということだ。プロジェクト仕事をしているときはプロジェクトに、プロダクト開発をしているときはプロダクトに、事業計画を立てているときは事業に、集中するのは至極当然のことだろう。目の前の仕事に集中しなければ、クオリティは上がりにくいものだ。

そうであるがゆえに、視座を切り替えていくのは難しい。無意識に視座を上がり下がりできる人は相当習熟していると言える。たいていの人には、視座の切り替えがとてつもない負荷になる。事業戦略を構想していたと思ったら、次にプロダクトのイメージを描き、それを実現するためにどのフレームワークを採用するか、といった思考を短時間のうちに行き来するのは、脳への負担が重いため処理しきれないだろう。

これは、視野の範囲を変える際も同様である。今まで捉えていなかった人を視野に入れ、自分の意識の外に置いていた人を思い出し、思考の範囲に入れるというのは、認識するのに時間を要するという以上に、そもそも思い出せない場合が多いだろう。

こうした視座、視野の切り替えは、意識的に行う必要がある。慣れないうちは、フレームに則って処理するのがよいだろう。最初から、とりうる範囲の視座、視野の動きの方を用意しておき、それに対象を当てはめるのだ。

具体的な動きを追ってみよう。まず、1つ視座を高めてみる、さらにもう1つ視座を高

(13) 視座の移動を鍛える手段は様々ある。大事なのは、日常への最適化によって固まりがちな自分の視座をほぐしたり、揺らがせる体験を用意することだ。例えば、普段の仕事に直接関係しないが同じものづくりの領域の書籍(建築やデザイン)を読む。全く異なる領域で哲学やアートの書籍を読む。こうした領域に向き合うことで、普段の専門性(ソフトウェア開発)から離れられ、それ自体が視座をほぐすことにつながる。そして、物事の捉え方に異なる切り口があることも気づかせてくれる。あるいは、チームからいったん離れて、一人きりになる時間をあえて作ることも、視座を揺らがせることにつながる。日常で時間を長く共にしていると、思考も同質化していくところがある。そうしたつながりをいったん断ち切ることで、自分自身が既に異なる視点を持っていることに気づけることもある。

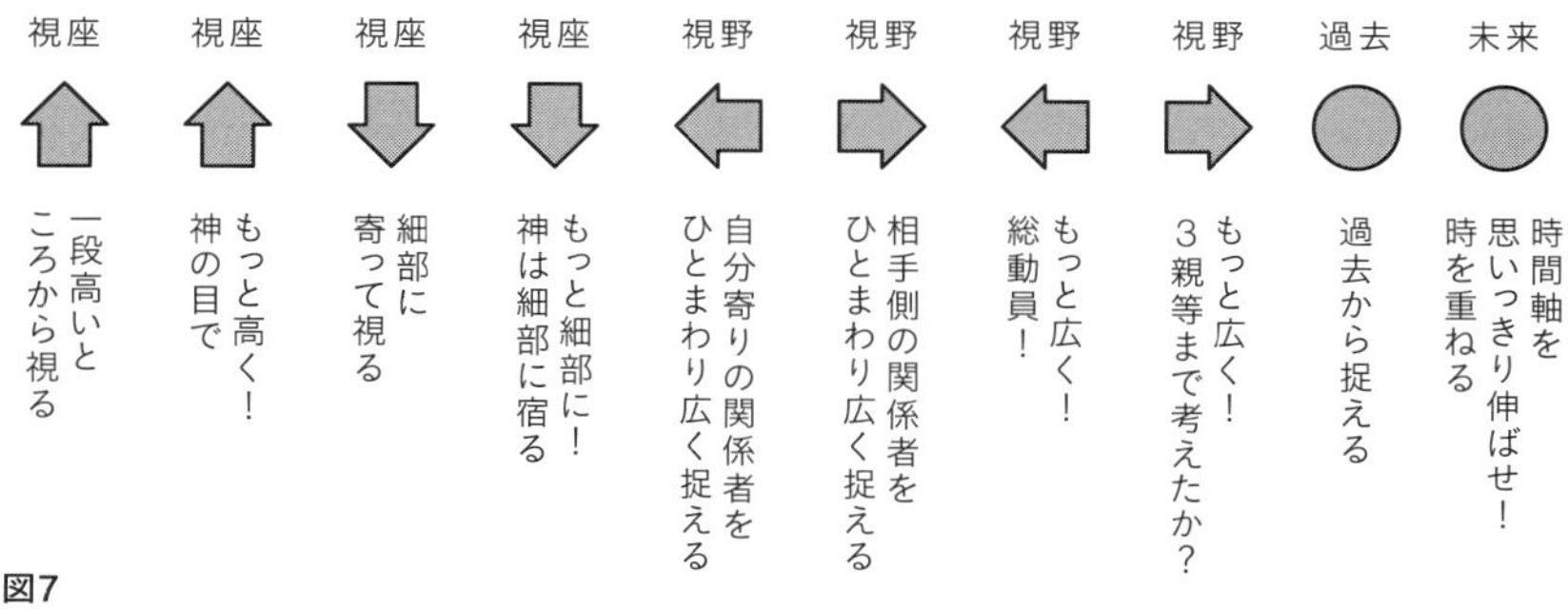

視座	視座	視座	視座	視野	視野	視野	視野	過去	未来
⬆	⬆	⬇	⬇	⬅	➡	⬅	➡	●	●
一段高いところから視る	もっと高く！神の目で	細部に寄って視る	もっと細部に！神は細部に宿る	自分寄りの関係者をひとまわり広く捉える	相手側の関係者をひとまわり広く捉える	もっと広く！総動員！	もっと広く！3親等まで考えたか？	過去から捉える	時間軸を思いっきり伸ばせ！時を重ねる

図7

めてみる。逆に視座を低くする、位置を詳細に現場に近づけてみる。次に、対象から視野をずらす。その対象から1つ外側に関係する人を思い浮かべる。さらに、その外側まで範囲に入れてみる。視点の動き方をイメージにすると図5のようになる。

　対象がどういうときに、視座をどこにおくか、視野をどこまで広げるか、個別に捉えるのではなく、フレームを固定し、そこに対象を置いて可能性を探索しよう。そしてこの視座と視野の動きに加えて、時間軸も加えよう。そ過去と未来だ。現在から過去、過去から現在へ。現在から未来、未来から現在へと。時の動きを加えてみよう。視座、視野だけでは見えてこなかったことが現れるかもしれない。**越境のためのコマンド**[14]を覚えておこう（**図7**）。

(14) 上上下下左右左右過去未来と覚えておこう。

わからないことを増やすと一人の力では手に負えなくなる

　さて、視座、視野の切り替えが、自分の現在地点から行きたいところへの越境へとつながるわけだが、こうした話をしてしまうと、視座は高ければ高いほどいいのだろう、視野は広ければ広いほどいいのだろう、とおそらく感じるだろう。

しかし、より重要なことは、高さ、広さの度合いの大きさより、高低、広狭を自分の意思で行き来できることだ。視座が高ければ高いほど、視野が広ければ広いほど、正しい判断ができるのか？　この本をここまで読んで来た人ならきっとわかるはずだ。絶対的なモノサシなどないということが。

ありもしない万能なモノサシを求めるより、その時々、その局面局面で、必要なモノサシを取り出し、取り替えられることの方が、判断を誤らない可能性を高められる。組織の理念だけ頭に満たして現場でプロダクトはかたちづくられるのか？　時に、プロダクトづくりの最前線に立ち、その質を捉え、その仕上がりの速度を測り、そこにある問題を掴みにいかなければ、プロダクトを必要な人に届けることはできないだろう。

高低、広狭の行き来を、自分の思うようにできること。それも、できるだけ早く。行き来が早ければ早いほど、ボトルネックを消失させられる。ボトルネックとは、それが起きている場の人だけでは解決できない問題のことであり、認識か解釈か意思決定か、あるいはそのすべてで起きているエラーなのだ。

こうして視座、視野を変えると、新たに見えるものが増え、それは同時にわからないことが増えるのにつながる。課題仮説や状況仮説がずれる。問題解決の手段が自分たちの得意とするものからずれる。このずれは、新たな理解や技量を求めてくるだろう。こうしたことに個人で適応していくのには限界がある。自分のできる範囲での行動や判断ではなくなっていくからだ。

想定してこなかった、知見がまだないユーザーセグメントへのアクセスが必要になるかもしれない。例えば、何らかのサプライチェーン上で、対象のプレイヤーをひとつ移動させただけで全く異なる職種を相手にすることになる。問題解決の手段を自前で用意することから、外部とアライアンスを組んで調達することになったら、やはりパートナー候補へのアクセスの確保と、アライアンスをどうやって結んでいくかという活動に重心が変わることになる。

越境によって、わからないもの・ことが増える。それは、個人の力量も越境することになる。個人の能力は、その人の経験に依るところが大きい。あらゆる準備ができている者などいない。だからこそ、チームの存在が改めて問われることになる。

6-3 ― チームとともに作る

わからないもの・ことを増やして自ら不確実性を高めるという状況下で拠り所となるのは、適用可能な技量の幅の広さと、異なるバックグランドにもとづく様々なタイプの知見だ。つまり、**チームの持つ多様性**だ。

本書の最初で、不確実性を招くのは現場の多様性にあると述べた。**多様性は、不確実性**

を高める。その一方で、その不確実性に適応する術《すべ》もまた多様性なのだ。

もちろん、最初の出発点とは状況が違う。まず私たちは、不確実性に対峙する術《すべ》としてアジャイルな開発のあり方を手に入れた。ただ、アジャイルに作ること自体が不確実性を引き寄せるものであり、それに適応するために余白の戦略、そしてスプリント強度を高める戦術を手に入れた。さらに、作るべき何かの探索に伴う不確実性に対して、正しくないものを作らないという方針のもと、探索から開発までの統合でもって適応するあり方に到達した。最後に、自分たちの理解から離れるために、視座や視野を変えることで自ら不確実性を高められるようになった。

ここまで3つの壁を乗り越えてきたチームは、目的のために「越境する」という思考と行動の原則を手に入れているはずだ。不確実性に多様性でもって適応するチームが、前提と前提、役割と役割、人と人との間に生まれてくる境界に分断されず、**「共創する」**ことを支えるのは、個々人に宿った「越境」という価値観である。目的のためなら手段を選ばないチーム。それぞれの役割を置きつつ必要に応じてその境界を相互に越境できるチームだ。

与えられた言葉だけで作る開発から、イメージと言葉で作る開発へ

越境チームは、より自己組織化が進むことになるだろう。自律的に動けるメンバーで構成されているはずだ。基本的な役割の定義は残るだろうが、個々の活動は越境的になる。プロダクトづくりを担う開発者も、開発の現場から外に出て、仮説検証を担うプロダクトオーナー同様に利用の現場へと訪れることになる。プロダクトがまだない段階での現状の

（ユーザーが活動している）現場、あるいは自分たちの提供し始めたプロダクトを試行している現場、さらにあるいは擬似的に生み出したテスト利用の現場へと。プロダクトオーナーも、デザイナーも、開発者も、チームで現場に行き、チームで利用者の状況を見る。それぞれの職能や経験にもとづいて、それぞれが状況の解釈をし、仮説を立てることになる。つまり、プロダクトオーナーが一人で仮説検証を背負い観察と解釈を行い、その結果をチームに伝えるやり方から、チームで見て、考え、そして作るという、**「ともに作る」**あり方へと変わるのだ。

それぞれの解釈にもとづくようになると、立てられる仮説の幅も広がる。あるいは、チームの一人ひとりが必ずしも仮説検証の技量を備えていないため、状況を目の当たりにしても解釈ができないことも考えられる。ゆえに、解釈を統合するためにも、解釈の仕方を共有するためにも、現場を観察した後は、チームでふりかえりを行うようにしよう。そこは、**他者の発見から学びを得る場**であり、かつ学び方自体を学ぶ場となるだろう。

こうした活動の狙いは、プロダクトが利用される、よりリアルな状況イメージを作り手に持ってもらうためだ。具体的には、現場に行って、利用状況を体験し、体感を得て、何が必要かを解釈するためである。結果、作り手自身の中に、どういう機能性があれば有用なのかの基準を作ることになる。これは、言葉の解釈、やりとりにのみ頼った開発のあり方から離れることでもある。

言葉にのみ頼った開発では、言語化できている内容がプロダクトで実現できる範囲の上限となる。その言語化をプロダクトオーナーなどプロダクトの方向性を決める誰かに依存してしまっていると、その個人の想定を越えるようなプロダクトをかたちづくるのは難しい。それに、プロダクトづくりのアジリティにも限界が出てくるだろう。言語化を待ち、出てきた言葉を解釈し、解釈どおりできているか確認してもらう、というワークフローを越えることができない。いずれの限界も、作り手に与えられた言葉以上のイメージがないためにもたらされる。

これは、プロダクトオーナーと作り手のコミュニケーション媒体が、重厚なドキュメントであろうとユーザーストーリーであろうと、本質的には変わらない。精緻なドキュメントベースでのコミュニケーションを頼りに置く開発のスタイルの場合の多くは、言語化されている内容以外を作ることが許されていないだろう。

そのアンチテーゼたるユーザーストーリーはどうか。文書化されている内容が限定的なため、会話による補完が前提となる。だが、会話も結局はプロダクトオーナーが言語化した内容を文字ではなく言葉で伝えている違いだけで、受け止める相手に利用者や状況のイメージがなければ言語化された内容以上の可能性は生まれにくい。

だからこそ、**利用の現場にチームで出て、イメージを作り手に宿す**のだ。むしろ、安易にすべてを言語化しようとするのではなく(それは文書であろうと会話であろうと)、解釈の余地、発想の余地をあえて残すようでありたい。与えられた言葉だけで作る開発から、イメージと言葉で作る開発へ。もちろん、形になっていくプロダクトに認識の相違が埋め込まれたまま放置していくようではリスクを高めることになってしまう。だから、スプリントレビューを待つことなく、スプリント中の作り手とプロダクトオーナーの会話の重要性は増すことになる。

作り手が基準を持つという考え方は、そもそも**プロダクトの振る舞いを最後に決定する**

のが作り手であるということを思い出すと、よりしっくりくるだろう。プロダクトに構造を与え、機能性を実現するのは、一行一行のコードである。そのコードのあり方を決めるのは誰か。作り手だ。

コードの一行一行のあり方を、いちいちプロダクトオーナーに確認するだろうか。実際のところ、振る舞いに大きな影響を与えるコードについて、プロダクトオーナーに判断を求めることはよくあることだろう。これを極力最小限に抑えられるようになったらどうか。開発のアジリティは間違いなく増すだろう。もちろん、プロダクトオーナーとの間でイメージを共有しておくようにするか、形にしたもので共通認識を得に行くのは言うまでもない。

この方向性でプロダクトづくりが進んでいくと、開発の現場と利用の現場はその距離を縮めることになる。〝現場〟でコードを書いて、〝現場〟で試す。利用者の反応を見て、その場でコードを書き換えて、新たな仮説を試す。

私の経験では、検証先のとある魚市場に作り手も同行し、その場でPull Requestを投げ、その場でMVPの振る舞いを改変し、その場で試した、ということがある。利用の現場と開発の現場の距離がゼロになった瞬間だった。

現実的には、利用の現場に毎度出ていくのはコストパフォーマンスに見合わなくなる可能性がある。(15) そうした場合は、利用の現場を擬似的に作るやり方をとるのがよいだろう。リアルな現場を模して準備した環境で、利用状況の再現を行うのだ。

例えば、魚市場の再現となるとハードルが高そうに思うかもしれないが、魚を入れるトロ箱はダンボール、魚自体は画像を引き伸ばして印刷した紙で代用ができる。想定ユー

(15) 先の例だと、午前3時に地方の魚市場に行く必要があった。

ザーの振る舞いは、関係者で役割を分担して再現する。これは第5章で述べたアクティングアウトそのものだ。だからこそ、利用の現場にチームで出ていく必要がある。リアルな状況を目の当たりにして体験しているからこそ、ユーザーの振る舞いを見よう見まねで再現できるのだ。

利用の現場が近くなるほど、実際のユーザーをプロダクトづくりに巻き込むことになる。何度も足を運ぶことで、関係性は深まっていく。ユーザーも、人によっては自らアイデアを出してくれたりと、積極的に協力してくれることもある。ほぼプロダクトづくりに参画してくれているようなものだ。「ともに作る」とは、チームメンバーや関係者と「ともに」というだけではない。ユーザーとも「ともに」作る。越境は、そんなところへまで行き着くだろう。

一人の人間のようなチーム

さて一方、チームのあり方はどこへ行き着くだろう。私は、**越境チームは一人の人間のような状態へと近づく**と考えている。

人間は何か対象を見て、触り、考える。そして手を動かし、何かを生み出し、使う。こうしたモノづくりの機能を、越境チームはひとつのチームで担う。すなわち、対象を見るとは「観察」にあたり、対象の声を聴くのは「インタビュー」にあたる。対象との会話はインタビュー時の「質問」だし、理解の「言語化」だ。そうした知覚にもとづいた考える行為とは、何を作るべきかの「仮説を立てる」行為にあたる。仮説は検証を経て、会話による補完を得て、プロダクトバックログに整理される。そして、手を動かし、作るとは、まさにプロダクトバックログを「開発」することにほかならない。人間が足を使って移動するのは、他者とのコミュニケーションのためでもある。これは、スクラムイベントを通じて「共通理解」を得るのにあたる。

そうして、手を動かして作っていて、わかってくることがある。過去の経験と照らし合わせることで、作っているものに違和感を感じたりする（このまま作り進めても大丈夫か?）。また、できあがったものを眺めて、問題やより良い改善に気づくことがある。そうした指先（作る行為の最前線）から得られる感覚を受け止めて、解釈を行い、意思決定をする。スクラムイベントでのコミュニケーションがこれにあたる。

しかし、人間がそうであるように、場合によっては指先の感覚だけで作るものを変えていくことはできる。こうした動きは、作り手がプロダクトオーナーにすべてを確認することなく、自ら宿した基準で作り進めることにほかならない。基準がチームのものになっているのであれば、可能になる。

このように、一人の人間のモノを作る行為と、チームが行うプロダクトづくりは対応する。こうした行為を、一人の人間であれば何の迷いもなく淡々と行えるだろう。何かを見て、判断し、手を動かすまで、「ちょっと3日ほど待ってくれ」ということはないものだ。そのような人間の自然な動きのように、チームもそれぞれの活動をなめらかにつなぎ、滞りなく実施できるようにありたい。

考える頭と動く身体がバラバラだと、ちぐはぐな活動になってしまう。チームも、考える仮説検証と手を動かす開発が分断されていて意思疎通が悪いと、なめらかなプロダクトづくりにはならない。人間が訓練によって自分の体の動かし方を学び、思いどおりにできるようになるのと同じで、チームも繰り返し行為を重ねることで練度を高めていく。

そして、人間が感情を宿しているように、チームも感情に向き合うようであってほしい。ユーザーの嬉しさを感じ取ろうとすること。作り手の作ることへのワクワク感を大事にすること。こうした感情を仕事から追い出したとき、そのプロダクトの細部には「こだわり」が宿るだろうか。どうでもいいと思っているプロダクト、つまらないと感じている仕事に対して、作り込みができるだろうか。

利用する人々の状況と、そこにある感情を想い、さらに自分たちの感情にも目を向け、耳を傾け、そこに不具合があれば正そうとする姿勢が、プロダクトを細部まで丁寧に磨きたいという思いにつながる。作ることに楽しさを感じられるからこそ、プロダクトを自分のモノのように扱い、こだわりへとつながる。そうして、できていくモノに自信を持てるからこそ、プロダクトは作り込まれ、また使う人の嬉しさを誘うことになるのだ(図8)。

ともに作る

では、一人の人間のように動ける越境チームは、あらゆる不確実性に適応できる存在になれるだろうか。いや、チームにも限界はある。高まる不確実性、その流れはやがて単一のチームの多様性で太刀打ちできなくなることも想定できる。

そのため、チームを越えた多様性の確保が必要になるだろう。チームの外側に何を置くか。まずは組織が考えられるだろう。ならば、これまでこうしてきたという「これまでバイアス」に縛られず、目的のために動ける組織へと、越境する者の拡大へと、話は広がることになる。

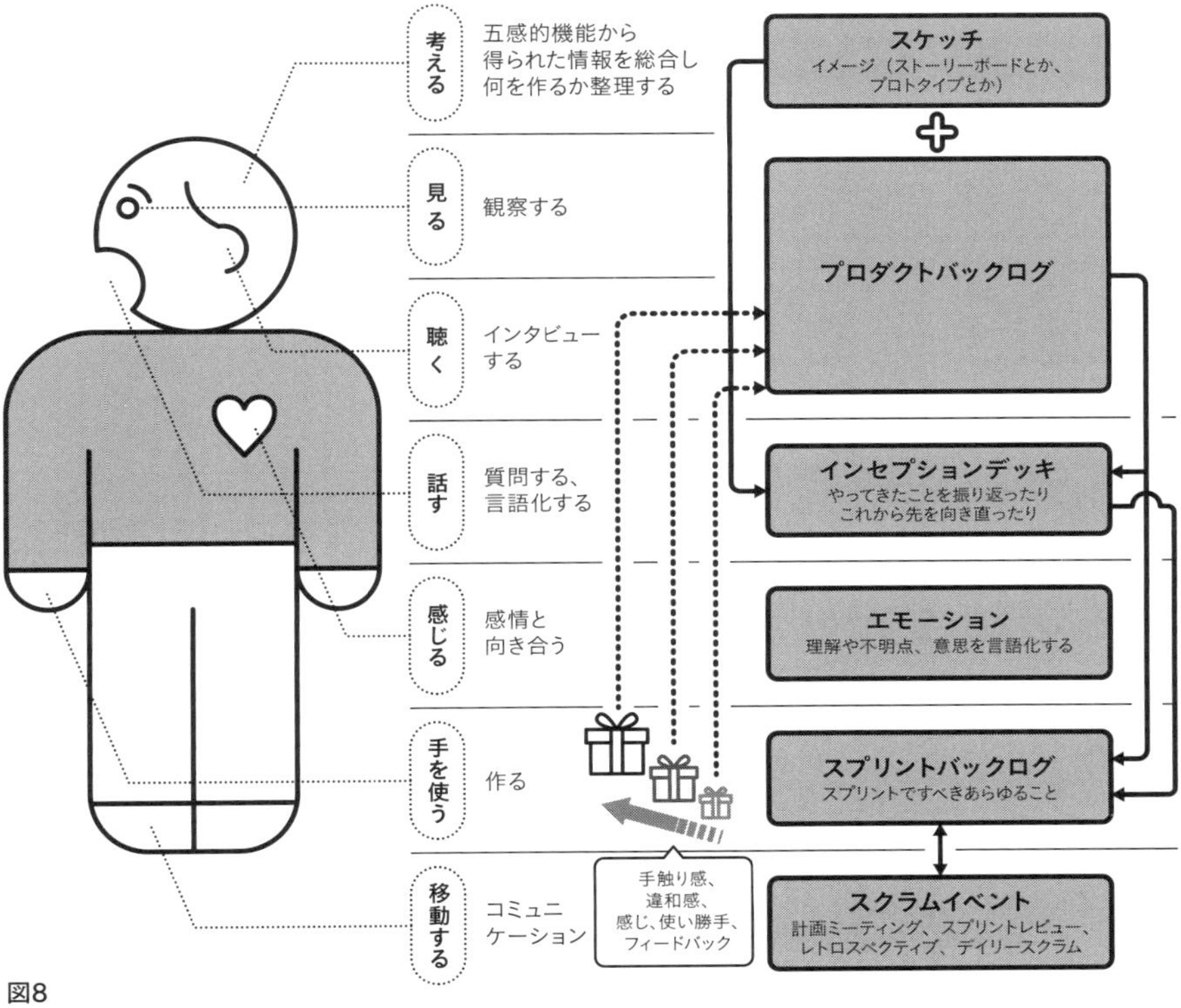
考える
五感的機能から
得られた情報を総合し
何を作るか整理する
見る
観察する
聴く
インタビュー
する
話す
質問する、
言語化する
感じる
感情と
向き合う
手を使う
作る
移動する
コミュニ
ケーション
手触り感、
違和感、
感じ、使い勝手、
フィードバック
スケッチ
イメージ（ストーリーボードとか、
プロトタイプとか）
プロダクトバックログ
インセプションデッキ
やってきたことを振り返ったり
これから先を向き直ったり
エモーション
理解や不明点、意思を言語化する
スプリントバックログ
スプリントですべきあらゆること
スクラムイベント
計画ミーティング、スプリントレビュー、
レトロスペクティブ、デイリースクラム
図8

組織の中での越境を後押しする活動は、現実にはさまざまな場所で行われているのを見てきている。大きな組織ほど、個人の振る舞いで変えていくのは難しいものだ。だからこそ私たちは、組織の外にコミュニティという存在を持ち、そこをお互いの学びの場としてきた。コミュニティで学び、また自組織での展開につなげていく。そうした活動を、ソフトウェア開発の世界では綿々と行ってきたし、これからも続くだろう。

一方で、時は進み、社会自体が変わってきている。組織だけではなく、コミュニティが多様性を担う時代へと移ってきているようにも見える。チームの手に負えない問題に直面したとき、あなたは果たして組織の中に支援を求めるだろうか。それとも、コミュニティを通じて知り合った外部の専門家に支援を求めるだろうか。後者のようなコミュニケーションのあり方は、珍しいことではなくなっていくだろう。そうなると、組織の内外の境界もより揺らいでいくことになるだろう。

組織とはそもそも、その中であれば取引のコストを最小限にできるため結成された枠組みであると見ることもできる。つまり、見ず知らずの人間に協力を求めるより、同じ組織の一員であれば、相手のコミットメントを疑う必要も、その行為を必要以上管理監督する必要も、条件交渉をする必要もない、無条件で相手を信頼できる仕組み、というわけだ。しかしこうした取引コストについての考え方も、既に通用しないところが多いのではないだろうか。

組織かどうかに依ることなく、人と人との関係に向き合う必要がある。人と人との間には、**取引の関係**と**共創の関係**がある(図9)。取引の関係とは、約束された役務を果たすことで対価を得る、という相互に信用が問われる関係性だ。コミットメントを果たす能力が

共創の関係	**貢献↔感謝** **信頼が大事**	● 求められるのは共感。 ● 主観と主観が交われるかが大事。 ● なので、共感が生まれるようなビジョンとその表現、伝達が前提。 ● 共感が不足している場合は： ① ちょっとずつ始めて共感を育む ② 表現を変える ③ 伝達を変える
取引の関係	**役務↔金銭** **信用が大事**	● 求められるのは能力（問題解決）。 ● 客観的なわかりやすさが大事。 ● なので、能力を証明する手段が事前に求められる（実績）。 ● 証明が不足している場合は、代替による「信用の充足」が必要： ① 他人からの紹介 ② ちょっとずつ始めて信頼を育む ③ 成果報酬（証明できない）

図9

あるかどうか、逆に相手も約束を守ってくれるかが問われる。これを客観的に証明できれば、安全な関係性と言える。これまでの仕事の関係といえば、この取引の関係が中心であるし、これからも仕事をやり遂げるという観点からは基本として必要になる関係性であると言える。

一方で、共創の関係は、貢献したいという思いと、それに対する感謝がつなぐ、相互信頼の関係性だ。客観的な証明よりも、主観的にお互いが安心できる関係性と言える。こうした関係性は、これまで仕事においてともすると軽く扱われてきたかもしれない。だが、人が越境してまで、チームで、組織で、コミュニティで、プロダクトづくりをしようという根本には、**「ともに作る」**ことでこそ人に価値をもたらせられるのではないかという期待があるはずだ。そうでなければ、自ら背負いに行こうとは思いもしないだろう。

最後に。越境チームは、目的に忠誠を誓うチームのことだ。だが、目的が誤っていたとしても、目的に心中することなく、方向を自ら変えることができる。これが可能なのは、「自分たちは正しいものを正しく作っているか?」という問いを抱いているからだ。問いに向き合い続けられるならば、目的自体を捉え直すこともできる。

これからも高まっていくであろう不確実性に適応するためには、役割を中心とした調整によるプロダクトづくりから、**問いと向き合い続ける共創によるプロダクトづくり**が、より「ふつうのプロダクト開発」となっていくはずだ。そういうチームが次々と増えていくことを願っている。ともに前進しよう。

まとめ

○「正しいものを探す」から「正しく作る」へ接続するために：「プロダクトバックログ詳細化への段階設計」、仮説検証の「精度と頻度の戦略」、「わかったことを正しく作る」。

○「わからないことをわかるようにする」から「わからないことを増やす」へ。自分たちが

捉えている現状への理解から離れて、新たな理解の獲得へと進む。

○越境のために視座と視野の位置、範囲を動かす。視座と視野に動きをもたらすコマンド「上上下下左右左右過去未来」。

○わからないことを増やすと一人の力では手に負えなくなる。不確実性にはチームの多様性で立ち向かう。

○越境するチームは「一人の人間」のような状態へと近づく。

○「役割を中心とした調整によるプロダクトづくり」から「問いと向き合い続ける共創によるプロダクトづくり」へ。

あとがき

この本は、平成の終わりと、令和の始まりの境目で書き記した。境界というのは人に恐れと期待を同時に与えてくれる。果たしてこれからこの境界を越えられるのかという慄き。そして、目の前の境界を越えることで得られるであろう可能性への希望。プロダクトづくりもまた、境界への直面とその越境の繰り返しと言える。

「イントロダクション」で示したとおり、本書はこの5年を中心としつつ、その前段のときも含めて、私のプロダクトづくりの実践について言語化したものである。私自身は、本書を書き進めるなかで、この内容から次へ進むべき方角を見定めることができた。そういう意味で、本書は私にとって守破離の「破」から「離」へと差し掛かる内容である。この内容を新鮮な思いで受け止める読者にとっては、守破離の「守」にあたることになるだろう。

プロダクトづくりの不確実性に向き合うためには、人々の知恵の積み重ねが欠かせない。私も多様な人々との関わりのなかで多くのことを学んできた。「守」にあたる皆さんは、ここで示した内容を足がかりにして次へと踏み越え進んで行ってほしい。私も私自身のジャーニーを続けていく。それぞれの多様な学びが、誰かの次のプロダクトづくりの成功を引き寄せるはずだ。それはあなたかもしれないし、私の方かもしれない。

越境しようとする人は、常にどこかの境界を前にして佇んでいる。これから乗り越えようとする境の広さや深みに足がすくんでいる場合もあるし、乗り越えようとまさにその一歩に差し掛かるところかもしれない。いずれにしても、境界のそばには越境する人が引力のように引き寄せられている。その引力は、また人と人とを結びつける力にもなる。どこかの境界で出会えることを楽しみにしている。ともに越え、ともに作っていこう。

謝辞

この本を作るにあたって、多くの方にレビューをしていただきました。指摘やフィードバックをするのに決して容易な内容ではないこの本に向き合う時間を割いていただいたことに感謝いたします。最後までお付き合いいただいた、篠原徳隆さん、黒田樹さん、小田中育生さん、吉村隆一郎さん、沼田佳介さん、増田亨さんに重ねて謝意をお伝えします。皆さんとのやりとりで、私自身が多くの気づきを得ました。

また、本書は私にとって初めての単独著作でした。この本が形になったのは、その伴走にお付き合いいただいた編集者の村田純一さんのおかげです。

最後に、この創作を見守ってくれた妻純子に感謝します。いつもいつも、私を支えてくれてありがとう。

２０１９年5月 市谷聡啓

参考文献

第1章

〈リモートワーク〉

『強いチームはオフィスを捨てる　37シグナルズが考える「働き方革命」』ジェイソン・フリード、デイヴィッド・ハイネマイヤー・ハンソン／早川書房／2014年

〈複業〉

『ギグ・エコノミー　人生100年時代を幸せに暮らす最強の働き方』ダイアン・マルケイ／日経BP社／2017年

〈要件定義〉

『モデルベース要件定義テクニック』神崎善司／秀和システム／2013年

〈スクラム〉

「スクラムガイド」https://scrumguides.org/docs/scrumguide/v2017/2017-Scrum-Guide-Japanese.pdf

第2章

〈XP〉

『エクストリームプログラミング』ケント・ベック、シンシア・アンドレス／オーム社／2015年

〈適応型ソフトウェア開発〉

『適応型ソフトウエア開発　変化とスピードに挑むプロジェクトマネージメント』ジム・ハイスミス／翔泳社／2003年

〈スクラム〉
『エッセンシャル スクラム　アジャイル開発に関わるすべての人のための完全攻略ガイド』Kenneth Rubin／翔泳社／2014年
「アジャイルマニュフェスト」https://agilemanifesto.org/iso/ja/manifesto.html

〈設計〉

『現場で役立つシステム設計の原則　変更を楽で安全にするオブジェクト指向の実践技法』増田 亨／技術評論社／2017年

〈カンバン、ファイブフィンガー〉

『リーン開発の現場　カンバンによる大規模プロジェクトの運営』Henrik Kniberg／オーム社／2013年

〈見積もりと計画づくり〉

『アジャイルな見積りと計画づくり　価値あるソフトウェアを育てる概念と技法』Mike Cohn／毎日コミュニケーションズ／2009年

〈レトロスペクティブ〉

『アジャイルレトロスペクティブズ　強いチームを育てる「ふりかえり」の手引き』Esther Derby／オーム社／2007年

〈アジャイルの段階導入〉

『カイゼン・ジャーニー　たった1人からはじめて、「越境」するチームをつくるまで』市谷聡啓、新井 剛／翔泳社／2018年

〈ゴールデンサークル〉

『WHYから始めよ！　インスパイア型リーダーはここが違う』サイモン・シネック／日本経済新聞出版社／2012年

第3章

〈アジャイル、インセプションデッキ〉

『アジャイルサムライ　達人開発者への道』Jonathan Rasmusson／オーム社／2011年

〈ミッションコマンド、OODA〉
『米軍式 人を動かすマネジメント　「先の見えない戦い」を勝ち抜くD-OODA経営』田中靖浩／日本経済新聞出版社／2016年
『OODA LOOP（ウーダループ）』チェット・リチャーズ／東洋経済新報社／2019年

〈線表〉

『チームの仕事を間に合わせる技術』吉沢康弘／あさ出版／2015年

〈ユーザーストーリーマッピング〉

『ユーザーストーリーマッピング』Jeff Patton／オライリージャパン／2015年

〈MVP〉

『リーン・スタートアップ』エリック・リース／日経BP社／2012年

〈CCPM〉

『クリティカルチェーン　なぜ、プロジェクトは予定どおりに進まないのか？』エリヤフ・ゴールドラット／ダイヤモンド社／2003年

〈曳光弾開発〉
『Ship It! ソフトウェアプロジェクト 成功のための達人式ガイドブック』Jared Richardson、William Gwaltney Jr.／オーム社／２００６年
〈Netflix式ふりかえり〉
『NETFLIXの最強人事戦略 自由と責任の文化を築く』パティ・マッコード／光文社／２０１８年

第4章

〈UX、IA〉
『UXデザインの教科書』安藤昌也／丸善出版／２０１６年
https://www.amazon.co.jp/dp/4621300377/
『IA100 ユーザーエクスペリエンスデザインのための情報アーキテクチャ設計』長谷川敦士／BNN／２００９年
『情報アーキテクチャ 第4版 見つけやすく理解しやすい情報設計』Louis Rosenfeld、Peter Morville、Jorge Arango／オライリージャパン／２０１６年
『融けるデザイン ハード×ソフト×ネット時代の新たな設計論』渡邊恵太／BNN／２０１５年
『エクスペリエンス・ビジョン ユーザーを見つめてうれしい体験を企画するビジョン提案型デザイン手法』山崎和彦、上田義弘、高橋克実、早川誠二、郷健太郎、柳田宏治／丸善出版／２０１２年
〈Atomic Design〉
『Atomic Design 堅牢で使いやすいUIを効率良く設計する』五藤佑典／技術評論社／２０１８年
〈計測〉
『Lean Analytics スタートアップのためのデータ解析と活用法』アリステア・クロール、ベンジャミン・ヨスコビッツ／オライリージャパン／２０１５年
〈ビジネスモデル〉
『ビジネスモデル・ナビゲーター』オリヴァー・ガスマン、カロリン・フランケンバーガー、ミハエラ・チック／翔泳社／２０１６年
『ビジネスモデル2.0図鑑』近藤哲朗／KADOKAWA／２０１８年

第5章

〈キャンバス〉
『ビジネスモデル・ジェネレーション ビジネスモデル設計書』アレックス・オスターワルダー、イヴ・ピニュール／翔泳社／２０１２年
『Running Lean 実践リーンスタートアップ』アッシュ・マウリャ／オライリージャパン／２０１２年
〈セットベース〉
『開発戦略は「意思決定」を遅らせろ！ トヨタが発想し、HPで導入、ハーレーダビッドソンを伸ばした画期的メソッド「リーン製品開発」』稲垣公夫／中経出版／２０１２年
〈ビジネスモデル〉
『ジョブ理論 イノベーションを予測可能にする消費のメカニズム』クレイトン・M・クリステンセン／ハーパーコリンズ・ジャパン／２０１７年
『[新版]ブルー・オーシャン戦略 競争のない世界を創造する』W・チャン・キム、レネ・モボルニュ／ダイヤモンド社／２０１５年
〈ユーザーインタビュー〉
『マーケティング／商品企画のための ユーザーインタビューの教科書』奥泉直子、山崎真湖人、三澤直加、古田一義、伊藤英明／マイナビ出版／２０１６年
〈カスタマージャーニーマップ、サービスブループリント〉
『マッピングエクスペリエンス カスタマージャーニー、サービスブループリント、その他ダイアグラムから価値を創る』James Kalbach、オライリージャパン／２０１８年

第6章

〈ストーリーマッピング〉
『ストーリーマッピングをはじめよう』ドナ・リシャウ／BNN／２０１６年
〈採用の失敗、却下の失敗〉
『イノベーションを巻き起こす「ダイナミック組織」戦略』原田 勉／日本実業出版社／２０１６年
〈精度と頻度〉
『イノベーション戦略の論理 確率の経営とは何か』原田 勉／中央公論新社／２０１４年

索 引

[英数]

[あ]

[か]

［た］

［さ］

[ま]

[や]

[ら]

[わ]

[な]

[は]

著者プロフィール

市谷 聡啓（いちたに としひろ）

ギルドワークス株式会社 代表取締役/株式会社エナジャイル 代表取締役/DevLOVEコミュニティ ファウンダー
サービスや事業についてのアイデア段階の構想から、コンセプトを練り上げていく仮説検証とアジャイル開発の運営について経験が厚い。プログラマーからキャリアをスタートし、SIerでのプロジェクトマネジメント、大規模インターネットサービスのプロデューサー、アジャイル開発の実践を経て、ギルドワークスを立ち上げる。それぞれの局面から得られた実践知で、ソフトウェアの共創に辿り着くべく越境し続けている。訳書に『リーン開発の現場』（共訳、オーム社）、著書に『カイゼン・ジャーニー　たった1人からはじめて、「越境」するチームをつくるまで』（共著、翔泳社）がある。
https://ichitani.com/

本書のサポートページ

https://beyondagile.info/

正しいものを正しくつくる

プロダクトをつくるとはどういうことなのか、
あるいはアジャイルのその先について

2019年6月14日　初版第1刷発行

著者　　　市谷聡啓

発行人　　上原哲郎
発行所　　株式会社ビー・エヌ・エヌ新社
〒150-0022
東京都渋谷区恵比寿南一丁目20番6号
E-mail：info@bnn.co.jp
Fax：03-5725-1511
http://www.bnn.co.jp/

印刷・製本　シナノ印刷株式会社

デザイン　駒井和彬（こまゐ図考室）
編集　　　村田純一

ISBN978-4-8025-1119-3